旱区造林绿化技术模式选编

国家林业和草原局造林绿化管理司 ■ 编著

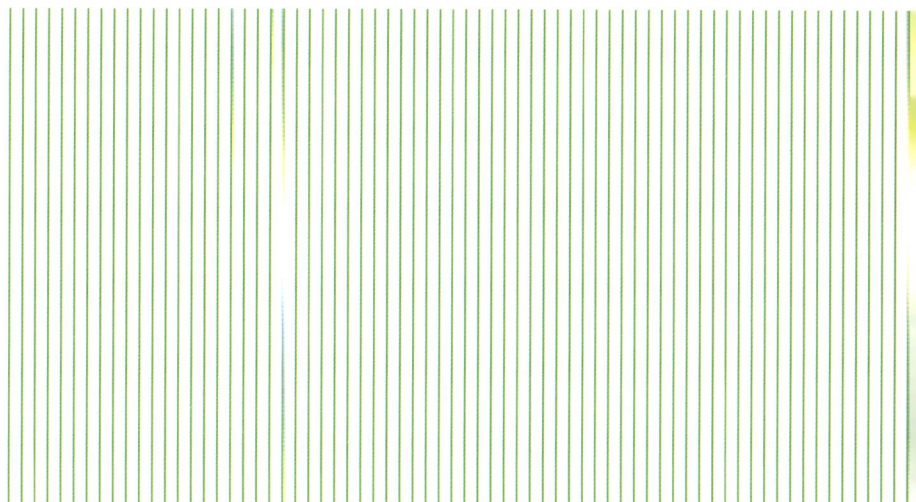

中国林业出版社

图书在版编目（CIP）数据

旱区造林绿化技术模式选编 / 国家林业和草原局造林绿化管理司编著.
-- 北京：中国林业出版社, 2018.4
ISBN 978-7-5038-9547-0

Ⅰ. ①旱… Ⅱ. ①国… Ⅲ. ①干旱地区造林 Ⅳ.①S728.2

中国版本图书馆CIP数据核字(2018)第082659号

中国林业出版社·生态保护出版中心
责任编辑 李 敏
出版咨询 （010）83143575

出 版	中国林业出版社（100009 北京西城区德内大街刘海胡同 7 号） http：//lycb.forestry.gov.cn；E—mail：lmbj@163.com
发 行	中国林业出版社
印 刷	固安县京平诚乾印刷有限公司
版 次	2018 年 4 月第 1 版
印 次	2018 年 4 月第 1 次
开 本	710mm×1000mm　1/16
印 张	23
字 数	400 千字
定 价	196.00 元

《旱区造林绿化技术模式选编》
编 委 会

主　任　王祝雄

副主任　赵良平　李立球　许传德　蔡宝军　刘凤庭　张云龙
　　　　东淑华　武兰义　孙亚强　陶　金　辛福智　师永全
　　　　包建华　付　军　索朗旺堆　王建阳　张　平　李若凡
　　　　平学智　乌拉孜别克·索力坦

委　员　王恩苓　张凤臣　李愿会　路秋玲　牛　牧　向安民
　　　　张启生　张书桐　刘增光　郝永富　李利国　高玉林
　　　　于德胜　孙玉刚　赵　蔚　蒋大勇　胡志林　徐艺文
　　　　翟　佳　苏　卫　马广金　徐　忠　朱伯江

主　编　赵良平

副主编　李愿会　王恩苓　跬秋玲

编　委　（以姓氏笔画为序）
　　　　马　晋　王　飞　三立成　王永平　王成林　王际振
　　　　王恩苓　王祥福　三福森　牛　牧　文妙霞　尹　华
　　　　古　琳　田　华　边巴多吉　向安民　刘兴良　刘俊祥
　　　　闫蓬勃　闫德仁　安雄韬　苏亚红　李　辉　李天楚
　　　　李永杰　李愿会　杨　平　杨　春　杨　锋　杨玉金
　　　　杨建明　吴胜义　何楠楠　余刘珊　沈文录　张凤臣
　　　　张文娟　张仲举　张庆海　陈京弘　陈思慧　陈俊华
　　　　尚立照　周小平　局长东　郑文全　官甲义　赵良平
　　　　赵强国　胡　丹　秋新选　贾毅立　党建喜　钱　栋
　　　　郭永胜　阎海平　薝文婷　韩恩贤　普布次仁　谢继全
　　　　路秋玲　靖　磊　蔡燕宜　黎燕琼　魏登贤

前 言

PREFACE

我国旱区地域辽阔，土地资源丰富。历史上，这一区域曾经森林茂密、水草丰腴、自然风景优美。后来，由于气候变迁、自然灾害危害，加上历经战乱、人口增长等原因，林草植被遭到严重破坏，生态系统退化，自然生态失衡。党中央、国务院历来高度重视旱区生态建设和保护工作，先后实施了三北防护林建设、退耕还林、天然林资源保护、京津风沙源治理等重大生态修复工程，全面加快旱区造林绿化和生态治理步伐。经过几十年的不懈努力，旱区森林资源稳步增长，林草覆盖度持续上升，区域生态状况明显改善。但是，旱区生态建设仍然欠账较多，生态状况依然十分脆弱。这一区域既是急需造林绿化、改善生存环境的地区，也是构建国土生态安全体系、建设生态文明和美丽中国的关键地区。

旱区总体上自然条件恶劣，地形地貌复杂，土壤贫瘠，风蚀水蚀严重。自然条件较好的地方已基本完成造林绿化，剩余的大部分宜林地立地条件较差，造林绿化难度大。推进旱区造林绿化必须要坚持尊重科学、尊重自然规律，坚持因地制宜、科学造林，紧紧依靠林业科技创新和科技进步，大力推广运用节水抗旱造林绿化技术和综合治理模式，推进旱区造林绿化科学发展。

多年来，旱区各级地方党委、政府，广大人民群众和林业科技工作者在推进旱区生态建设中，勇于创新，积极探索，攻坚克难，研究和创造了一大批科学实用、成熟有效的造林绿化技术和生态治理综合模式，为旱区生态建设提供了强有力的科技支撑。为了加快旱区造林绿化和林业生态建设步伐，提高旱区生态建设成效，国家林业和草原局造林绿化管理司组织开展旱区造林绿化技术模式专题研究和选编工作，筛选符合自然科学规律和经济社会发展规律，经多年实践证明行之有效的造林绿化技术模式，编辑成册，供地方各级领导、林业工作者和广大林农学习借鉴。

全书在《旱区造林绿化技术指南》区划基础上，按照以下原则选择旱区造林绿化技术模式：

一是坚持尊重自然、生态优先。遵循自然规律，因地制宜保护和修复生态环境。以自然修复为主，自然修复与人工修复相结合；宜造（封、飞）则造（封、飞），造、封、飞灵活结合；宜乔（灌、草）则乔（灌、草），乔、灌、草相结合。

二是坚持以水定林和量水而行。根据水资源状况，合理确定林种、树种、造林密度、树种配置及整地等造林技术，摒弃浪费水、高耗水的模式，鼓励、提倡抗旱节水和高效用水技术模式。

三是坚持依靠林业科技创新和科技进步。根据各地自然条件状况和林业生态工程建设需要，本着经济实用的原则，将生物、工程措施，林业科研新成果，抗旱造林实用新技术等纳入到模式中组装配套，力求技术先进、经济实用，全面提升模式的科技含量和成效。

四是坚持发展共享，三大效益相结合。旱区生态建设，一切为了人民，一切依靠人民，提升生态效益的同时，做到生态、经济和社会效益有机结合，大力发展生态经济兼用林，促进就业增收，精准扶贫，让人民群众共享生态建设成果。

全书共精选了171个典型造林模式，这些模式均为各类型造林小区科学先进、成熟有效、代表性强的模式，是广大基层干部群众和一线科技工作者的智慧结晶，是我国旱区林业生态建设科技创新的重要成果。

全书分为3章11节，各章、节按照造林类型区、亚区和小区序列展开，通过模式介绍的形式，从不同侧面反映各个区域的造林特点。每个模式基本按照"自然地理概况、技术要点、适宜推广范围、模式成效与评价"4个方面进行论述，重点突出，言简意赅。附有典型模式图和造林前后的实景对比照片，图文并茂，通俗易懂。

在资料的收集和整理过程中　旱区各省（自治区、直辖市）近百名专家、领导、管理技术人员参与了选编工作，提供了丰富的资料和素材，在此特致谢忱。

国家林业和草原局造林绿化管理司

2018年4月

目 录

CONTENTS

第二章 干旱造林区

第三章　极干旱造林区

第一章

半干旱造林区

第一节

半干旱暖温带造林亚区

一、半干旱暖温带京西北平原造林小区

● 北京市平原景观生态林模式（图1）

（一）自然地理概况

模式来源于北京市昌平区。全区地处温榆河冲积平原和燕山、太行山支脉的结合地带，地势西北高、东南低，北倚燕山西段军都山支脉，南俯北京小平原，属暖温带大陆性季风气候，年平均日照时数2684h，年平均气温11.8℃。模式实施区海拔30～100m，属温榆河水系，由于沙场、煤厂聚集，长期淘沙采挖，土壤沙化，对周围水体、大气和土壤产生严重污染。治理前植被稀少，覆盖率低，以草本为主，均为常见的菊科、禾本科和蓼科植物。

（二）技术要点

1．树种、草种

常绿针叶树种有油松、白皮松、华山松、侧柏、桧柏等；阔叶乔木有槐、毛白杨、旱柳、雄性杨树、雄性柳树、榆树、刺槐、栾树、元宝枫、银杏、白蜡、金叶榆、椿树、楸树、梓树等；阔叶小乔木有海棠、紫叶李、山杏、丁香类等；灌木有沙地柏、紫穗槐、木槿、金银木、珍珠梅、榆叶梅、紫薇、红瑞木、桃类、文冠果、黄栌等；地被植物有马蔺、鸢尾、萱草、麦冬、野牛草、紫花苜蓿、二月兰、景天类、菊类、地锦等。

2．苗木

优先使用本地苗木。阔叶乔木胸径要求6cm以上，其中8cm以上苗木应用比例一般地区不低于30%，重点地区和重点工程不低于60%；带冠苗最低分支点不低于2.8m，栽植比例一般地区不低于30%，重点地区全部带冠栽植；截干苗截干高度不低于2.8m。常绿乔木苗高2.5m以上。小乔木地径一般地区4cm以

油松
4m×4m

旱柳
5m×5m

黄栌
3m×3m

白皮松
4m×4m

槐
4m×4m

银杏
4m×4m

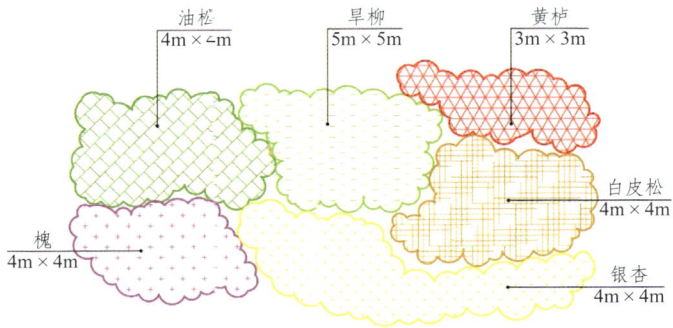

块状混交模式

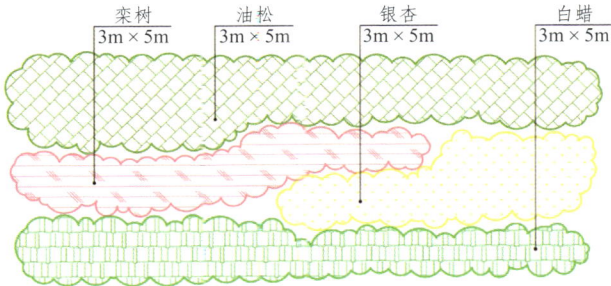

栾树
3m×5m

油松
3m×5m

银杏
3m×5m

白蜡
3m×5m

带状混交模式

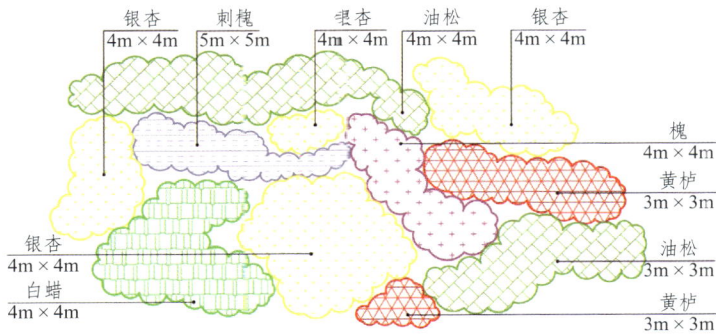

银杏
4m×4m

刺槐
5m×5m

银杏
4m×4m

油松
4m×4m

银杏
4m×4m

槐
4m×4m

黄栌
3m×3m

油松
3m×3m

黄栌
3m×3m

银杏
4m×4m

白蜡
4m×4m

自然组团式混交模式

图1　北京市平原景观生态林模式

3

上，重点地区和重点工程 5cm 以上。灌木 3 年生以上，分枝点 5 个以上。

3．整地

胸径大于 8cm 的裸根苗种植穴直径 100cm，深 80cm；胸径 6～8cm 的种植穴直径 80cm，深 60cm。小乔木种植穴直径和深度均为 60cm。土球苗种植穴直径比土球直径大 40cm，深比土球高 10～20cm。根据立地状况和树种特性，结合整地进行客土改良和施用有机肥。

4．造林技术

以春季造林为主，3 月中旬至 4 月下旬为宜。雨季造林应带土球，疏枝疏叶栽植；秋季造林应在树木休眠后土壤结冻前进行。

高大乔木树种每亩① 33～56 株，窄冠幅树种每亩 56～74 株。采用团块状混交和带状混交的自然组团式栽植，常绿针叶树种比例不低于 20%，每 100 亩乔木树种不少于 5 种，每种比例不低于 10%，遇高压走廊和地管线等特殊地段，应以小乔木和灌木为主。在重点地区，可在萌芽前实行全冠栽植，但应剪去病虫枝、内膛过密枝等，使主侧枝均匀分布。萌芽力强的树种（臭椿、旱柳、槐等）宜截干栽植，顶端优势明显的高大乔木（毛白杨、银杏等）不宜截干。造林前应对苗木修根，剪除劈裂和病害根，保留根长 25～30cm。苗木运到现场后，裸根苗应当天栽植，不能立即栽植的苗木应假植。

5．抚育管理

栽后围砌圆形树盘，并及时浇足、浇透定根水，确保成活。浇水后可覆土保墒，也可使用地膜、草灌、块石、生态垫等材料覆盖保墒。胸径 6cm 以上带冠乔木和树高 3m 以上针叶乔木栽后及时绑缚支架，防止倒歪。造林 3 年内适时开展灌溉、抹芽修枝、松土除草、施肥、有害生物防治和森林防火等。

6．配套措施

为提高成活率，栽植时施用一定量的菌根肥、生根粉、抗蒸腾剂、保水剂等。应用节水灌溉技术，积极使用再生水和雨洪收集设施，禁止大水灌溉。设置作业道，作业道应结合防火道修建，并与现有社区公共道路相连接，发挥施工作业、森林防火、景观游憩等多重功能。一般作业道宽度以 3～4m 为宜，路网密度 20～60m/hm²，路面等级不低于林区道路四级标准。

（三）适宜推广范围

适宜于半干旱暖温带京西北平原造林小区，华北平原以及渭河、汾河平原地

---

① 1 亩 =1/15hm²，下同。

区营造景观生态林也可参照借鉴。

（四）模式成效与评价

通过景观生态林建设，有效增加了森林资源，提高了森林覆盖率，提升了区域生态环境质量和景观美景度，人居环境得到明显改善，并为发展林下经济、森林游憩、森林休闲等和乡村旅游业奠定了基础，有利于促进就业，增加群众收入（图2）。

图2　北京市昌平区马池口镇土楼村西部沙坑治理前后对比

二、半干旱暖温带京西北山地造林小区

● 北京市山地防护林模式（图3）

（一）自然地理概况

模式来源于北京市延庆区。模式实施区属于燕山山系，为华北石质山地，平均海拔500m以上。土壤石砾含量高，平均土层厚度30～60cm，有机质含量低。冬春

针阔比 4∶6

3.0m

3.0m

3.0m

3.0m

🌲 侧柏   🌳 黄栌

模式 1

针阔比 2∶8

3.0m

3.0m

3.0m

3.0m

🌲 侧柏   🌳 元宝枫

模式 2

针阔比 3∶7

3.0m

2.0m

3.0m

3.0m

🌲 油松   🌳 栓皮栎

模式 3

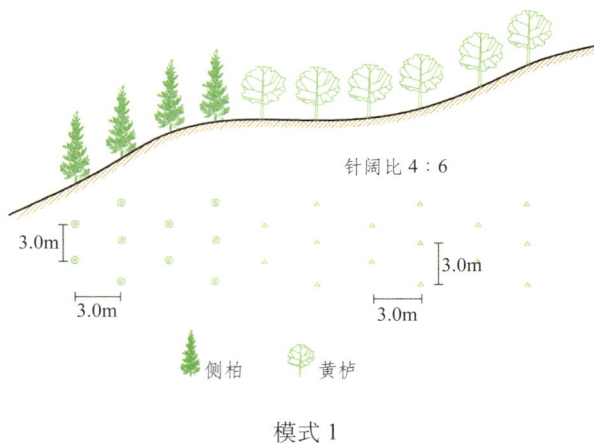

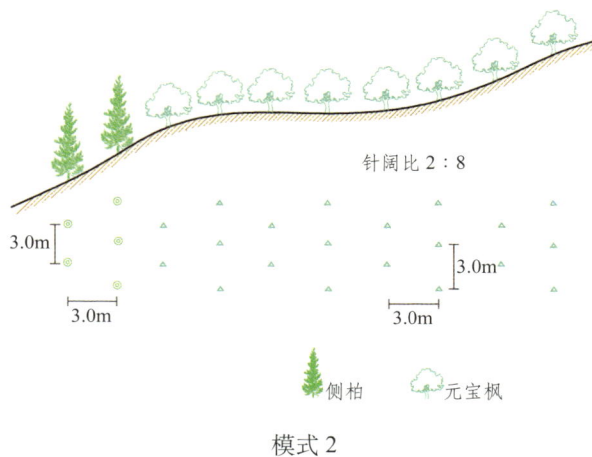

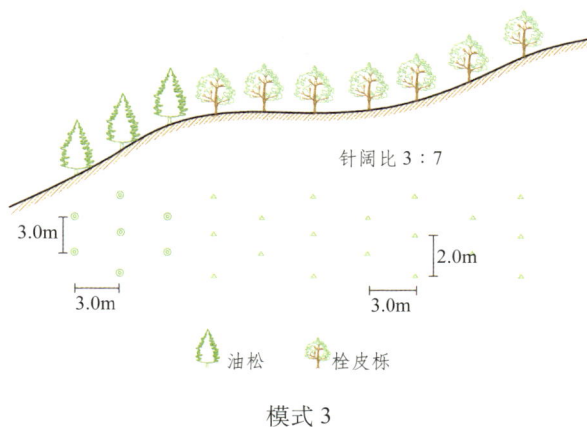

图 3　北京市山地防护林模式

季风沙严重，夏季山洪频发，生态状况脆弱。治理前本区森林覆盖率较低，宜林荒山面积较大。治理前项目区植被主要为杂灌草坡，零星散生少量山杏、臭椿、构树等乔木；灌木以酸枣、荆条、孩儿拳头、绣线菊、溲疏、小叶鼠李等灌丛为常见。

（二）技术要点

1. 树种

针叶树种主要为油松、侧柏；阔叶树种主要为栓皮栎、蒙古栎、黄栌、元宝枫、山桃、山杏等。

2. 苗木

（1）针叶树种

①油松，苗高 50～100cm，土球苗；②侧柏，苗高 100～200cm，土球苗。

（2）阔叶树种

①栓皮栎，5 年生营养钵苗，苗高 50cm 左右，土球苗；②元宝枫，4～5 年生移植苗，苗高 1.5～2m，地径 1～1.5cm，裸根苗；③黄栌，3 年生移植苗，苗高 1.2～1.5m，地径 0.5～1.0cm，裸根苗。

3. 整地

提前 1～2 个季节进行造林预整地。主要采取穴状整地，"品"字形排列。整地规格：① 80cm×80cm×60cm，栽植油松、侧柏、栓皮栎；② 60cm×60cm×60cm，栽植元宝枫、黄栌。注意保护原有植被，仅割除栽植穴上的灌草，破土挖坑，其余坡面不割灌、不破土，以保持水土。

4. 栽植

以春季造林为主，少量黄栌或栓皮栎可选择雨季造林。根据立地条件、树种特性确定合理造林密度，油松 60 株/亩，侧柏 70 株/亩，栓皮栎 100 株/亩，元宝枫 70 株/亩，黄栌 100 株/亩。块状混交，针阔混交比例 4∶6、3∶7 或 2∶8。

栽植前土球苗要求撤去外包装，然后入坑填土捣实，使土球与穴土紧密结合。裸根苗造林前用 ABT 生根粉浸泡，同时每株施 5～6g 固体保水剂，采用"三埋两踩一提苗"方法，苗木与土壤紧密结合，以利成活。不窝根，苗直立，踏实穴土。栽植后做好坑穴外埂，以利蓄水。

5. 抚育管理

①灌溉。在山脚修建蓄水池，采取提扬浇灌，以确保成活。②覆盖保墒。浇水后及时覆土保墒，也可使用地膜、草灌、块石覆盖保墒。③抚育管护。未成林抚育连续进行 3 年，每年 1～3 次，松土除草、除蘗定株、修枝、防火防虫、促

进成活和生长。④修筑作业步道。

（三）适宜推广范围

适宜于半干旱暖温带京西北山地造林小区，也可在冀西山地小区、冀北山地小区、太行山北段小区、中条山土石山小区、晋西黄土丘陵沟壑小区、陕北黄土丘陵沟壑小区、渭北黄土高原沟壑小区、豫北太行山小区、鲁中低山丘陵小区推广应用。

（四）模式成效与评价

实施山地防护林工程，营建以乡土树种为主的近自然式森林，恢复了山地生态，提高了森林质量，增强了山地的防护功能，同时提供了一定的就业机会，促进了当地生态经济的协调发展（图4）。

图4　北京市延庆区大榆树镇上新庄村人工造林前后对比

三、半干旱暖温带天津滨海平原造林小区

●天津市滨海重度盐渍化土地绿化模式（图5）

（一）自然地理概况

本模式来源于天津市滨海新区。模式区靠近海岸，地势低洼，土壤黏重，地下水位较浅，矿化度高，土壤平均含盐量4%以上，旱、涝、盐碱危害并存。

（二）技术要点

采用工程措施与生物措施相结合，在重度盐碱地上建设生态林和风景林，绿化美化滨海城市。工程措施主要是排盐、治碱，结合客土造林恢复与重建植被。

1．排盐治碱工程

（1）挖沟铺设盲管

在预造林地上开挖宽1.0m、深1.0～1.5m的沟道。沟深依据所栽植物品种确定，草坪、浅根花卉一般1.0～1.3m，乔灌木1.3～1.5m。然后在沟内铺设PVC

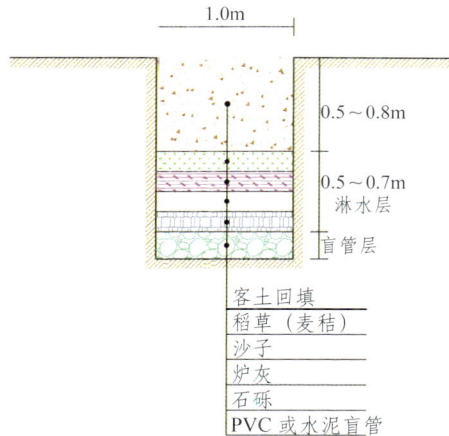

图5　滨海重度盐渍化土地脱碱降盐示意图

或水泥盲管，进行排碱。面积较大的预造林地应平行多排沟，沟间距5～10m，沟内分别铺设盲管，盲管的末端与排水沟相连。为简化施工过程，降低排水工程成本，排水处可就近接入市政雨水井内。否则，需在排水管末端建设集水井，再通过泵站将水排到市政雨水井内。

（2）铺设淋水层

在盲管的上层铺设0.5～0.7m厚的淋水层，由下到上依次为石砾、炉灰、沙子、稻草（麦秸），可掺拌有机质、土壤改良剂、黄腐酸等增加土壤有机质，抑制碱化程度。淋水层的作用是改造土壤的物理性质，增加通透性，使碱通过该层顺利地排到盲管中。

2．客土造林

（1）铺客土

淋水层上方为客土层，厚度0.5～0.8m，草坪、浅根花卉的客土层略浅，客土需选用地力肥沃的农田土。

（2）树种

常绿树有圆柏、龙柏、云杉、冬青、卫矛、黄杨等；落叶乔木有绒毛白蜡、槐、椿树、桑树、白榆、毛白杨等；小乔木有火炬树、紫叶李、柽柳等；经济果木有杏树、桃树、苹果、山楂、杜梨和梨树等；花灌木有蔷薇、月季、紫薇、连翘、西府海棠、花石榴、黄刺玫、珍珠梅、木槿、金银木、紫穗槐、金叶女贞等；藤蔓植物有硬骨凌霄、紫藤、五叶地锦、金银花、葡萄等。

（3）造林

客土层植树或植草坪。采用针阔混交，一般树种与花灌木混栽，乔灌木结合，体现景观效果。造林密度根据树种而定，淡水浇灌。

3．配套措施

合理规划设计，防止病虫害，配套节水措施。

（三）适宜推广范围

适宜于半干旱暖温带天津滨海平原造林小区、半干旱暖温带冀东滨海平原造林小区、半干旱暖温带鲁北滨海盐碱土造林小区等北方滨海平原城市郊区泥质重度盐碱地的绿化美化推广应用。

（四）模式成效与评价

在盐碱度比较大的滨海地区，通过排盐、治碱等措施进行综合治理，充分利用当地的土地资源，丰富景观层次和内容，达到绿化美化滨海城市的目的。

目前在盐碱土改良中，水利工程改良、土壤耕作和化学改良等方法已普遍应用，植物修复是盐碱地治理中最经济有效的措施，同时也是盐碱地修复的最终目标。选择适宜树种、建立有效的植被恢复模式已成为盐碱地治理的有效方法之一。

四、半干旱暖温带冀东滨海平原造林小区

● 模式 1　冀东滨海平原轻度盐渍化土地造林模式（图 6）

（一）自然地理概况

模式来源于河北省海兴县。模式区地势低洼，海拔＜10m，属暖温带亚湿润气候区，年均气温12.1℃。荒滩面积大，滨海盐渍土，土壤黏重，含盐量高，地力瘠薄；地下水位较高，但淡水资源不足。旱涝、盐碱灾害严重，粮棉产量低。治理前植被稀疏，乔木较少，多为草本，有艾蒿、蒲公英、苍耳、车前、马齿苋、狗尾草等。

（二）技术要点

针对当地造林难度大的特点，选择柽柳、紫穗槐、白蜡、刺槐、桑树和金丝

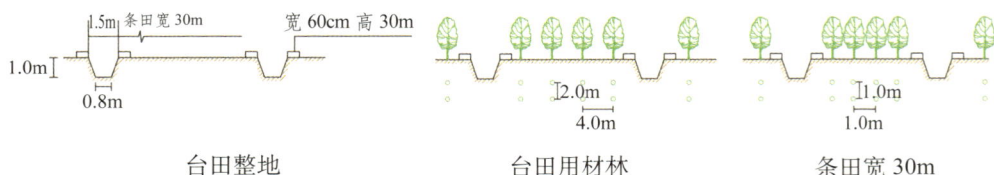

图 6　冀东滨海平原轻度盐渍化土地造林模式

小枣、冬枣、梨、葡萄、枸杞等耐盐碱、耐干旱的树种，通过人工整地改变盐碱状况后再造林。

1.整地

雨季机耕修条田。耕深20cm，条田宽30～50m，两侧挖深1.0m，上口宽1.5m，底宽0.8m的排水沟。条田四周筑土埂，底宽60cm，高30cm，余土均匀撒开。

2.造林

（1）用材林

树种选择白蜡、白榆、刺槐等。选用苗高20～30cm、地径0.4～0.6cm的1年生苗。栽植穴长、宽、深各40cm。株行距2.0m×4.0m。春、秋季截干造林。栽植时留干长15cm，栽后顶部露出地面2～3cm，踩实。

（2）条子林

树种选择柽柳。苗木采用地径0.6～0.8cm、根长40cm的1.5年生苗。植苗穴长宽深各30cm。株行距1.0m×1.0m，每亩666穴，用苗1332株。修条田后第2年春、雨、秋季截干造林。栽植时留干长15cm，每穴2株，栽后苗顶部露出地面3～5cm，踩实。

（三）适宜推广范围

适宜于半干旱暖温带天津滨海平原造林小区、半干旱暖温带冀东滨海平原造林小区、半干旱暖温带鲁北滨海盐碱土造林小区等滨海地区含盐量小于0.5%的滨海平原盐碱地滩涂或华北平原立地类以盐碱地推广。

（四）模式成效与评价

本模式通过条田淋盐、小沟排碱后，既改良了土壤结构，又不影响机械耕作，是改良盐碱地的重要工程措施。在条田上种植用材林或条子林，不仅可以防风减灾，还能产生大量的木材，有较高的经济效益（图7）。

图7 海兴县小山乡赵高村造林前后对比

● 模式 2　黑龙港低平原盐碱地农林间作模式（图 8）

（一）自然地理概况

模式来源于河北省黑龙港。黑龙港地区位于河北省东部低洼平原区，属于黄淮海平原的重要组成部分，包括河北省沧州市、衡水市、邯郸市、邢台市等共45 个县（市、区），面积 3.43 万 km²。大部分地区海拔 5～20m，南部为 30m，地势低平，比降 1/6000～1/4000，低洼易涝。土壤以浅色草甸土和盐渍土为主。

（二）技术要点

以护田林网为中心，大力发展林粮间作，特别是枣粮间作，提高农田生态系统的稳定性，提高抗风、抗盐碱及其他自然灾害的能力，有效提高土地的利用率。

1．树种

主要间作树种有枣、泡桐、条桑、毛白杨等。

2．苗木

苗高 100cm 以上，地径 1cm 以上，根长 40～50cm。

3．整地

春、夏、秋三季节均可，整地形式为全面整地后挖穴，坑的长宽深均为70cm。

4．造林密度

株行距为 3.0～4.0m×15.0～20.0m，每亩用苗 8～15 株。

5．栽植

春、夏、秋三季节均可栽植，以春季萌芽前栽植最好。每坑施厩肥5～10kg，与表土混合填坑，填到坑深的 1/2 处栽苗，边填土边轻提苗，使根系舒展，栽深超过树苗原土印 3cm。最后踏实、踩平、浇水，水渗入后培土保墒。

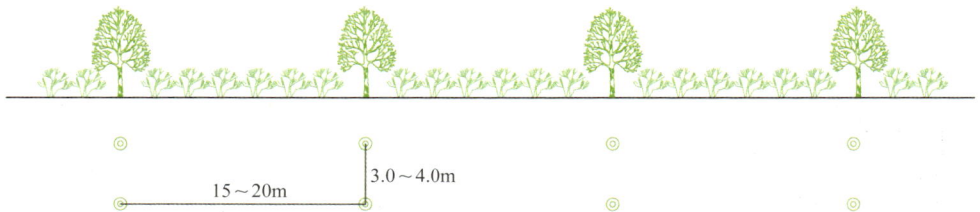

图 8　黑龙港低平原盐碱地农林间作模式

6．抚育管理

一是修剪，幼树栽植后要及时定干，一般干高 20cm。二是中耕除草，春季中耕除草，松土保墒；雨季翻耕压草；落实落叶后翻树盘。三是浇水施肥，每年浇水 3～4 次，结合 5 月和 7 月浇水施肥 1～2 次，秋季施入厩肥。

（三）适宜推广范围

适宜在半干旱暖温带冀东滨海平原造林小区推广，河北省黄淮海平原的保定市、廊坊市等地条件相似的农田也可参考。

（四）模式成效与评价

黑龙港地区枣粮间作是比较成功的农林复合经营形式，历史悠久，技术易推广，农民易接受，有利于农作物的生长，增强农业抗灾能力，提高土地的利用率，增加土地单位面积的产出，提高农民的收入。

五、半干旱暖温带冀北山地造林小区

● 冀北山地贴壁深栽造林模式（图 9）

（一）自然地理概况

模式来源于河北省宣化区。模式区地处河北省西北部，冀西北山间盆地至宣化盆地的北缘。气候属中温带亚干旱气候，年降水量 300～400mm，无霜期 110～140 天，年均气温 7.7℃。黄土质地以粉沙为主，石质山地有褐土及栗钙土。土层较薄，养分含量低。治理前降水少而集中，植被破坏严重。水蚀、风蚀、干旱等自然灾害严重，生态环境恶劣。

（二）技术要点

由于模式实施区山地生态条件较差，在保护好现有植被的前提下，生物措施和工程措施相结合，实行乔灌混交、针阔混交，进行坡面综合治理，提高森林覆盖率，治理水土流失。

1．树种

宜选择油松、侧柏、山杏、山桃等。

2．整地

鱼鳞坑整地，规格 40cm×50cm×60cm，"品"字形排列。

3．栽植

阳坡营造山杏、山桃林，阴坡半阴坡营造侧柏、油松林。株行距 3.0m×3.0m。油松、侧柏雨季造林。造林苗木均一律采用 ABT 生根粉浸根或泥浆蘸根造林，以

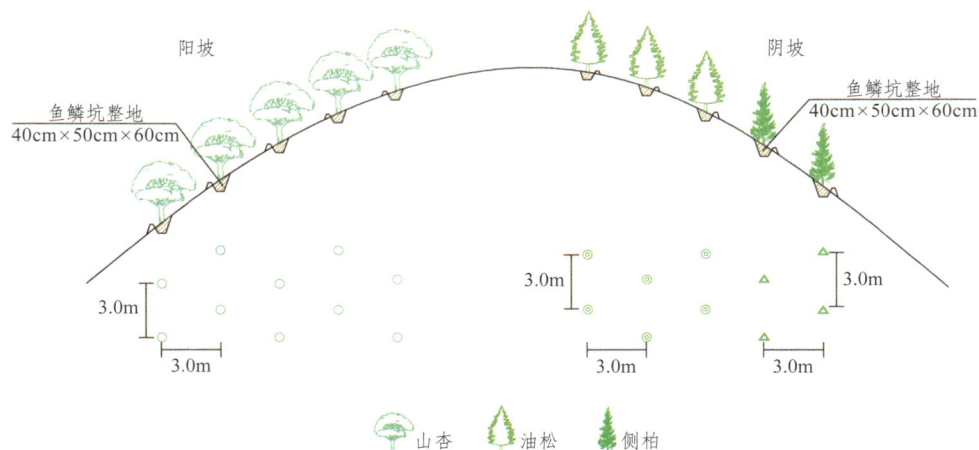

阳坡　　　　　　　　　　　　　　　　　　　　　阴坡

鱼鳞坑整地
40cm×50cm×60cm

鱼鳞坑整地
40cm×50cm×60cm

3.0m　　　　　　　　3.0m　　　　　　　3.0m

3.0m　　　　　　　　3.0m　　　　　　　3.0m

山杏　　油松　　侧柏

图9　冀北山地贴壁深栽造林模式

提高造林成活率。在鱼鳞坑整地的基础上将树苗的种植点靠近鱼鳞坑内壁，进行贴壁深栽。

4．配套措施

造林后3个月内及时除草。大面积造林要预留防火道和作业道。

（三）适宜推广范围

适宜于半干旱暖温带冀北山地造林小区，也可在辽西北丘陵小区、燕山北麓山地黄土丘陵小区、阴山北麓小区推广。

（四）模式成效与评价

贴壁深栽技术主要应用于干旱坡面的造林，具有保水、保肥、侧方遮阴等优点，能提高裸根苗成活率。缺点是影响林木根系发育，需每年人工修整鱼鳞坑（图10）。

图10　宣化区王家湾乡造林治理前后对比

14

六、半干旱暖温带冀西北黄土沟壑造林小区

● **冀西北黄土丘陵生态经济型水土保持林模式**（图11）

（一）自然地理概况

模式来源于河北省蔚县、涿鹿县。冀西北黄土丘陵海拔1000m左右，相对高差不大，土层深厚，有机质含量1%~2%，水土流失严重。植被主要有杨、榆、酸枣、臭椿、山杏、山菊、羊胡子草、野豌豆等。

（二）技术要点

在保护好现有人工和天然植被的情况下，发展生态经济型水土保持林是林业生态建设的主要措施。

1. 树种

选择大扁杏、紫穗槐。

2. 苗木

大扁杏用2年生嫁接苗，苗高100cm以上，地径1cm，根长20cm，每亩34株。

3. 整地

提前1年或1个季节整地，地形较整齐时沿等高线整成外高里低的"围山转"水平条田，比降3/1000。整地挖深宽各100cm的水平沟，里切外垫，表土回填，形成2.0m宽的水平畦面。若地形破碎时则可实行燕尾槽整地。按株行距挖长100cm、宽70cm、深40cm的半月形鱼鳞坑，表土回填，"品"字形排列，沿外沿在坑的斜上方两侧筑20cm高的燕尾形土埂，以集流蓄水。整地时注意保

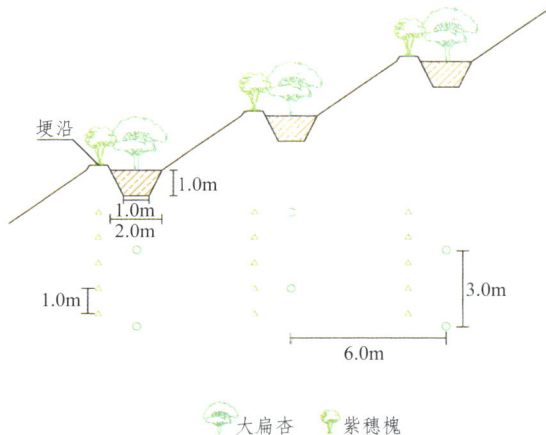

图11　冀西北黄土丘陵生态经济型水土保持林模式

留树坑周围的原生草本植物，减少水土流失。

4．造林

大扁杏株行距3.0m×6.0m，埂沿栽植紫穗槐护坡，株距1.0m。栽植时蘸泥浆或用ABT生根粉、根宝蘸根，植苗后坑内施肥浇水，再用地膜覆盖。

5．抚育管理

及时定干，追肥浇水，2～3年整形修剪，防治病虫害。4～5年促花控制过旺生长，覆草压土保墒。

（三）适宜推广范围

适宜于半干旱中温带冀西北黄土沟壑造林小区，也可在冀西山地小区、太行山北段小区、晋西黄土丘陵沟壑小区、晋东土石山小区、晋北盆地丘陵小区、陕北黄土高原沟壑小区、燕山北麓山地黄土丘陵小区推广。

（四）模式成效与评价

本模式具有较好的生态经济效益，有利于当地经济发展和增加农民收入。河北省蔚县、涿鹿县等模式示范区内，森林覆盖率增加10%，每亩年收益达到1100元以上。

七、半干旱暖温带冀西山地造林小区

●冀西低中山花岗岩、片麻岩山地造林模式（图12）

（一）自然地理概况

模式来源于河北省赞皇县、平山县。冀西海拔1500m以下中低山地，土壤以褐土、棕壤为主，花岗岩、片麻岩山区，土层较厚，轻中壤土，保水性能好。

（二）技术要点

以植被建设为主，工程措施与生物措施相结合，采用高标准整地，选择优良品种，建设水保经济型兼用林，形成"水保林戴帽，经济林缠腰"的生态治理模式。

1．水土保持林

（1）树种

低山花岗岩、片麻岩山地适宜树种有刺槐、紫穗槐、栓皮栎、油松、侧柏、山杏、枣、桑树、栎类、臭椿、黄连木等；中山花岗岩、片麻岩山地适宜树种有华北落叶松、油松、侧柏、辽东栎、山杏等。

（2）苗木

选用2年生或1年生Ⅰ级优质苗木。苗木根系完整，针叶树要保证顶芽健壮完整。

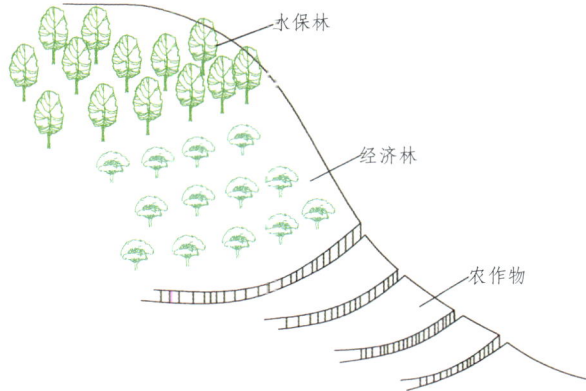

图 12　冀西低中山花岗岩、片麻岩山地模式

（3）混交方式

根据小地形变化，不规则块状混交或营造纯林。在中山营造油松、华北落叶松纯林；刺槐、侧柏混交，混交比为 2∶1，油松、紫穗槐混交，混交比为 3∶2。

（4）整地

提前 1 年或 1 个季节，鱼鳞坑或穴状整地。鱼鳞坑规格 100cm×70cm×40cm，穴状整地规格 30cm×30cm×30cm，中山油松、华北落叶松纯林以穴状整地为主，株行距 2.0m×2.0m。油松—紫穗槐、刺槐—侧柏混交林采用鱼鳞坑整地，株行距 4.0m×2.5m，每坑 2 株。

（5）造林

油松、侧柏、华北落叶松雨季栽植，刺槐、紫穗槐春季或秋季栽植。

（6）抚育管理

从造林当年起，连续抚育 3 年，以除草、松土、病虫害防治为主。

（7）配套措施

油松、华北落叶松从 10 年开始进行抚育；刺槐每 10 年平茬 1 次。

2．生态经济型防护林建设

（1）树种

主要以大扁杏、板栗、枣树为主。

（2）苗木

均用 2 年生嫁接苗，规格为 I 级苗，要求苗高 1.0m 以上，地径 1cm 以上，根长 20cm 以上。

（3）整地

提前1年或1个季节进行，爆破整地后沿等高线整成外高里低宽2.0m、深1.0m的水平阶，回填表土形成一道宽1.5～1.7m，埂高0.2～0.3m的高标准水平条田。

（4）造林密度

株行距4.0m×5.0m，每亩33株。

（5）栽植

春季或秋季栽植，未嫁接的在夏季适时就地嫁接，栽前苗根蘸泥浆或ABT生根粉，栽植时施入适量保水剂，同时每坑内施用有机肥40kg，并混施磷酸二铵0.5kg，浇透水，7天后再灌1次透水，每株覆1.0m×1.0m地膜。用紫穗槐或冰草、沙打旺、小冠花等水土保持草种护坡。

（6）抚育管理

注意及时定干、追肥、浇水、中耕除草。造林2～3年后整形修剪，防治病虫害；4～5年时促花控制过旺生长。利用护坡种植的紫穗槐，进行压青或覆草压土保墒，提高土壤有机质含量，尽快实现丰产。

（三）适宜推广范围

适宜于半干旱暖温带冀西山地造林小区，也可在冀西北黄土丘陵沟壑小区、晋西黄土丘陵沟壑小区、太行山北段小区、晋东土石山小区、晋北盆地丘陵小区、豫北太行山小区推广。

（四）模式成效与评价

本模式林种配置科学，树种多样，土地资源得到合理利用，既造林绿化、保持水土，又促进群众脱贫致富，综合效益显著。赞皇县许亭村，经过15年的连续治理，昔日3900亩的秃岭变成绿茵茵的高产果园。干鲜果品产量由治理前的12万kg提高到140万kg，人均纯收入由158元提高到2500多元。

八、半干旱暖温带冀中南低平原造林小区

●太行山山前冲积平原防护林模式（图13）

（一）自然地理概况

模式来源于河北省任丘市。项目区位于山前冲积扇平原，海拔10～100m，地势平缓。气候较湿润，降雨在季节上分布不均。水资源较丰富，便于灌溉。农业生产水平高，是河北省粮、棉、油的主要产地。自然灾害以干旱最为突出，干

热风危害面广，其次是涝、风沙、冻害。区内城镇多，经济较发达，木材和各种林产品具有广泛的消费市场。

（二）技术要点

1．农田林网建设

按照田、林、路、渠统一规划，综合治理的原则，使农田能受到林网的有效保护，并结合村镇与四旁绿化，建立起互相联系、互相促进的综合防护林体系。

（1）树种

以毛白杨、紫穗槐为主，适当配置辅助树种或灌木。

（2）苗木

选用平均苗高 6～8m、胸径 2.5cm 以上无病虫害 2～3 年生优质大苗。

（3）林带配置

林带采取疏透结构，主林带间距为 200～300m，副林带 350～500m，林带宽度以 2～4 行为宜，株距一般为 4.0m。

（4）造林

穴状整地，规格 80cm×80cm×80cm，以春季造林为主，随整地随造林。

（5）抚育管理

结合农田耕作进行抚育除草，3 年后春季修枝。

2．农林间作

（1）造林地选择

平原地区应选择地势平坦、土壤深厚（A+B 层在 70cm 以上）、水源充足、相对集中连片的地方。土壤以壤土、沙壤土、夹黏和黏沙壤土为宜，通体和漏底粗沙不宜营造速生丰产用材林。土壤 pH 值 6～8．含盐量 0.3% 以下，地下水位 1.5m 以下。

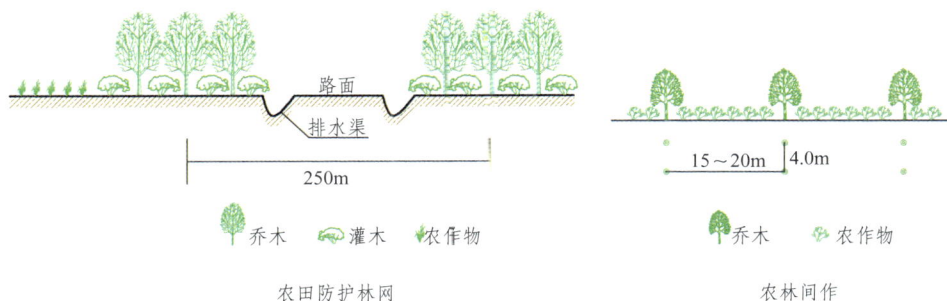

图 13　太行山山前冲积平原防护林模式

（2）树种

以优良乡土树种为主，也可适当引种适生的外地优良树种，主要有河北毛白杨、旱柳、沙兰杨等。

（3）苗木

选用长势旺盛、顶芽饱满、通直健壮、根系发达、无病虫害和机械损伤，达到国家Ⅰ级标准的 1～2 年生苗木。

（4）株行距

适当考虑农民间作农作物的要求，行距宜大，株距宜小。长方形或三角形配置，1 次定株，不搞中间利用。株距 4m，行距 15～20m。

（5）整地

提前 1 年或 1 季度完成整地。平原造林在局部平整、全面耕翻 20～30cm、及时耙平镇压的基础上，先按植树点进行带状整地，带宽 1m，深 30～50cm，带内再按植树点挖 1m×1m×1m 的大坑，栽树后每行保留宽 1m，深 30～50cm 的垄沟，垄沟底部要平，保证浇水畅通。

（6）造林

人工植苗造林，春秋季均可。春季造林，一般于苗木萌动前、土壤解冻达到栽植深度时进行，宜早不宜晚。沙兰杨、I-214 杨在树叶萌动期造林较好。秋季造林应在树液停止流动、树木落叶时栽植，土壤结冻前结束。

（7）抚育管理

包括松土、除草、浇水、施肥、修枝、防治病虫害等。通过间作矮秆作物，起到以耕代抚的作用。不能间作和不宜间作的林地，每年春季树木发芽前浇 1 次返青水。夏季在树木进入生长旺盛期前的 5～6 月浇 1～2 次生长水，同时每株追施化肥 0.25kg。秋季在土壤封冻前浇 1 次封冻水。造林后 2 年内不进行修枝抚育，只剪除影响主干生长的竞争枝。修枝抚育在造林后的第 3 年春季萌芽前或秋季落叶后进行，修枝量不宜太大，林分郁闭后保留树冠应占树高的 1/2。及时做好林木病虫害的防治工作，保证林木正常生长。

（三）适宜推广范围

本模式适宜于半干旱暖温带冀中南低平原造林小区，也可在晋南盆地小区、忻太盆地小区、渭河平原小区、豫北平原小区大范围农田推广应用。

（四）模式成效与评价

本模式从抵御和减轻各种自然灾害对农业生产的影响，保证农业的持续稳产高产出发，保农护农，以防护林体系建设为中心，农田防护林与用材林、经济林相结合，因地制宜的发展速生丰产林、防风固沙林、薪炭林等，取得了良好效果。

九、半干旱暖温带晋南盆地造林小区

● 晋南盆地枣粮间作模式（图14）

（一）自然地理概况

模式来源于山西省稷山县。模式实施区海拔 370~750m，地势平缓，土层深厚，褐土为主，有机质含量平均为 1.4%，全 N 含量 0.06%，pH 值为中性。气候为大陆性季风气候，年平均气温 13℃，年日照时数 2382h，无霜期 205 天，最高气温 42℃，最低气温−22.6℃，年平均降水量 483mm，主要集中在 7、8、9 三个月。

（二）技术要点

1．树种

选择本地表现优良的枣树品种。

2．苗木

选用 2 年生良种嫁接苗。

3．整地

采用穴状整地，规格 80cm×80cm×80cm，"品"字形排列，前一年雨季或秋季整地。

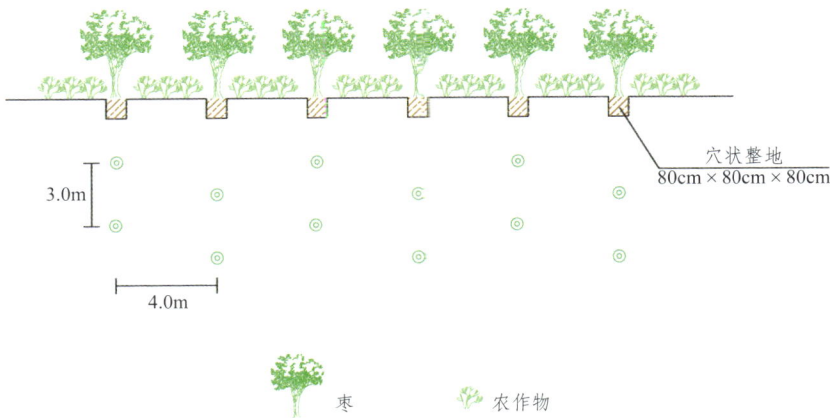

图 14　晋南盆地枣粮间作模式

4．栽植

春季造林，株行距 3.0m×4.0m。栽植前施足底肥并踏实即可栽植，苗木应事先在清水中浸泡半天，或蘸生根粉溶液，栽时保持苗木根系舒展，栽后及时进行一次透水浇灌，有条件可用地膜等覆盖，以增墒增温，提高成活率。

5．抚育管理

进行中耕除草、施肥修剪及病虫害防治等工作。造林后第 2 年定干、第 3 年修枝整形。幼林阶段可在树下行间套种豆类等农作物。

（三）适宜推广范围

适宜于半干旱暖温带晋南盆地造林小区，也可在晋西黄土丘陵沟壑小区、乡吉黄土沟壑小区、忻太盆地小区、陕北黄土高原沟壑小区、渭河平原小区、鲁北平原小区推广。不适宜在海拔大于 1000m，坡度大于 25° 的陡坡地推广。

（四）模式成效与评价

枣树发芽晚落叶早，年生长期短，枝疏叶小，遮荫少，根系分散，密度低，与粮食等作物间作矛盾较小。枣粮间作充分利用土地、空间和光能资源，以耕代抚提高单位面积土地的产出，为老百姓增加收入。从第 5 年开始，每亩收入可达 1200 元，经济效益显著（图 15）。

图 15　稷峰镇桐上村治理前后对比

十、半干旱暖温带晋西黄土丘陵沟壑造林小区

● **模式 1　晋西黄土丘陵区生态经济型防护林模式**（图 16）

（一）自然地理概况

模式来源于山西省石楼县。模式实施区位于石楼县西部，属暖温带大陆性季风气候，干旱少雨，多年平均降水量 450mm 左右。年平均气温 10.2℃，主导风

向为西北风；无霜期 192 天，自然灾害是干旱、干热风、冰雹和霜冻。治理前自然植被稀疏，水土流失严重。

（二）技术要点

利用枣树耐干旱、耐瘠薄的生态学特性，在立地条件差的土石山坡发展生态经济林，改善生态条件，增加群众收入。

1．树种

在较好的立地条件，选择在本地生长优良的帅枣品种；沟坡选择耐干旱、耐瘠薄的侧柏、刺槐、山桃、山杏等乡土树种。

2．苗木

枣选用 2 年生归圃苗，苗高 80cm，地径 0.6cm 以上。生态林采用 2 年生容器苗。

3．整地

缓斜坡地段栽植经济林，提前 1 年沿等高线垒石造田，采用 4.0m 宽的水平带，外高内低，开沟宽 0.8m，深度 0.8m。荒山荒坡采用大鱼鳞坑整地，长径 2.0m，短径 1.5m，深 1.0m。

4．栽植

春季造林，经济林株行距 3.0m×5.0m，生态林株行距 2.0m×3.0m。造林前，修剪根系，使根长在 12～15cm 之间，放水浸泡 1 天以上，使苗木吸足水分。在开好的沟内挖 30cm 深植树坑，摆正栽直、覆土踏实、灌水定根、覆盖地膜。

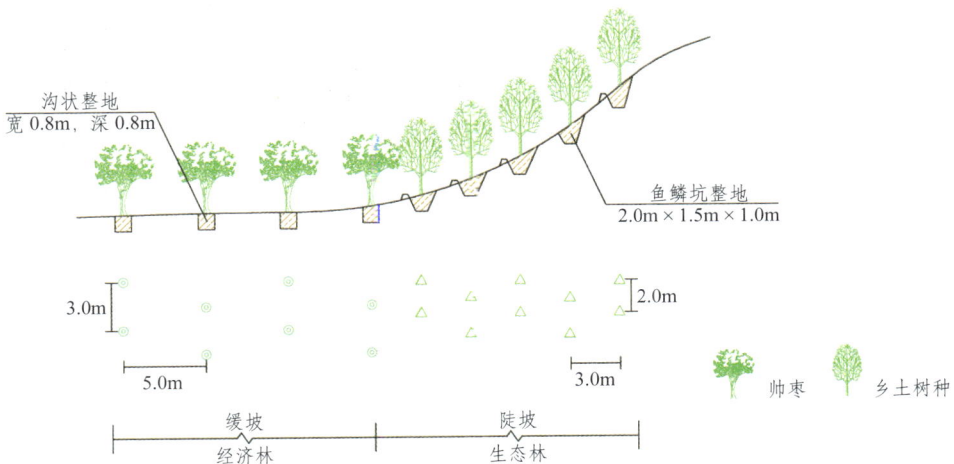

图 16　晋西黄土丘陵生态经济型防护林模式

5．抚育管理

栽后每年松土除草 2 次以上，或间种麦豆薯类作物，以耕代抚。注意及时防治病虫害，根据情况每年适当施肥、灌溉。2~3 年后定干修剪，促进早日成型，提前挂果。修剪以扩展树冠、培育骨架为中心。结果期应及时清除密集、交叉重叠、直立的徒长枝，以便均衡树势，保证年年稳产高产。大面积造林要在第 3 年开春施农家肥。

（三）适宜推广范围

适宜于半干旱暖温带晋西黄土丘陵沟壑造林小区，也可在晋西黄土丘陵沟壑小区、乡吉黄土沟壑小区、冀西山地小区、陕北黄土高原沟壑小区推广。

（四）模式成效与评价

枣树是优良的木本粮油植物，具有结果早、寿命长、易繁殖、好管理、适应性广、抗逆性强的特点。在土石山坡栽植枣树，既可使不毛之地变成经济收入可观的果园，又可使这类困难立地得到绿化。结合生态林营造和高标准整地，坡面水土流失得到有效控制，起到保持水土、改善生态环境的作用。

种植区积温多、太阳辐射量大，是枣高产优质的有利条件。为促进枣优质高产，降低裂果率，一是加强田间管理，土壤经常保持湿润可预防裂果；二是完善枣粮间作种植模式，建立田间适宜小气候（图 17）。

图 17　石楼县前山乡造林前后对比

● **模式 2　晋西黄土高原丘陵沟壑区侧柏水土保持林模式**（图 18）

（一）自然地理概况

模式来源于山西省永和县。项目区紧邻黄河，是典型的黄土高原丘陵沟壑区，属温带大陆性气候，全年平均气温 9.5℃，年平均无霜期 187.8 天。年平均降水量 488mm，主要灾害天气是干旱。土壤主要为黄绵土、褐土，土层厚度 15～150cm。区域自然植被稀少，以黄刺玫、沙棘、柠条、虎榛子及羊胡草、野艾、蒿类、白羊草等灌草植物为主，水土流失严重。

(二) 技术要点

1．树种

选择本地培育的侧柏树种。

2．苗木

侧柏苗木选用苗高 50cm 的 3 年生容器定植苗。

3．整地

采取径流林业整地，一般采用穴状或鱼鳞坑整地。鱼鳞坑规格长径 160cm，短径 80cm，活土层深 40cm，埂高、宽各为 30cm。穴状整地规格为 60cm× 60cm×50cm，"品"字形排列。整地时间为当年春季。

4．栽植

株行距 2.0m×3.0m。可适当与刺槐进行混交，刺槐采用截干封堆栽植。

5．抚育管理

造林后及时除草，翌年雨季前整修鱼鳞坑。刺槐造林后当年去劣留优，在 5 年内抚育修枝。大面积造林每隔 800～1000m 修建防火道或作业道，聘用专职护林员管护。

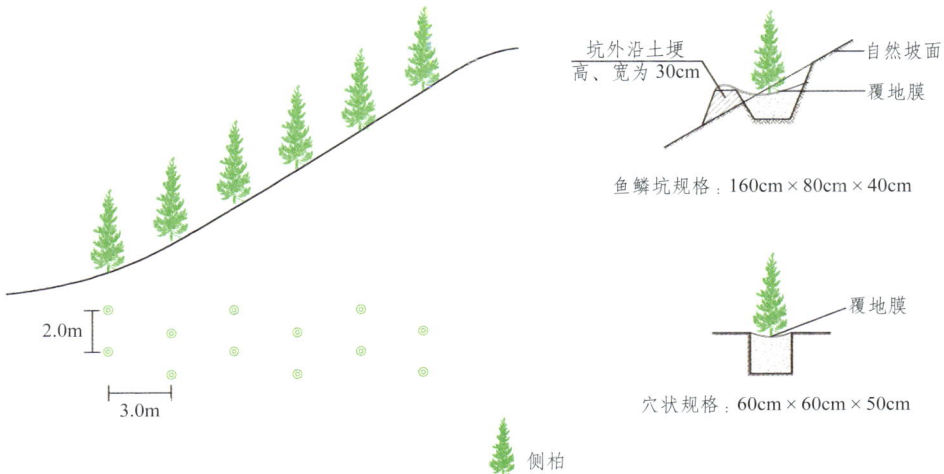

图 18　晋西黄土高原丘陵沟壑区侧柏水土保持林模式

（三）适宜推广范围

适宜于半干旱暖温带晋西黄土丘陵沟壑造林小区，也可在吕梁山南部山地小区、中条山土石山小区、陕北黄土高原小区、太行山北段小区、冀西北黄土丘陵小区、豫北太行山小区推广。

（四）模式成效与评价

侧柏是耐旱、耐高温、耐瘠薄的常绿针叶树种，加之育苗容易，造林费用低，技术容易掌握，特别适宜土地裸露、植被稀少、海拔在 1000m 以下的黄土高原区推广造林。侧柏易与其他伴生树种生长，形成天然的乔灌植被群落，选择抗旱性、抗干热较强的侧柏作为造林主要树种，可一年三季造林，有利于提高植被盖度，有效治理水土流失（图 19）。

图 19　永和县南庄乡永和关造林前后对比

十一、半干旱暖温带吕梁山南部山地造林小区

● 吕梁山南部华北落叶松与胡枝子混交模式（图 20）

（一）自然地理概况

模式来源于山西省蒲县、隰县。项目区海拔 690～1570m，属暖温带大陆性季风气候，四季分明，春季干旱多风，气温回升快，昼夜温差较大，十年九旱。年均降水量为 570mm，雨量多集中在 6～9 月，占全年降水量的 82%，且年际变化较大。土壤为褐土和棕壤土。

（二）技术要点

1. 树种

选择华北落叶松和胡枝子。

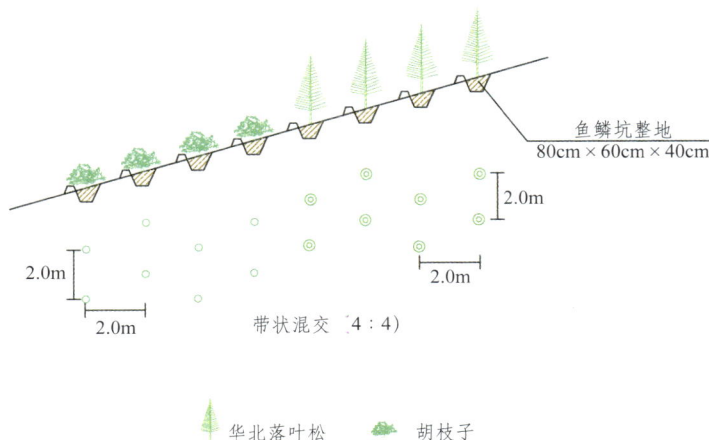

图 20　吕梁山南部华北落叶松与胡枝子混交模式

2．苗木

华北落叶松选用 2 年生壮苗，苗高 30～40cm，地径 0.4cm 以上；胡枝子选用 2 年生苗，分枝 3～7 头。

3．整地

造林前一年鱼鳞坑整地，规格 80cm×60cm×40cm，"品"字形排列。

4．造林

每亩栽植苗木 168 株。华北落叶松和胡枝子按 1∶1 的比例带状混交，4 行为一带。春季、秋季及雨季均可造林。栽植前，用 ABT 生根粉、根宝等蘸根处理。

5．抚育管理

连续 3 年中耕除草，第 1 年 2 次，第 2 年 2 次，第 3 年 1 次。每年割 2～3 次嫩草。一年追肥两次，以 N、P 肥为主，追肥量每亩 80kg。病虫害防治每年 1 次，或以实际需要采取相应的措施。

（三）适宜推广范围

适宜于半干旱暖温带吕梁山南部山地造林小区，也可在吕梁山东侧黄土丘陵小区、六盘山土石山地小区推广。

（四）模式成效与评价

华北落叶松与胡枝子都是速生树种，其混交林在北方山地阴坡、半阴坡均能生长，生态修复能力强，具有较强的改良土壤保持水土作用。

十二、半干旱暖温带太行山北段造林小区

● 模式 1　太行山北段油松沙地柏混交模式（图 21）

（一）自然地理概况

模式来源于山西省代县。模式实施区属恒山剥蚀断块中高山区，坡陡土薄，地形复杂，是典型的半干旱石质山区困难立地，以阳坡为主，坡面岩石裸露率＞20%，土层厚度 5～20cm，土壤石砾含量＞30%，治理前植被以草灌为主，灌木树种有山桃、山杏、沙棘、三桠绣线菊、蚂蚱腿子、虎榛子、小叶鼠李等；草本植物有蒿类、苔草、碱草等，覆盖度 30% 左右。

（二）技术要点

油松是太行山分布最广的树种之一，油松具有抗寒、耐旱、耐瘠薄的特性。选择油松大苗、容器苗造林，克服了常规小苗造林抗逆性差、成活率低的弊病，实现一次造林、一次成林的目的。沙地柏为常绿植物，耐寒、耐旱、根系发达、适应性强，牲口适口性差，可忍受风蚀沙埋和适应干旱环境，是优良的护坡、固沙水保植物。

1．树种

选用耐旱性强的油松、沙地柏。

2．苗木

油松采用 2+2 容器苗，沙地柏采用 2 年生扦插容器苗。

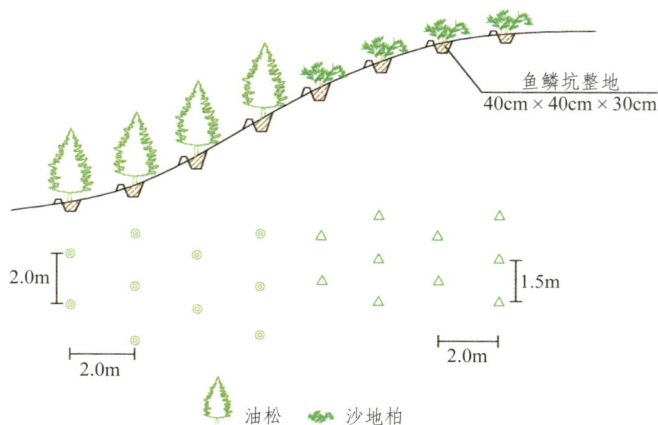

图 21　太行山北段油松沙地柏混交模式

3．整地

造林前 1 年雨季采用鱼鳞坑整地，规格为 40cm×40cm×30cm。春季整地经雨季后秋季栽植。

4．栽植密度

油松株行距 2.0m×2.0m，沙地柏株行距 2.0m×1.5m。

5．混交方式

带状混交，4 行一带，混交比例 1∶1。

6．造林

雨季采用脱去容器的脱袋造林方法，造林密度 167 株/亩。栽植时每穴施保水剂 3g，栽后用石块、地膜双层覆盖。

7．抚育管理

栽后连续 2 年松土除草，每年 1 次，时间 6~8 月。造林区每隔 500~800m 建设防火道或作业道。

（三）适宜推广范围

适宜于半干旱暖温带太行山北段造林小区，也可在冀西山地小区、阴山北麓山地小区、燕山北麓山地黄土丘陵小区、豫北太行山小区推广。不适宜地下水位过高，盐渍化严重的沙化地造林应用。

（四）模式成效与评价

在太行山北段困难立地造林中，选择抗旱树种（油松、樟子松、杜松、沙地柏、山桃等）容器苗＋中小规格整地＋脱容器造林＋覆盖（石块薄膜双层或石块单层）技术集成，是提高造林成活率，解决寒旱瘠薄困难立地植被恢复难题的有效技术对策（图 22）。

图 22　代县雁门关乡治理前后对比

● **模式 2　太行山水袋滴渗抗旱造林模式（图 23）**

（一）自然地理概况

模式来源于山西省灵丘县。模式实施区位于灵丘县西南山区，海拔 910～1500m，年平均气温 7.5℃，无霜期 130～150 天，年平均降水量 400mm 左右，属半干旱大陆性季风气候。天然植被稀少，水土流失，沙化蔓延。

（二）技术要点

1．树种

选择耐干旱、寿命长、固沙能力强的油松、桧柏等优良树种。

2．苗木

油松选用 3 年生以上容器苗，桧柏选用 5 年生以上Ⅰ级苗。

3．整地

当年春季采用鱼鳞坑整地，规格 80cm×60cm×40cm，采取石块或土围堰，里低外高，"品"字形排列。

4．混交方式

油松、桧柏块状混交，混交比例 7:3。

5．造林

春季、雨季造林。株行距 2.0m×3.0m。随起苗、随运输、随栽植。容器苗脱袋后摆正栽直，覆土踏实，一次浇足底水。用长度约 70cm、宽度约 22cm 的无色塑料袋，盛装 10kg 清水，水袋靠苗木根部放置，同时用 5 号钢针扎破袋子，水滴以 20 滴 / 分钟速度渗入苗木根部土壤（图 24）。

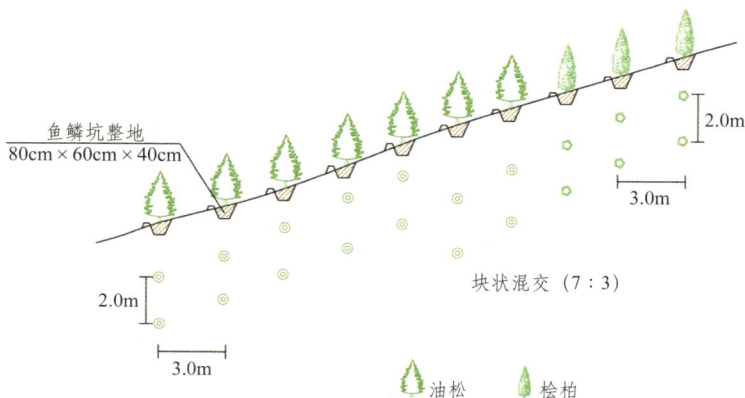

图 23　太行山北段水袋滴渗抗旱造林模式

图24　水袋滴渗抗旱技术

6．抚育管理

造林后松土除草。

（三）适宜推广范围

适宜于半干旱暖温带太行山北段造林小区，可在气候相近、地形相似、有一定运输条件的山地、沙地和平原推广。

（四）模式成效与评价

水袋滴渗技术主要有补充水分、物理覆盖、均衡地温三大作用。土壤含水量在5月最低，此时降雨少、蒸发量大，正是缓苗期，由于水袋补充了土壤水分，可使5月土壤含水量保持1个月左右的较高值，为初栽的苗木提供了所需的水分。应用此技术显著缩短苗木的缓苗期，减少苗木死亡现象，比单纯栽植裸根苗不加抗旱措施的成活率增加26%，显著提高苗木的成活率和生长量，是有效的抗旱造林措施。同时，采用水袋法每穴成本在1元左右，成本不高，易在大面积造林中推广（图25）。

图25　灵丘县白崖台乡治理前后对比

31

十三、半干旱暖温带乡吉黄土沟壑造林小区

● 乡吉黄土残塬沟壑区刺槐水土保持林模式（图 26）

（一）自然地理概况

模式来源于山西省吉县。模式实施区位于吉县西南部残塬沟壑区，紧靠黄河，属温带大陆性气候。海拔 440～920m，年平均气温 10.8～11.4℃，年平均降水量 479mm。土壤为褐土，有机质含量≥1%。植被为零星分布的灌草类，主要灌木有黄刺玫、山桃、酸枣、柔毛绣线菊等，草类有甘草、铁杆蒿、白草、羊胡子草等，水土流失严重。

（二）技术要点

刺槐适宜在海拔 1300m 以下栽植，在当地一般与油松混交或栽植纯林，是营造水土保持林的理想树种。

1．苗木

选用 2 年生刺槐，地径≥1cm。

2．整地

当年春、雨季鱼采用鳞坑整地，规格为长径 160cm、短径 80cm，活土层深40cm，埂高、宽各为 30cm。坡度较大的荒山、荒地采取径流水土保持措施。

3．栽植

秋季造林。株行距 2.0m×3.0m。采取截干封堆栽植法。截干埋土有利成活，

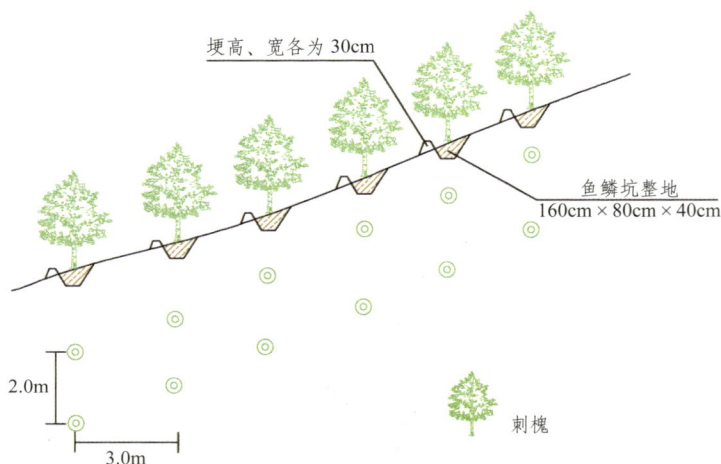

图 26　乡吉黄土残塬沟壑区刺槐水土保持林模式

植后在根部堆土 15～20cm，可保墒、防风吹摆，有利于成活。与油松混交时，可依据自然地形块状混交或带状混交。

4．抚育管理

造林后 6 个月内及时除草，9 个月后进行修理鱼鳞坑造林后 10～12 年进行一次间伐抚育，去劣留优，伐除病腐木和人工修枝。

（三）适宜推广范围

适宜于半干旱暖温带乡吉黄土沟壑造林小区，也可在吕梁山南部山地小区、晋西黄土丘陵沟壑小区、忻太盆地小区、吕梁山东侧黄土丘陵小区、陕北黄土丘陵沟壑小区、渭北黄土高原沟壑小区、陇东黄土丘陵沟壑小区、陇中黄土丘陵沟壑小区、宁南黄土丘陵沟壑小区的土质低山、荒沟大面积推广。

（四）模式成效与评价

刺槐根系发达，侧根和毛根多，根系具有根瘤菌，具有良好的固土、保水和改良土壤功能。通过营造刺槐水土保持林，提高了森林盖度，有效治理了水土流失、土壤贫瘠等问题（图 27）。

图 27　吉县柏山寺乡马泉头村治理前后对比

十四、半干旱暖温带忻太盆地造林小区

● 模式 1　黄土残塬区忻太盆地核桃立体栽植模式（图 28）

（一）自然地理概况

模式来源于山西省灵石县。模式实施区位于山西省中部，汾河中段，是黄土高原干旱丘陵山区，属暖温带大陆性气候，日照充足，气候温和，年均气温 10.4℃，平均无霜期 170 天左右。水土流失面积大，生态脆弱。

（二）技术要点

1．间作方式

有核桃＋药材、核桃＋蔬菜、核桃＋豆类及林下养殖等。

2．核桃品种与林下间作作物

核桃品种有"中林1号"、"辽核1号"和"晋龙1号"等；林下间作植物有黄芪、枸杞、甘草、苜蓿、花生、土豆等。

3．苗木

宜选用优良品种的嫁接成品苗，2～3年生的成品壮苗，苗高1m以上，地径1cm以上，主根侧根完整，无病虫害。

4．整地

平缓地带采用穴状整地，规格100cm×100cm×100cm；坡耕地采用大鱼鳞坑整地，规格为长120cm、宽50～60cm、深70～80cm，沿等高线"品"字形排列，充分拦截利用地表径流。

5．栽植密度

一般株行距以3.0m×5.0m或4.0m×5.0m为宜，33～45株/亩。

6．栽植

栽植前每穴施入优质农家肥30kg，并拌入磷肥2～3kg，然后熟土回填。如有根损伤，先将损伤及烂根剪除掉，放入水中浸泡12h，或蘸泥浆，使根系吸足水分以利栽植成活。栽植时将苗木放入坑内，使根系舒展，用熟土填埋与地面相

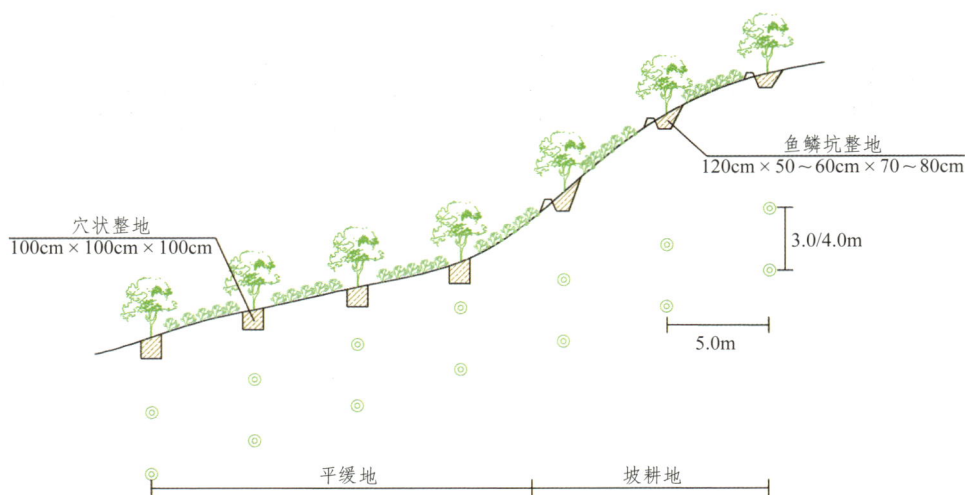

图28　黄土残塬区忻太盆地核桃立体栽植模式

平，分层踏实后，再浇足定根水，然后用地膜对穴面进行覆盖。为防止冬季抽条和冻害，在秋末应采取封土堆或套袋封土办法，防止苗木失水干枯，第二年春天土壤解冻后除去封土，扶正幼树。

7. 抚育管理

定植后根据幼苗的定干高度进行短截，以促进主干生长。维持地上部分需水与地下根系吸水的水分平衡和营养关系。短截剪口下面留4～5个饱满芽为整形带，抹掉多余的萌生芽。主干截留高度一般距地面80～150cm之间。短截后要注意保护剪口，防止伤口失水。待幼树苗发芽新梢长到20cm时，选留一个生长势强壮的芽培养为主干。如苗干低于定干高度，应在其中上部选饱满芽先行短截萌发后，留一个健壮新梢，待达到定干高度后再进行定干。

（三）适宜推广范围

适宜于半干旱暖温带忻太盆地造林小区，也可在晋南盆地小区、乡吉黄土沟壑小区、渭北黄土高原沟壑小区推广。

（四）模式成效与评价

核桃为生态、经济兼用型树种，适宜在光照充足的阳坡、半阳坡，坡度20°以下地区栽植，尤以土层深厚的缓坡耕地，撂荒地和梯田为佳，不宜在山头、风口和低洼地带种植核桃。

灵石县累计栽植核桃经济林26.34万亩，成立以核桃为主的林业经济合作社81个，核桃产量达到1200万kg，产值达3.6亿元，有效促进农民增收。核桃立体栽植，可采取林药间作、林菜间作、林粮间作、林下养殖等多种模式，注意留足保护带，防止耕作损伤树体，不宜间作高秆作物。整形修剪应注意避开11月至翌年3月下旬的伤流期（图29）。

图29 灵石县静升镇静升村治理前后对比

● **模式2 忻太盆地高标准农田林网模式**（图30）

（一）自然地理概况

模式来源于山西省祁县古县镇。模式实施区年平均气温9.8℃，年降水量449mm。主要自然灾害有春旱、晚霜和干热风。昌源河是祁县的母亲河，是汾河的主要支流之一，由于私挖滥采，原有林网破坏，流沙侵袭沿岸农田，生态影响严重。

（二）技术要点

1．昌源河护岸林

为了护岸、防风和控制流沙，在昌源河两侧配置护岸林带，林带宽20～50m。树种为三倍体毛白杨或欧美杨等，株行距为2.0m×3.0m。

2．农田林网

在村级路、田间路和水渠两侧各栽植1～2行树，形成农田林网，网格面积一般为100～200亩。主要树种有欧美杨、毛白杨等，胸径为3cm，株行距为3.0m×2.0m。

3．造林

以春季造林为主。当年春季机械整地，深度60cm以上。乔木栽植穴规格为0.6～0.8m×0.6～0.8m×0.6m。有条件的地方施底肥。欧美杨等用3年生无病虫

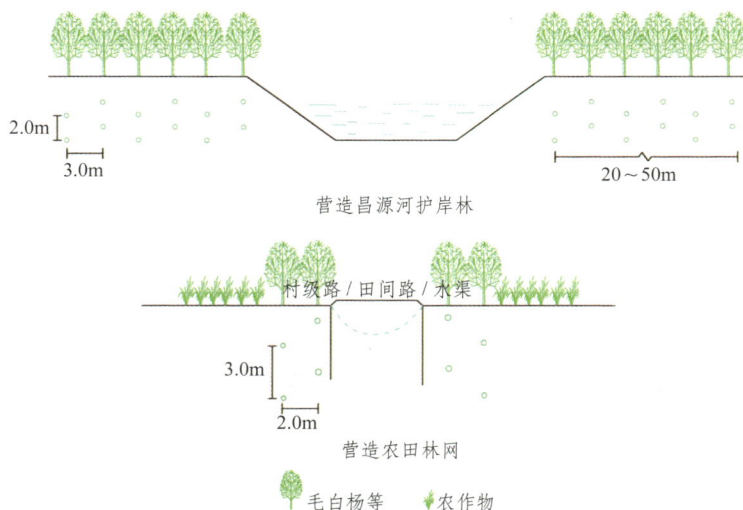

营造昌源河护岸林

营造农田林网

🌳 毛白杨等　　🌱 农作物

图30　忻太盆地高标准农田林网模式

害壮苗。在造林地就近选苗，人工剪根，使根长在 12～15cm，当天起苗当天栽植。浇足头水，复水及时。

（三）适宜推广范围

适宜于半干旱暖温带忻太盆地造林小区，也可在冀中南平原小区、渭河平原小区、豫北平原小区推广。

（四）模式成效与评价

营造农田林网不仅可以有效地减免干热风和风沙灾害，改善农田小气候，而且还能以较短的周期生产一定数量的木材。高标准农田林网由于结构合理，目前全镇 5.15 万亩农田已全部建成高标准农田林网，农田林网质量好，生态、经济、社会效益已初步显现。农田林网网格内风速较林网外降低 43.3%，相对湿度提高 16%，有效地减免干热风的危害，从而使粮食产量比建网前增加 25% 以上。昌源河护岸林带有效地防止了昌源河沙尘的飞扬，不仅保证了全镇 3 万亩果树的丰产丰收，同时改善了当地的居住环境。按 10 年轮伐期，轮伐每年可产木材 7600m³，仅此 1 项每年即可增收 200 万元。另外，紫穗槐嫩枝叶可作绿肥，条子可用于编织、制浆造纸，也有一定的经济效益。

十五、半干旱暖温带中条山土石山造林小区

●中条山土石山地侧柏刺槐混交模式（图31）

（一）自然地理概况

模式来源于山西省平陆县。项目区位于黄河中游，中条山南端，属暖温带大陆性季风气候区，年平均气温 13.5℃，全年无霜期 136 天，全年平均降水量 551.3mm，年日照时数 2272h。植被稀少，主要为草类，有白羊草、苔苋、黄背草、蒿草等，土质疏松，水土流失严重。

（二）技术要点

1．树种

选择本地培育的侧柏和刺槐树种。

2．苗木

侧柏苗选择 2 年生的容器苗，苗高 30cm 以上；刺槐选择 1 年生苗，苗木地径 0.8cm 以上。

3．整地

一般采用水平阶和穴状整地，陡坡采用鱼鳞坑整地，规格 60cm×50cm×

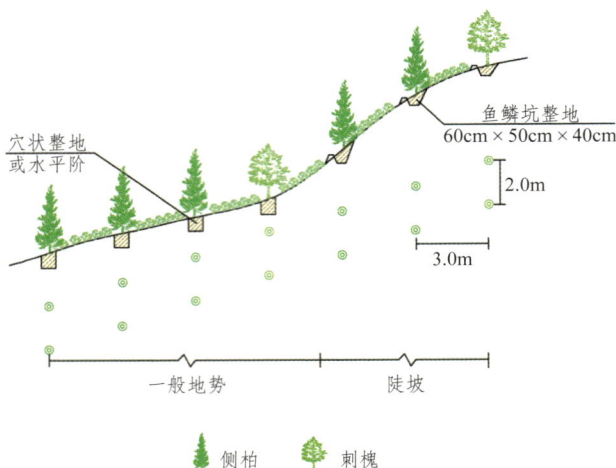

图31 中条山土石山地侧柏刺槐混交模式

40cm，"品"字形排列，前一年雨季或秋季整地效果最佳。

4．栽植

春季或秋季栽植。株行距为2.0m×3.0m。侧柏容器苗起苗前，必须在苗圃地浇足水，起苗时不能出现散土现象，栽植时要脱去营养袋，靠边直壁小背阴栽植，栽植后及时浇透水一次，以后根据墒情适时浇水。刺槐采用截干堆土栽植。

5．抚育管理

造林后3年内，进行中耕除草、整穴、修枝、病虫害防治等工作。大面积造林要按片、按小班规划防火道和作业道。同时在项目区内做好封山禁牧等防护工作，有条件的地方可进行拉网管护，避免牛、羊等对苗木造林损害。

(三) 适宜推广范围

适宜于半干旱暖温带中条山土石山造林小区，也可在乡吉黄土沟壑小区、吕梁山东侧黄土丘陵小区、陕北黄土丘陵沟壑小区、陇东黄土丘陵沟壑小区、陇中黄土丘陵沟壑小区推广。

(四) 模式成效与评价

侧柏、刺槐耐干旱，耐瘠薄，抗逆性强，是困难立地的优良造林树种。刺槐生长快，可在短时间内增加植被，减少水土流失；侧柏寿命长，长远效益好。二者混交优势互补，能充分利用土地的潜力，减少病虫害发生。通过营造侧柏、刺槐混交水土保持林和高标准整地，有效缓解了当地水土流失严重的状况，同时提高植被盖度，改善生态环境。

十六、半干旱暖温带晋东土石山造林小区

● 太行山石灰岩干石山植被恢复模式（图32）

（一）自然地理概况

模式来源于山西省太行山地区，模式实施区位于太行山石灰岩干石山、土石山的阳坡、半阳坡，海拔1500m以下，土层厚20cm左右，干旱贫瘠，植被稀疏，造林难度大。

（二）技术要点

1．树种

选择侧柏、野皂荚（荆条）。

2．苗木

侧柏以2年生容器苗为宜。

3．整地

造林前须经过一个雨季，采用中小规格鱼鳞坑整地，规格60cm×40cm×30cm。

4．配置

侧柏株行距1.5m×3.0m，保留自然分布的野皂荚（荆条），分布不均匀之处，

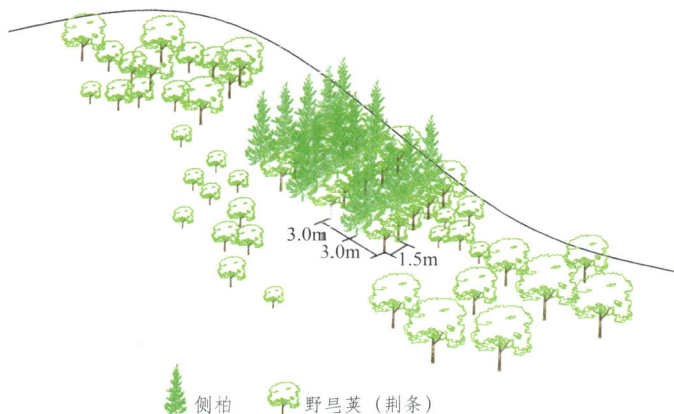

图32　太行山石灰岩干石山植被恢复模式

人工植苗造林或雨季直播造林，采用行间混交。

5．造林

侧柏春季、秋季均可栽植，以秋栽为好。有条件的地方栽后用石块覆盖或覆膜。野皂荚（荆条）播种、植苗均可。苗木用 ABT 生根粉、保水剂等蘸根处理。

6．抚育管理

中耕除草第 1 年 2 次，第 2 年 2 次，第 3 年 1 次。病虫害防治每年 1 次或因具体情况而采取相应的措施。

（三）适宜推广范围

适宜于半干旱暖温带晋东土石山造林小区，也可在太行山北段小区、中条山土石山小区、冀西山地小区、鲁中低山丘陵小区、豫北太行山小区推广。

（四）模式成效与评价

侧柏、野皂荚是石灰岩地区的造林先锋树种。野皂荚为深根性树种，侧根发达，根蘖能力强，固土保水能力强，喜光，不耐阴，耐高温、寒冷，抗旱性极强，即使年降水量不足 300mm，也能正常生长。在土层薄、石砾多的低山石灰岩区，可以发育成优势植物群落。该模式适合瘠薄干旱的太行山区荒山荒地推广造林。

十七、半干旱暖温带吕梁山东侧黄土丘陵造林小区

●吕梁山黄土丘陵侧柏水土保持林模式

（一）自然地理概况

模式来源于山西省娄烦县。模式实施区地处吕梁山东侧，位于太原市西北 100km 处的汾河上游。属于温带大陆性季风气候，干旱少雨，无霜期 108 天。风向多为西北风，风力 2～3 级。常年光照充足，可满足林木生长需要，主要灾害为晚霜，花期霜冻。土壤主要有新积土、粗骨土棕壤土等。

（二）技术要点

1．苗木

选用 2+2 侧柏容器苗。

2．整地

荒山荒坡土层较薄，要在造林前一年或当年雨季前进行水平沟或鱼鳞坑整地，以便拦蓄水土，增加土壤墒情。整地深度 40cm，然后覆土回填 30cm。

3．造林

造林前 3～5 天，将所用苗木浇 1 次透水，一是防止营养杯中土坨松散，二是保证上山后 15 天内苗木对水分的需求。苗木起运要做到轻起轻放，紧密码放于筐或箱内运往造林地。

苗木栽植时间最好选择在雨后。首先在水平沟或鱼鳞坑内挖深 15cm 的小穴，然后将容器苗倒置过来，轻轻撤去营养杯，将带土坨的苗木轻放于小穴内，四周填土踩实即可。注意不要把土坨弄敚，这是造林成活的关键。

4．抚育管理

有条件的地方，第 1 年和第 2 年每年将鱼鳞坑内杂草锄 2 次，以利苗木吸收养分，然后将锄草覆盖。无条件和杂草丛生的地方，栽植后立即用地膜覆盖，有利于减少土壤水分蒸发。造林结束后要设置封山标志。

（三）适宜推广范围

适宜于半干旱暖温带吕梁山东侧黄土丘陵造林小区，也可在中条山土石山小区、乡吉黄土沟壑小区、晋西黄土丘陵沟壑小区、陕北黄土丘陵沟壑小区、渭北黄土高原沟壑小区、豫北太行山小区、鲁中低山丘陵小区、陇东黄土丘陵沟壑小区、陇中黄土丘陵沟壑小区、宁南黄土丘陵沟壑小区、青海黄河谷地小区、盐同海丘陵平原小区推广。

（四）模式成效与评价

侧柏为我国特有树种，栽培历史悠久，是各地常见的园林绿化和荒山造林树种。将 1～2 年生的露地小苗装入营养杯培育成新型容器苗，营造水土保持林，具有造林成活率高、造林时间长的优点，可做到就近育苗、就近上山、按需所育，解决了干旱、半干旱地区荒山造林成活率低的问题。当年成活率可达 95% 以上，翌年保存率达 80% 以上。

十八、半干旱暖温带管涔山关帝山山地造林小区

● 模式 1　关帝山天然次生林封育模式

（一）自然地理概况

模式来源于山西省关帝山。模式实施区地处暖温带森林草原地带，气候冬寒夏凉，年平均气温 6～9℃，无霜期 120～160 天，年降水量 400～500mm。土壤多为山地褐土，植被以天然次生林为主。乔木有油松、辽东栎、蒙古栎、山杨、河北杨、小叶杨、桦树、侧柏、杜梨；灌木有胡枝子、胡颓子、沙棘、虎榛子、

枸子、紫丁香、黄蔷薇、白刺花（狼牙刺）、扁核木等。

（二）技术要点

1．封育方式

（1）全封

一般在边缘山区、江河上游、水库集水区、水土流失严重地区、风沙危害严重地区以及植被恢复较困难的宜封地，实行全封。封育时间一般3~5年，有的可达10年，甚至更长。

（2）半封

有一定目的树种、生长良好、林木覆盖度较大的宜封地，进行季节封禁，也即半封。

（3）轮封

对于当地群众生产、生活和燃料有实际困难的地方，可采取轮封。

2．人工促进天然更新

对有较充足下种能力，但因植被盖度较大而影响种子接触地面的地块，应进行带状或块状除草、破土整地，人工促进天然更新。

（1）人工补植

对自然繁育能力不足或幼苗、幼树分布不均匀的间隙地块，应按封育类型进行补植或补播。

（2）平茬复壮

对萌蘖能力强的乔木、灌木，应根据需要进行平茬复壮，以增强萌蘖能力。

（3）抚育管理

在封育期间，根据立地条件和经营强度，对经济效益较高的树种重点采取除草、除蘖、间苗、抗旱保墒等培育措施。

（4）防止火灾和病虫害

主要防治油松叶锈病、松黄叶蜂、油松毛虫、落叶松早期落叶病、蚜虫、栎实象等，同时做好防火工作。

3．成效调查

按小班调查，每亩有乔木、灌木90株（丛）以上，或乔木、灌木总覆盖度大于或等于30%，其中乔木所占比例在30%~50%且分布均匀者为合格。

（三）适宜推广范围

适宜于天然次生林的植被恢复，也可用于相似立地的生态自然修复。

（四）模式成效与评价

封山育林成本低，见效快，是重要的自然修复措施。山西省关帝山林业局孝文山林场八道沟口、三道川林场等通过封山育林，原来的灌丛、疏林已恢复为天然落叶松—杨桦混交林。

●模式 2　黄土高原土石丘陵区雁翅式造林模式（图 33）

（一）自然地理概况

模式来源于山西省静乐县。模式实施区位于晋西北高原土石丘陵区，属半干旱大陆性气候，年平均气温 6.8℃，全年无霜期 100～145 天。年平均降水量在420mm。年日照时数 2864.4h。天然植被稀疏，水土流失严重。

（二）技术要点

1．树种

选择本地培育的油松树种。

2．苗木

油松苗选择 2+3 容器苗，苗高大于 30cm。

3．整地

采用雁翅式整地方法（又名"一拖二"、"手拉手"式），即在鱼鳞坑整地的基础上，在坑与坑之间增加一道"V"字形土埂，整地规格 60cm×50cm×40cm，"品"字形排列，前一年雨季或秋季整地。

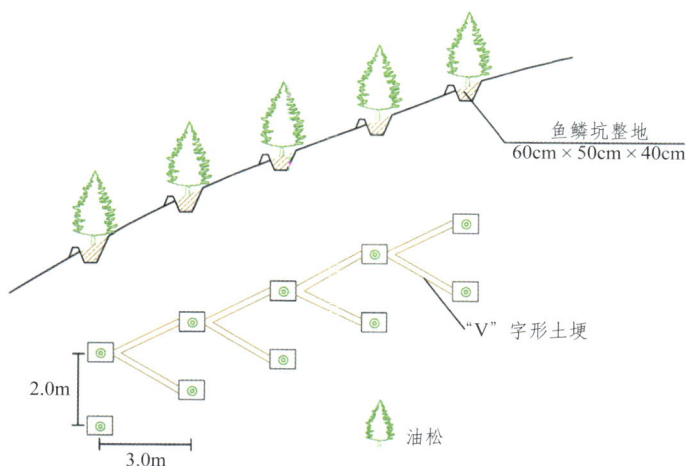

鱼鳞坑整地
60cm×50cm×40cm

"V"字形土埂

2.0m

3.0m

油松

图 33　黄土高原土石丘陵区雁翅式造林模式

4．栽植

春季或秋季栽植，株行距 2.0m×3.0m。容器苗起苗前，必须在苗圃地浇足水，起苗时不能出现散土现象，栽植时要脱去营养袋，靠边直壁小背阴栽植，栽植后及时浇透水一次，以后根据墒情适时浇水。

5．抚育管理

造林后 3 年内，进行中耕除草、整穴等工作。大面积造林要按片、按小班规划防火道和作业道。同时在工程区内做好封山禁牧等防护工作，有条件的地方可进行拉网管护，避免牛、羊等对苗木造林损害。

（三）适宜推广范围

适宜于半干旱暖温带管涔山关帝山山地造林小区，也可在中条山土石山小区、乡吉黄土沟壑小区、晋西黄土丘陵沟壑小区、陕北黄土丘陵沟壑小区、渭北黄土高原沟壑小区、陇东黄土丘陵沟壑小区、陇中黄土丘陵沟壑小区、宁南黄土丘陵沟壑小区、青海黄河谷地小区、盐同海丘陵平原小区推广。

（四）模式成效与评价

"雁翅式"技术，即在鱼鳞坑的基础上，在坑与坑之间增加一道"V"字形土埂，就像两个相邻的鱼鳞坑拉住了手。雁翅式和鱼鳞坑整地比起来，拦蓄雨水的效果更好，有助于幼苗抗旱，促进树木生长，较好地控制了土壤侵蚀。

十九、半干旱暖温带鲁北滨海盐碱土造林小区

● 模式 1　北方泥质海岸沿海防护林模式（图 34）

（一）自然地理概况

模式来源于山东省寿光市。模式实施区位于山东半岛中部，属暖温带季风区大陆性气候。泥质海岸地势低平，坡降 1/10000～1/5000，地下水埋深 1.0～1.5m，矿化度高，一般在 30～50g/L，重者可达 100g/L。土壤为海浸型盐碱土。植被稀少，草本植物主要有盐吸、黄须菜、碱蓬、碱蔓荆、马绊草、黑蒿等。年平均气温 13℃，年降水量 600mm，年蒸发量 2200mm。无霜期 190 天。土地盐碱程度较重，盐碱斑占地率 30%，海潮、旱、涝、碱、冰雹等自然灾害较重，生态环境十分脆弱。

（二）技术要点

1．基干林带建设

（1）修筑条田、台田，夏秋季节蓄洪洗盐

条田面宽 50m、长 300m，两侧挖深 1.5～2.0m、底宽 1.0m、沟坡 1∶1.5 的

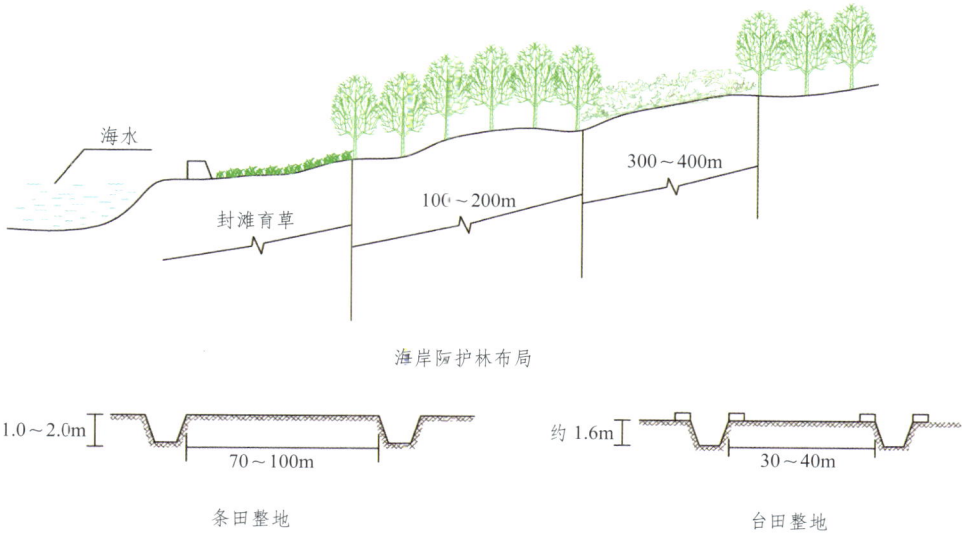

海水

封滩育草

海岸防护林布局

300～400m

100～200m

1.0～2.0m

70～100m

条田整地

约 1.6m

30～40m

台田整地

图 34　北方泥质海岸沿海防护林模式

农排沟，夏秋季节蓄洪洗盐。台田面宽 30～40m，四周修筑高、宽各 0.4m 的土埂，两侧挖深 1.5m、底宽 1.0m、沟坡 1：1.5 的排盐沟，雨季蓄淡水压碱，秋季深耕晒垡，使盐分遇水后溶解、渗入地下，加快表土的脱盐淡化。土壤脱盐后，种植田菁、紫穗槐等植物，巩固脱盐效果。

（2）造林技术

①树种选择：选择 J172 柳、J194 柳、J333 柳、绒毛白蜡、刺槐、白榆、金丝小枣、冬枣、桑树、柽柳、紫穗槐、沙枣、枸杞等耐盐碱树种作为造林树种。

②整地：提前雨季整地，穴状整地，乔木规格长、宽、深各 60cm；灌木长、宽各 40cm，深 35cm；高垄带状整地，垄宽 30～70cm，垄面高于地表 20～30cm，垄长不限，垄两侧犁沟排水。

③栽植：乔木每亩栽植 110～220 株，灌木每亩 200～400 穴。乔木每穴 1 株，灌木采用截干苗，每穴 2 株。用地膜或秸秆覆盖树穴，降低蒸发，节水保墒。

（3）抚育管理

当年培土扶正，防止倾斜倒伏。前 3 年封禁管护，防止人畜破坏。夏季除草，在 5、6 月用旋耕机打地除草，或者间作大豆、棉花等。每年秋冬季对林地进行一次旋耕。灌木第 3 年开始平茬。

2．农田林网建设

农田林网建设在基干林带以内，以乔木为主，选择白榆、臭椿、毛白杨、八里庄杨等速生乔木树种，建设布局为窄林带，小网格，农田内发展枣粮间作。

（三）适宜推广范围

适宜于半干旱暖温带鲁北滨海盐碱土造林小区，可在华北平原滨海地区泥质海岸推广。地块集中连片、地势平坦、可机械化作业的地块应用效果较好。

（四）模式成效与评价

通过模式建设，土壤结构趋向良好，土壤含盐量下降 0.2% 左右，地下水矿化度下降到 5 ~ 10g/L，森林覆盖率提高 5%，林木生长量显著提高。如绒毛白蜡 6 年生胸径生长量可达 2cm/ 年（图 35）。

图 35　寿光市侯镇大地沟村侯镇大地沟村治理前后对比

● **模式 2　黄河滨海地区重盐碱地防护林模式**（图 36）

（一）自然地理概况

模式来源于山东省利津县，模式实施区位于北部黄河三角洲地区，属于暖温带大陆性季风气候。由于黄河水泛滥淤积频繁，造成土壤层次复杂，沙黏相间，且受矿质化地下水影响，季节性升降，氧化还原反应交替进行，形成隐域性潮土土类，极易次生盐演化。沿海地带受海水的直接顶托和浸渍作用，形成盐土土类。植物主要为黄须菜、马绊草和 1 年生禾本科等草本植物，覆盖度很低。

（二）技术要点

1．"林网、路网、水网"三位一体

①防护林林带走向与道路一致，紧邻道路处栽植宽 2.0m 的柽柳灌木防护林带，采用 3 ~ 4 年生柽柳幼苗，株行距 1m×1m。灌木林带外侧额外修建一小

规格水渠，道路路面要高于台田面或小水渠面 0.2～0.5m，以利于引水灌溉或集雨造林，也具有防止水土流失的作用。小规格排水渠参数为：上宽 1.0m，下宽 0.3～0.5m，坡度比 0.75，深度 0.5m。

②深挖明沟、高筑台田，台田与明沟间隔排列，在台田内营造防护林。

2."台田沟渠"单元模块

一沟渠一台田为一单元模块。重度盐碱地段至少两个单元模块即"双渠双田"模式，在此基础上，依据防护林带的长度，确定模块数量。目的是疏松上层土壤，提高台田高度，相对降低地下水位，达到抑制或削弱返盐现象，起到降盐抑碱的效果。"台田沟渠"参数为：台田长 50～80m，台面宽 20～30m，坡度比 0.75；每台面上设置围埝（土埝），上宽 1.0～2.0m，下宽 2.0～3.0m，高 0.5m，坡度比为 0.75，以利于雨季集水压碱抑盐；沟渠上宽 15～20m，下宽 3～4m，坡度比为 0.76，深度 2.0～4.0m，沟渠两侧设置 1.0～2.0m 宽的小路，以利于沟渠的日常管理。

3.裸地晒田，冰冻改土

整平后的台田，先进行裸地晒田，冰冻改土，时间 8～12 个月。具体措施：①首先进行自然状态下的裸地晒田。重度盐碱化土地经裸地晒田，可使生土进一步熟化，形成稳定的土壤结构，增强其土壤通气、透水性能。②经裸地晒田，可

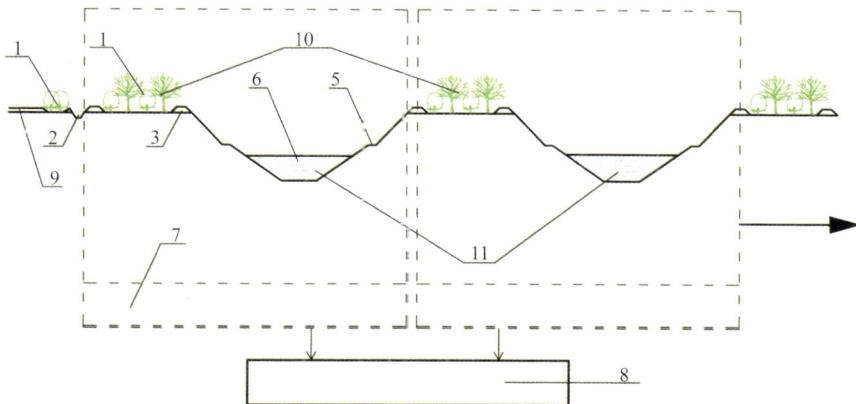

图36 黄河滨海地区重盐碱地防护林模式

1- 柽柳防护林 2- 排水渠 3- 台田围埝 4- 台田防护林 5- 小路 6- 沟渠
7- 单元模块台田沟渠 8- 双渠双田模式 9- 路网 10- 林网 11- 水网

使土体当中的盐分聚集在地表，盐生植物碱蓬、柽柳幼苗易生根发芽，在秋季落叶之前可对其枝干进行收集，以减少土体盐分聚集。③冬季土体冻结，冻融作用疏松土壤，改善土壤结构，降低盐分。

4. 深翻熟耕，种植绿肥

经过约一年的裸地晒田和冰冻改土，土壤盐碱性能、通气透水性能得到一定改善，0~40cm 土层含盐量平均达 0.82%，经深翻熟耕，蓄水压盐后，可进行绿肥种植 1 年。具体措施如下。

① 3~4 月，进行翻耕，翻耕土壤深度在 20~30cm 即可，然后进行平整土地。经过耕翻，可把表层土壤中盐分翻压到耕层以下，把下层含盐较少的土壤翻到表面。②台面整平后，种植绿肥，种类以苜蓿、红豆草为主。种植绿肥可增加地表覆盖率，阻止地表强烈蒸发，避免表层板结，抑制土壤返盐，提高土壤有机质。

5. 造林

采用"品"字形栽植，乔灌混交比例为 2:1~3:1，株行距为 1.0~1.5m×2.0~3.0m，疏透度为 0.15~0.20。乔木树种以绒毛白蜡、白榆、竹柳为主，灌木树种以柽柳、紫穗槐、白刺、沙枣为主，林下进行草本植物苜蓿、红豆草的种植。

规格参数说明。①柽柳防护林：3~4 年生柽柳幼苗，株行距 1m×1m。②排水渠参数为：上宽 1.0m，下宽 0.3~0.5m，坡度比 0.75，深度 0.5m。③台田围埝（土埂）：上宽 1.0~2.0m，下宽 2.0~3.0m，高 0.5m，坡度比为 0.75。④台田：长 50~80m，台面宽 20~30m，坡度比 0.75。⑤沟渠：上宽 15~20m，下宽 3~4m，坡度比为 0.76，深度 2.0~4.0m。⑥小路：宽 1~2m。

（三）适宜推广范围

适宜于半干旱暖温带鲁北滨海盐碱土造林小区，也可在天津滨海平原小区、冀东滨海平原小区等北方滨海地区重盐碱地防护林推广。

（四）模式成效与评价

采用高规格台田整地，降盐改土，并依靠生物措施培肥地力，苗木成活率在 90% 以上，有效解决了防护林成活率低的问题，多种植物的使用，起到了压碱抑盐，增加土壤养分，改善土壤结构的作用，有利于防护林系统的稳定生长。本模式可操作性强，成本低，实现了用地养地的良性循环，增加渔民收入，防灾减灾，具有较好的经济社会效益（图 37）。

图 37　利津县刁口乡治理前后对比

二十、半干旱暖温带鲁北平原造林小区

●黄河冲积平原节水抗旱造林模式

（一）自然地理概况

模式来源于山东省商河县。商河县属于黄河冲积平原，境内宽广平坦，平均海拔 13m，属暖温带季风气候区，年平均气温 12.6℃。

（二）技术要点

1．树种

用材林和防护林以杨、柳、榆、槐等为主；经济林以枣、苹果、梨、桃杏等为主。

2．苗木

乡村公路绿化选用胸径 3cm 以上的大苗，河渠及田间道路选用胸径 1.5cm 的 1～2 年生苗木。大苗主根长度不短于 40cm，直径 0.3cm 以上的侧根长度 30cm，尽量保护好须根。运输时苗木根系蘸泥浆后用塑料薄膜或湿草袋包裹，不能及时栽植时，应假植苗木。

3．整地

采取大坑栽植，胸径 3cm，整地规格为 80cm×80cm×80cm；胸径 1.5cm，整地规格为 60cm×60cm×60cm。

4．造林密度

株行距采用 2m×3m、3m×3m 或 3m×4m。

5．栽前处理

（1）修枝

修剪苗木主侧枝，减少水分蒸发。多年生柳树苗木，进行主枝短截，保留

10～15cm；杨树苗木，1年生主干保留40～50cm，侧枝保留20～30cm。

（2）伤口处理

对直径1cm以上的剪口涂抹油漆保护。

（3）根系处理：采用50ppm ABT生根粉溶液蘸根，裸根苗浸水或蘸泥浆。

6．栽植

一人扶苗，一人培土，二人一组进行栽植。坑底垫入15～20cm表土后把苗木垂直放入坑中间，填土30cm，提苗踩实，均匀洒施复合肥或基肥，覆土覆膜。

7．抚育管理

栽后浇水补墒，防治食叶害虫，加强管护，避免人畜破坏。

（三）适宜推广范围

适宜于半干旱暖温带鲁北平原造林小区，也可在冀中南低平原小区、晋南盆地小区推广。

（四）模式成效与评价

针对不同的立地和树种等，优化组合集水、蓄水、地面覆盖、保水剂、生长激素等技术，可有效提高造林成活率90%以上，节省补植费用，降低造林成本，提早1～3年郁闭成林（图38）。

图38　商河县殷巷镇邢家村造林前后对比

二十一、半干旱暖温带鲁中低山丘陵造林小区

● **鲁中低山丘陵针阔混交林模式**（图39）

（一）自然地理概况

模式来源于山东省昌乐县。模式实施区位于孤山林场，属暖温带大陆性季风

气候，全年平均气温 12.5℃，年平均日照时数 1968h，年均无霜期 186 天。

（二）技术要点

1．树种

常绿树种选择侧柏或黑松，落叶树种选择黄栌、五角枫等变色叶树种。

2．苗木

侧柏或黑松营养钵苗，地径 1.5～2cm；2 年生黄栌或五角枫裸根苗，截干长度 15～20cm，蜡封截面。

3．整地

提前一年整地，采用机械挖坑，规格 60cm×60cm×60cm，清理碎石，回填表土和农家肥。

4．混交方式

针阔混交比例 6：4 或 7：3。

5．造林密度

株行距 1.5m×2.0m。

6．造林

春季栽植落叶树种，雨季栽植常绿树种。苗木栽植深度比平地深 5～15cm，覆土压实，栽后立即浇水，坑面覆膜，人工整理树穴，利于雨水汇集。在雨季大雨后 2～4 天内栽植常绿树种，栽后侧柏不用浇水，黑松需浇水 1 次。

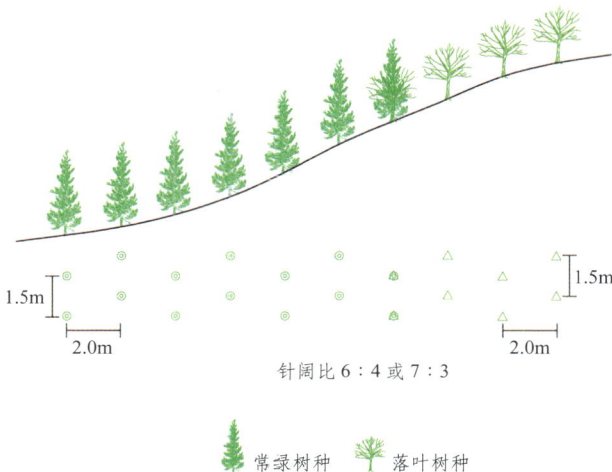

针阔比 6：4 或 7：3

常绿树种　落叶树种

图 39　鲁中低山丘陵针阔混交林模式

7．抚育管理

造林后，要防止人畜破坏，及时除草，防治虫害。5年后对落叶树种修枝抚育。

8．配套措施

根据地形间隔 150～200m 留 3～4m 宽作业道，用于抚育管护和森林防火。

（三）适宜推广范围

适宜于半干旱暖温带鲁中低山丘陵造林小区，也可在京西北山地小区、冀西山地小区、中条山土石山小区、晋东土石山小区推广。

（四）模式成效与评价

模式在坡度较大，立地条件差，上水困难的荒坡造林成活率提高 30% 左右。造林费用低，长期生态景观价值高（图40）。

图40　孤山林场造林前后对比

二十二、半干旱暖温带豫北平原造林小区

● 马颊河上游沙区综合造林绿化模式（图41）

（一）自然地理概况

模式来源于河南省南乐县。模式实施区位于河南省东北部，海河平原南部，马颊河上游。治理前风沙危害频发，生态状况差，严重影响群众生产生活和县域环境质量。

（二）技术要点

1．农田林网

（1）林网配置

主林带垂直于主害风方向，副林带垂直于主林带，农田网格面积控制在 200 亩以下。

（2）树种

泡桐。

（3）苗木

选用 1 年生泡桐苗。

（4）整地

秋末冬初穴状整地，穴径 0.7～1m，穴深 0.5～0.8m。

（5）造林

春季造林，株行距 4.0m×10.0m，两行一带，林带间距 200m。栽植深度以根颈处低于地表 15～20cm 为宜。按照"三埋两踩一提苗"进行栽植，栽后浇透定根水，坑内覆土，防止土壤板结和干裂。

（6）抚育管理

栽植当年，及时扶正培土，防止倾斜。加强管护，严防人畜损伤。及早摘除腋芽，反复抹芽 2～3 次，提高主干高度。抹芽时保留侧枝 4～6 对。冬季深翻树穴土壤 10～20cm。

（7）病虫害防治

成林后重点防治泡桐丛枝病，夏季剪除病枝，涂土霉素凡士林（1：9）药膏后，用塑料布包扎，在病枝上环状剥皮。用 10000 单位 /mL 盐酸四环素、土霉素碱、2%～5% 硼酸钠溶液，通过髓心注射及根部处理治疗病树。

2．沙地经济林

（1）树种

选择耐干旱、寿命长，固沙能力强的枣树营造沙地经济林，品种为冬枣或扁

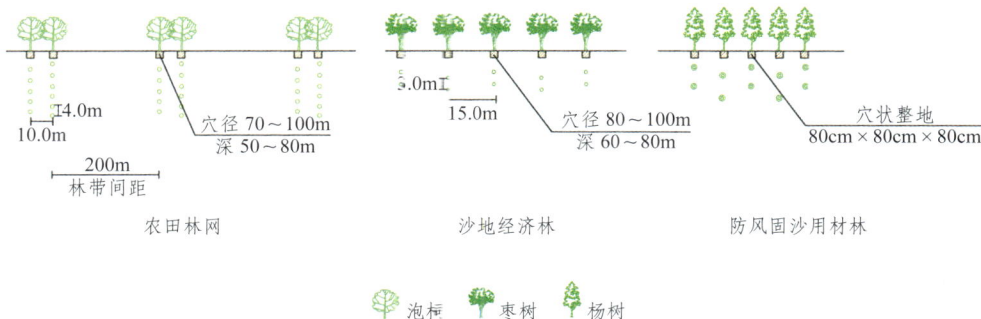

图 41　马颊河上游沙区造林绿化模式

53

核酸枣。

（2）整地

当年春季穴状整地，直径为 80～100cm，深度 60～80cm。

（3）苗木

选用沙枣 1 年生嫁接苗。

（4）造林

春季造林，株行距 3.0m×15.0m。栽植时，坑底先填入混有表土的有机肥，用脚踏实，中央要略高于四周，再将枣苗立于穴中央，根系向四周舒展，随即填土，做到"三埋两踩一提苗"，使根系与土壤密接。栽植深度以根茎部略低于地面为宜，栽后立即灌水，覆土后在树盘上覆盖地膜保墒。

（5）抚育管理

苗木新梢长至 10～15cm 时，每株开沟施入 100～200g 尿素，修建过多分枝。间作时，树行两侧各保留 50cm 保护带，以防损伤苗根和枝干。按照主干疏层形、自然开心形、多主枝自然圆头形等对树形进行整形修剪。春季枣树萌芽前，在树冠投影范围内，深翻土壤 15～25cm。生长期内，全年 3～5 次中耕除草。在开花前、花期、幼果期及果实生长后期，喷施 0.3%～0.5% 的尿素、磷酸二氢钾等叶面肥。秋季枣树落叶后施入有机肥料，每株施土粪100～150kg。

3．防风固沙用材林

（1）树种

选择耐干旱、固沙能力强的 108 号杨树优良品种。

（2）整地

穴状整地，穴规格 80cm×80cm×80cm。挖穴时表土和心土分开放置，随整地随造林。

（3）苗木

选用 1 年生 108 号杨树扦插苗。

（4）造林

春季造林，株行距 2.0m×3.0m。造林前浸水、泥浆蘸根，或采用 ABT 生根粉处理根系。栽植时，将树苗立于穴中央，根系向四周舒展，随即填土，先填表土，后填心土。做到"三埋、两踩、一提苗"。栽植深度以根茎部略低于地面为宜，栽后立即灌水。

（5）抚育管理

新栽植的杨树苗，当年春季风雨过后，易出现穴土下沉，苗木歪斜，根系形成空隙，应及时进行扶苗培土。苗木成活后，前 3 年每年中耕抚育 2 次，在 5 月底或 6 月初进行第 1 次中耕，第 2 次中耕在秋末冬初进行。幼林可间作套种豆类、瓜类、蔬菜、小麦或棉花等低秆作物，以耕代抚。造林当年 5 月下旬每株杨树追肥尿素 0.1kg，距树 30cm 左右挖环状沟均匀埋施，第 2 年 4 月下旬或 5 月上旬，每株追施尿素 0.2kg、复合肥 0.1kg，距离树 35cm 左右挖环状沟均匀埋施。造林当年，于 4 月中旬至 5 月上旬期间，及时将幼树干部萌芽抹去，若梢部出现双头或多头萌条，留一健壮的作主梢，其余抹去，以保证树干圆满通直。

当幼树胸径达 8～10cm 时，可于秋冬季节修剪有病虫危害枝、竞争枝以及修剪处萌芽枝，并且以后每两年修剪树干下部侧枝，修枝强度为枝下高与树高比在 1/3～1/2 之间。大面积造林要间隔 500～800m 预留防火道和作业道。

（三）适宜推广范围

适宜于半干旱暖温带豫北平原造林小区，可在黄河古道风沙区推广。

（四）模式成效与评价

农田林网、沙地经济林和防风固沙用材林建设是沙区农民利用沙地资源增收致富的重要途径。马颊河流域沙区农业实现增产稳产，经济林、防风固沙用材林已郁闭，沙区村庄经绿化后林木覆盖率达到 45% 以上，沙区林木覆盖率达到 30%，调节小气候，为当地农民提供了宜居的生态环境。西邵乡现有枣、苹果等经济林面积 3200 亩，年经济效益达到 1600 万元，防风固沙用材林 2000 亩，年收益 200 万元（图 42）。

图 42　南乐县西邵乡蔡村治理后沙地经济林、防风固沙用材林

二十三、半干旱暖温带豫北太行山造林小区

● 太行山浅山侧柏大营养袋造林模式

（一）自然地理概况

模式来源于河南省安阳县。模式实施区位于河南省安阳县西部，属太行山东麓浅山区，向西延伸至安阳河，海拔 170～504m。山体底部为冲积丘陵岗坡，坡度 15°～25°，地势平缓，土层深厚，土壤为褐土。

（二）技术要点

1. 育苗

大田直播育苗，每亩 9 万株，留床过冬。按 3:1 的熟土与农家肥比例配制营养土。次年 4 月上旬，起苗装袋。容器袋规格为长 20cm、宽 13cm、厚度 0.01mm，下半部带 6 个直径 0.5cm 的圆孔。侧柏苗装入营养袋后，装填营养土，浇水灌透，保持苗床湿润，防止立枯病、日灼发生。

2. 苗木

大营养袋苗，1.5 年生移植苗，地径 0.4cm，苗木高 30cm。

3. 整地

造林前一年 10～12 月进行翼式鱼鳞坑整地，表土和心土分放，回填时先填表土，将挖出的石块垒于坑下沿，筑成半圆形拦水坝。

翼式鱼鳞坑是由水平集水沟（槽）和大鱼鳞坑复合而成。鱼鳞坑两侧有集水沟，外侧高而内侧低，沟内形成坡度，外端高而内端低，使径流截止于集水沟并汇集于鱼鳞坑栽植穴。在同一高度相邻的集水沟间，保留原状土形成径流分界，相邻两层间保留原有植被（图 43）。

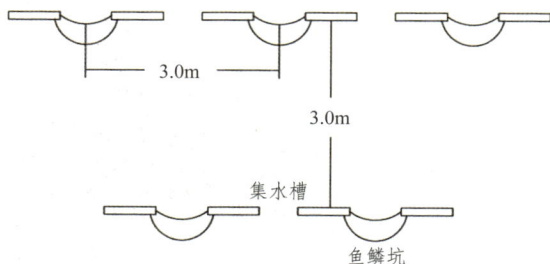

集水槽

鱼鳞坑

3.0m

3.0m

图 43 翼式鱼鳞坑整地平面示意图

4. 栽植、抚育管理

7～8 月雨季造林。栽植前苗木要灌一次透水，保证湿袋泥状上山。造林栽植时营养袋栽植要低于地面 2cm，栽后轻踩，在树苗周围半径 0.5m 以内压石保墒（注意石块要与树苗保持 5cm 左右的距离，以免树苗根茎被石块烧伤），

以减少土壤水分蒸发。每年进行松土除草 2 次。

（三）适宜推广范围

适宜于半干旱暖温带豫北太行山造林小区，也可在京西北山地小区、冀北山地小区、冀西山地小区、冀西北黄土沟壑小区、太行山北段小区、中条山土石山小区、晋东土石山小区、陕北黄土丘陵沟壑小区、渭北黄土高原沟壑小区、陇东黄土丘陵沟壑小区、陇中黄土丘陵沟壑小区、宁南黄土丘陵沟壑小区、阴山东段山地小区、燕山北麓山地黄土丘陵小区推广。

（四）模式成效与评价

大营养袋造林简单易做，成本低，苗木成活率高，生长迅速。与裸根苗造林相比，生长量提高 20%，成活率提高 15% 以上，省水、省工、节约投资。

二十四、半干旱暖温带渭北黄土高原沟壑造林小区

● 模式 1　渭北黄土沟壑区生态经济林模式（图 44）

（一）自然地理概况

模式来源于陕西省澄城县。模式实施区地处渭北黄土高原沟壑区，属暖温带半干旱大陆性季风气候，四季分明，年均气温 12℃，无霜期 204 天，昼夜温差大，年日照时数 2616h。气候干旱，植被稀疏，土质疏松，侵蚀严重，水土流失面积占 60% 以上。

（二）技术要点

1．树种

经济树种选用核桃，生态树种主要为侧柏、油松、桧柏、云杉、杨树等。

2．苗木

核桃选用 I 级成品苗，针叶树苗高 2m，阔叶树苗高 3m。

3．整地

当年春季穴状整地，台田 60cm×60cm×60cm，埂埂 80cm×80cm× 80cm。

4．树种配置

按照"经济树种建园，生态树缠埂"模式，台田栽植核桃等木本粮油兼用树种，埂埂栽植生态林，阴坡采用"云杉 + 桧柏"、阳坡采用"油松 + 桧柏"的树种配置。

5．栽植

栽前，种植穴土壤饱和蓄水，坑底存水 10～20cm，人工投苗覆土，第 2 天

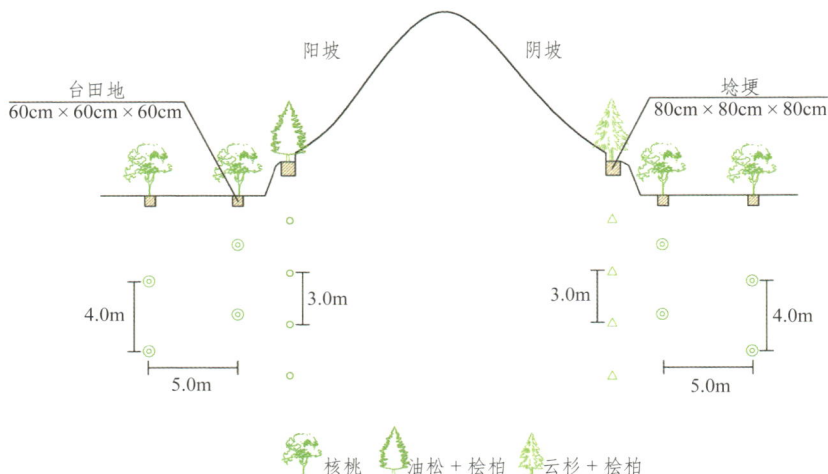

阳坡　　　阴坡

台田地
60cm×60cm×60cm

埝埂
80cm×80cm×80cm

4.0m

3.0m

3.0m

4.0m

5.0m

5.0m

核桃　　油松＋桧柏　　云杉＋桧柏

图44　渭北黄土沟壑区生态经济林模式

扶正填土，深栽浅埋，踏实覆土，留出树盘，积蓄水分。新栽苗浇一次保活水，促进根系生长和树木萌芽。栽植时在苗木根部喷洒 ABT 生根粉。

（三）适宜推广范围

适宜于半干旱暖温带渭北黄土高原沟壑造林小区，也可在晋南盆地小区、乡吉黄土沟壑小区、忻太盆地小区、陇东黄土丘陵沟壑小区等推广。

（四）模式成效与评价

澄城县广泛采用该模式进行生态治理，南部沟壑区植被状况发生了显著变化，往日荒沟披上了绿装，水土流失得到控制，局部生态环境得到明显改善，经济效益明显，为全省沟壑治理树立了典范（图45）。

图45　澄城县交道镇阿兰寨村治理后的台田埝埂水保经济林

● **模式 2 渭北旱塬花椒水土保持林模式**（图 46）

（一）自然地理概况

模式来源于陕西省韩城市。模式实施区位于韩城西北部，是典型的黄土台塬区。属暖温带半干旱大陆性季风气候，四季干湿分明，年平均气温 13.5℃。区域内沟壑纵横，水土流失严重，极易造成自然灾害。

（二）技术要点

1．**树种**

选择耐干旱、水土保持能力强的乡土树种大红袍花椒。

2．**苗木**

苗木地径0.5cm，苗高60cm，主根长10cm，大于5cm长的侧根条数3～5条，根系完整，须根较多，无病虫害损伤。

3．**整地**

提前半年或一年雨季整地。沿等高线修筑水平梯田或内低外高的反坡梯田，坡度较大地段，采用鱼鳞坑整地，坑穴规格 60cm×60cm×60cm。

4．**栽植**

春季、雨季和秋季均可栽植，以秋季为主。株行距 3～3.5m×4m。栽植前，

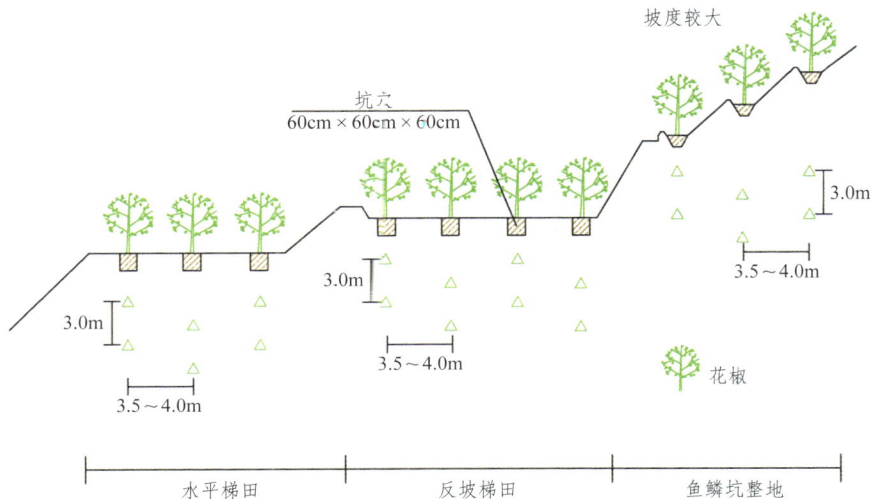

图 46　渭北旱塬花椒水土保持林模式

用生根粉浸泡苗木根部 12h。栽后浇足定根水。

5. 抚育管理

造林后及时除草定干。第 1 年要采取防冻措施。第 2~4 年可间作豆类植物，以耕代抚。每年开展修剪、施肥、防治病虫害等措施，增加树势，提高花椒产量。3 年结果，5 年即进入盛果期。

（三）适宜推广范围

适宜于半干旱暖温带渭北黄土高原沟壑造林小区，可在气候相似的黄土台塬地以及坡度小于 25°的花椒适生区推广。

（四）模式成效与评价

花椒根系发达，固土能力强，在梯田、台田和坡地营造花椒水土保持林，能有效防止降水的直接冲刷，控制梯田地埂的滑塌，防治水土流失，改善生态环境，同时经济效益十分显著，是渭北旱塬山区农民脱贫致富的重要途径。目前，韩城市现有 4000 万株花椒，相当于造林 57 万亩，已成为全国花椒面积最大、产量最高、富民作用最强、示范辐射带动力最大的县（市），被国家林业局先后命名为"中国名特优经济林花椒之乡"、"大红袍花椒国家林业标准化示范区"、"全国经济林花椒产业示范县市"、"国家花椒生物产业基地"，中国经济林协会花椒专业委员会在韩城设立，面向全国花椒产业开展工作。全市花椒年总产量达 2200 万 kg，约占全国花椒总产量的 1/6；花椒总产值达 13.5 亿元，占农业总产值的 60%。全市农民人均花椒收入达 5400 元，椒区人均花椒收入达 9000 元，花椒已成为农民增收致富的支柱产业（图 47）。

图 47　渭北旱塬花椒水土保持林

● **模式 3　关中黄土丘陵区侧柏水土保持林模式**（图 48）

（一）自然地理概况

模式来源于陕西省泾阳县。模式实施区地处关中平原中部，泾河下游，属暖温带大陆性季风气候，年平均气温 13℃，年均降水量 548.7mm，最少为 349.2mm，年均日照时数为 2195.2h，无霜期年均 213 天。

（二）技术要点

1. 苗木

选用 1 年生侧柏容器苗，高 20～30cm，长势旺盛，发育良好，地茎粗壮，根系发达，顶芽饱满，无病虫害，无机械损伤的 I 级苗木。采用当地苗木，当天起苗，当天运到栽植，禁用长途调运苗木。

2. 整地

采用鱼鳞坑整地，规格长宽深 1.2m×0.8m×0.4m。

3. 造林密度

株行距 2m×2m，167 株/亩。

4. 栽植

春秋季均可栽植，雨季造林效果最好。栽植穴规格 40cm×40cm× 40cm，深挖浅栽，栽植深度不得高于苗木原根痕 5cm，栽植时踩实，留蓄水坑。

5. 抚育管理

每年抚育 2～3 次，包括松土、除草、修枝、病虫害防治等，连续 3 年。专人管护，严禁人畜损坏。

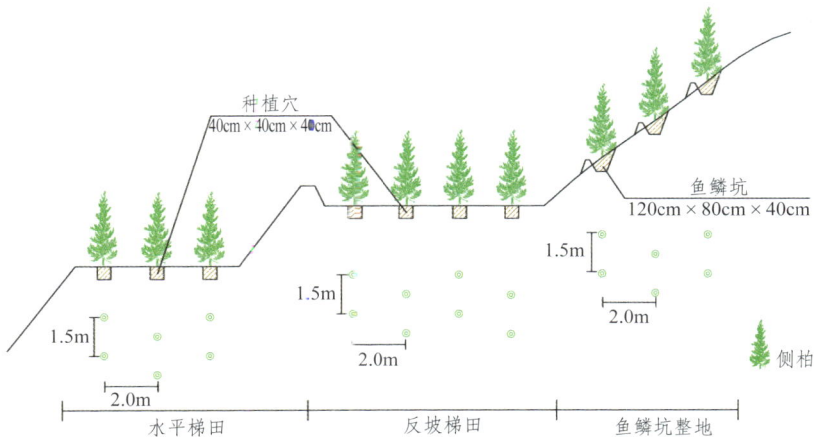

图 48　关中黄土丘陵区侧柏水土保持林模式

（三）适宜推广范围

适宜于半干旱暖温带渭北黄土高原沟壑造林小区，也可在陕北黄土丘陵沟壑小区、京西北山地小区、冀北山地小区、冀西山地小区、冀西北黄土沟壑小区、太行山北段小区、中条山土石山小区、晋东土石山小区、陇东黄土丘陵沟壑小区、陇中黄土丘陵沟壑小区、宁南黄土丘陵沟壑小区、阴山东段山地小区、燕山北麓山地黄土丘陵小区推广。

（四）模式成效与评价

侧柏耐旱抗逆，根系发达，固土能力强，是黄土丘陵区良好的水土保持树种。项目区已营造侧柏林近万亩，有效治理了水土流失，提高了森林覆盖率，改善了生态环境（图49）。

图49　侧柏水土保持林

二十五、半干旱暖温带陕北黄土丘陵沟壑造林小区

● 模式1　陕北黄土丘陵区三位一体造林绿化模式

（一）自然地理概况

模式来源于陕西省吴起县。模式实施区位于陕西省西北部，地处毛乌素沙漠南缘农牧过渡地带，黄土高原梁状丘陵沟壑区。属半干旱温带大陆性季风气候，年平均气温7.8℃，年平均无霜期146天。降雨量小，且时空分布较为集中，6～9月降水量占全年的70%，水土流失严重，自然条件恶劣，林草覆盖率低。

（二）技术要点

"三位一体"造林绿化，是指坚持封、育、造和乔、灌、草两个基本原则，把生态建设、沟道整治、耕地保护、粮食生产、产业发展、移民搬迁结合起来，做到山、水、田、坝、路、林、渠相配套，构建生态林、景观林、经济林"三林共建"的城乡森林体系。

1. 总体布局

乔、灌、草结合，灌草先行，乔木为继。在造林之初以先锋树种沙棘为主营造灌木林，行间种植紫花苜蓿、沙打旺，实行灌草混交模式，迅速恢复植被，改良土壤。在植被恢复的基础上，进行林分结构的调整优化，在灌木林补植补造山杏、山桃、刺槐、油松、侧柏、小叶杨等乔木树种，形成团块、带状等混交林，逐步形成稳定的森林生态群落。

依据地貌特征，确定"山顶带帽灌木林，山腰坡地经济林，沟坡锁边防护林"的造林模式。梁峁顶和困难立地栽植沙棘、柠条为主的灌木林，山腰立地条件较好的地块建设山杏、山桃为主的生态经济复合林，沟谷建设以小叶杨和柳树为主的生态防护林，重点区域建设以油松和侧柏为主的生态景观林。梁峁顶乔灌行间混交，缓坡针阔带状混交；造林配置以山杏＋沙棘、刺槐＋沙棘、刺槐＋柠条、侧柏＋山桃、小叶杨＋沙棘、油松＋沙棘等为主要类型。

2．树种

乡土树种占90%，包括油松、樟子松、侧柏、小叶杨、河北杨、新疆杨、刺槐、山杏、山桃、文冠果、沙棘、柠条、紫穗槐、饲料桑等。

3．苗木

选用当地Ⅰ级优良苗木。针叶树苗高30cm，杨树苗高200cm，山杏、山桃1年实生苗，苗高80cm，地径0.8cm，沙棘1年实生苗，苗高40～60cm，地径0.5cm。

4．整地

最大限度保护现有植被，采用鱼鳞坑整地，规格为长径60～80cm，短径40～60cm，深40cm左右。

5．造林密度

乔木林56株/亩，灌木林167株/亩，乔灌混交林110株/亩。

6．配套措施

针对吴起县春季干旱多风、冬季寒冷干燥气候条件，大力推广抗旱造林技术，应用截干覆土、覆膜、覆秆等抗旱造林技术，植苗和直播同时进行的"双保险"造林。

（三）适宜推广范围

适宜于半干旱暖温带陕北黄土丘陵沟壑造林小区，可在黄土高原地区普遍推广应用。

（四）模式成效与评价

1．生态效益

吴起县林草覆盖率由1997年的19.2%提高到目前的62.9%，土壤年侵蚀模数由 1.53 万 t/km² 下降至 0.54 万 t/km²，年降水量已由 478.3mm 增至 582mm，5 级以上的大风由年均 19 次降为 5 次，冰雹、洪灾、泥石流等自然灾害明显减少，良好的局域小气候环境初步形成（图 50）。

图 50　吴起县吴起镇杨青村造林前后对比

2．社会、经济效益

依托退耕还林等林业生态工程，大力实施造林绿化，全县农村劳动力由传统种植业向二、三产业转移，农林牧用地比例由 1997 年的 60∶20∶20 调整为 9∶66∶25，农民经济增长方式发生转变，产业结构优化升级。造林绿化深入推进，自然生态环境普遍改善，通过自然生态型、田园农庄型、中心村镇型、城郊别墅型新型民居建设，把居住偏僻、交通不便、条件落后的农户，逐步搬迁到"有田、有水、有路"的地方居住。

● 模式 2　陕北黄土高原土石山区枣树、紫穗槐和苜蓿立体模式

（一）自然地理概况

模式来源于陕西省佳县。模式实施区地处陕北黄土高原半干旱地区土石山区，自然灾害频繁，生态环境恶劣，水土流失严重，经济十分落后。属暖温带半干旱气候区，年平均气温 9.7℃，年平均降水量 390～430mm，昼夜温差大，在 12℃ 左右，光照充足，年平均日照时数为 2754.5h，年平均无霜期159 天。

（二）技术要点

1．品种

佳县油枣、赞皇大枣、骏枣和木枣。

2．苗木

苗高 1m 以上，主根长 25cm 以上，根系完整。ABT 3 号生根粉水溶液浸泡根系 8h，蘸泥浆，每 30 株打一捆，装入塑料袋。

3．整地

水平带整地，宽 4m，长度因地确定。水平带外沿修筑保水塄，宽 30cm，高30cm，保水塄外留 50cm 宽软埂。

4．施底肥

沿水平带，距保水塄 1m，按 3m 株距开挖栽植穴，规格 80cm×80cm×80cm。穴内施 5kg 羊粪，2kg 枣树专业肥，与黄绵土充分搅匀。

5．栽植

枣树株距 3m，栽植深 40～50cm；在软埂上栽植紫穗槐，株距 1.5m；距枣树 1m 处撒播苜蓿，苜蓿带宽 2m。

6．灌水、覆膜

栽植后，充分灌水，促进根系与土壤紧密接触，保证苗木水分需要。灌水后，在苗木根部覆盖 1m^2 地膜，保墒增温。

7．定干

秋季造林后，为防止苗干枯死，剪掉所有侧枝，主干留长 60cm，涂白，基部埋土 20cm，确保安全越冬。

8．配套措施

每 1～2 亩枣树修建 30～50m³ 的蓄水池 1 个。

（三）适宜推广范围

适宜于半干旱暖温带陕北黄土丘陵沟壑造林小区，也可在冀西北黄土沟壑小区、晋南盆地小区、忻太盆地小区、晋西黄土丘陵沟壑小区、渭北黄土高原沟壑小区等枣树适生区推广。

（四）模式成效与评价

坡陡植被稀疏、土壤裸露、肥力差，气候干旱、土壤含水量低是影响佳县造林成效的主要制约因子。本模式大面积套种苜蓿，增加地面覆盖，减小土壤裸露，供应饲料，埋压绿肥，增加土壤肥力和通气性能；紫穗槐降低雨水冲击，保护保水塄。

枣树栽植 5 年后挂果，5～10 年间，平均产量 10kg/ 株，按 2 元 /kg，每亩产值 1100 元。每亩苜蓿可舍饲养羊 2 只，按 300 元 / 只，每亩产值 600 元。紫穗槐 6～8 年后，平均产条子 5kg/ 株，按 0.2 元 /kg，每亩产值 110 元。

● 模式 3　陕北梁峁丘陵区生态综合治理模式（图 51）

（一）自然地理概况

模式来源于陕西省绥德县。模式实施区位于无定河流域，是典型梁峁黄土丘陵沟壑区，地形破碎，土壤以黄绵土为主，地层深厚，土质疏松，属温带大陆性半干旱气候，年平均气温 9.7℃，无霜期 165 天，年总辐射量 554.58kJ/cm²。

（二）技术要点

1．树种

选择仁用杏、苹果、梨、桃、枣等经济树种，侧柏、刺槐、山杏等乔木树种，紫穗槐、桑树等灌木树种。

2．总体布局

①坡度 15°以下的地段，修建平台地或宽幅水平梯田，作为基本农田，以种植农作物为主。田边、地埂栽植单行花椒或紫穗槐等固土护埂。

②坡度 15°～25°的地段，修窄幅水平梯田或反坡梯田，建设果园。主要种植仁用杏、苹果、梨、桃、枣等树种，或种植经济效益较高的中药材。

③坡度 25°以上的陡坡地，以营造水保用材林为主。水平沟或燕翅形鱼鳞坑整地。树种选择耐旱耐瘠薄的刺槐、侧柏、沙棘、紫穗槐、柠条等，乔、灌带状

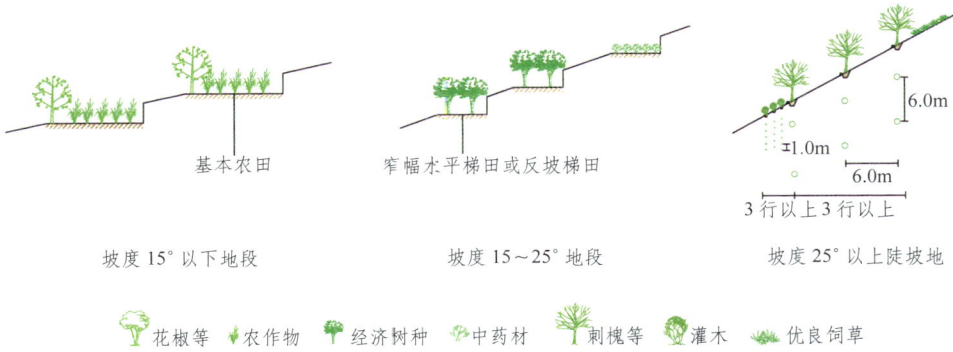

基本农田　　　　　窄幅水平梯田或反坡梯田　　　　6.0m

　　　　　　　　　　　　　　　　　　　　　1.0m

　　　　　　　　　　　　　　　　　　　　　6.0m

　　　　　　　　　　　　　　　　　　3行以上 3行以上

坡度 15°以下地段　　　坡度 15~25°地段　　　坡度 25°以上陡坡地

花椒等　农作物　经济树种　中药材　刺槐等　灌木　优良饲草

图 51　陕北梁峁丘陵区生态综合治理模式

或块状混交。同时种植紫花苜蓿、草木犀、沙打旺等优良饲草。

3．造林

采取水平沟和鱼鳞坑整地，春秋两季造林，乔灌混交，乔木 6.0m×6.0m，灌木 1.0m×6.0m。

4．配套技术

运用"六步"抗旱造林技术：一是营养钵育苗，保证根系完整；二是起苗时带母土，保证苗木水分；三是运苗时随起随运，专人负责运苗上山；四是高标准整地和开挖种植穴；五是栽后一次灌足定根水；六是树穴覆膜，抗旱保墒。

（三）适宜推广范围

适宜于半干旱暖温带陕北黄土丘陵沟壑造林小区，也可在渭北黄土高原沟壑小区、京西北山地小区、冀北山地小区、冀西山地小区、冀西北黄土沟壑小区、太行山北段小区、中条山土石山小区、晋东土石山小区、陇东黄土丘陵沟壑小区、陇中黄土丘陵沟壑小区、宁南黄土丘陵沟壑小区、阴山东段山地小区、燕山北麓山地黄土丘陵小区的造林绿化和生态综合治理中推广。

（四）模式成效与评价

绥德县生态综合治理模式通过对山、水、田、林、路、草等方面综合治理，根本上提高了造林成活率，恢复了山区植被，农业生产条件得到了改善，土地利用结构合理，充分发挥了农、林、草等生态系统的整体功能。

生态效益。经过十几年的综合治理，模式实施区年可拦蓄泥沙 26.05 万 t，占总侵蚀的 70.2%；年可调节径流 42.99 万 m³，占总径流量的 46.6%；侵蚀模数

67

由治理前的 1.81 万 t/（km²·a）下降到 0.54 万 t/（km²·a），为轻度侵蚀。区域小气候改善，地表径流增加，野鸡、蛇等野生动物明显增多。

社会经济效益。坚持造林绿化与水土资源利用相结合，截止 2013 年年底，模式实施区新增基本农田 1530.54hm²，人均 1.3 亩；粮食总产 800.48 万 kg，新增经济林 1306.27hm²，人均 0.8 亩；林果业产值达到 1992.3 万元，人均产值 525 元；人均总收入达 6880 元（图 52）。

图 52　绥德县名州镇龙湾村森林覆盖的梁峁沟壑

● 模式 4　陕北黄土高原丘陵沟壑区节水抗旱综合治理模式（图 53）

（一）自然地理概况

模式来源于陕西省延川县。模式实施区位于黄土高原丘陵沟壑区，地处黄河中上游。该区属干旱半干旱温带大陆性季风气候，全县年平均气温 10.6℃，年平均降水量 493.4mm，年平均无霜期 159 天。这里山大沟深，沟峁梁峁狭长，起伏交错，沟壑深窄陡峻，地形破碎，土地瘠薄，治理前林草覆盖率低，水土流失日趋严重，生态环境脆弱，自然灾害频繁。

（二）技术要点

按照东部黄河沿岸耕地栽植枣，中部残塬及中西部缓坡耕地栽植苹果，荒山荒坡营造生态林的发展思路，山、水、田、林、路、渠相配套，建设经济林、公益林、景观林城乡造林绿化体系。

1. 树种

选择经济效益高，适合本地生长的枣、苹果、核桃、花椒等经济树种，生态树种主要有侧柏、油松、刺槐、山桃、山杏等乔木树种及沙打旺、紫花苜蓿、紫穗槐、柠条等花草灌木树种。

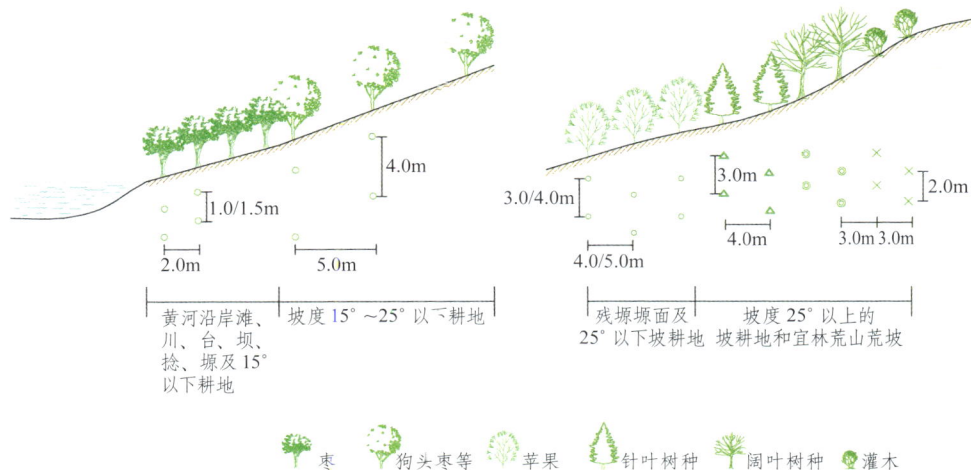

图 53　陕北黄土高原丘陵沟壑区节水抗旱综合治理模式

2. 造林

①黄河沿岸滩、川、台、坝、塬及 15° 以下耕地采用人机结合的办法，进行枣温室防雨冷棚建设，发展枣产业开发，每亩 333 株或 222 株；坡度 15°～25° 坡地修窄幅水平梯田、反坡梯田或鱼鳞坑，种植山地枣，每亩 33 株，收获期配套防雨伞。主要选植狗头枣、骏枣、大木枣等优良品种。

②中部残塬塬面及 25° 以下坡耕地修窄幅水平梯田、反坡梯田或鱼鳞坑，栽植苹果，每亩 56 株或 33 株。

③坡度 25° 以上的坡耕地和宜林荒山荒坡营造水土保持林和景观林，鱼鳞坑或穴状整地，树种选择耐旱耐瘠薄的刺槐、侧柏、油松、樟子松、山杏、山桃、沙棘、紫穗槐、柠条等，乔灌带状或块状混交。针叶乔木苗高 1.5m，土球或营养钵苗，每亩 56 株；阔叶乔木每亩 111 株，灌木每亩 111 株。

3. 节水抗旱措施

一是针叶林树种采用营养钵育苗，保证根系完整；二是带土球栽植；三是栽后一次浇足定根水；四是覆膜保墒。

（三）适宜推广范围

适宜于半干旱暖温带陕北黄土丘陵沟壑造林小区，可推广至黄土高原丘陵沟壑区条件相似的其他小区。

（四）模式成效与评价

延川县应用该模式营造林 12.8 万亩，林草覆盖率由过去的 11.5% 增加到目前的 16.5%；农民人均纯收入由治理前的 1350 元增加到目前的 4600 元。

● 模式 5　陕北黄土高原丘陵沟壑区混交林模式

（一）自然地理概况

模式来源于陕西省志丹县。志丹县地处陕北黄土高原丘陵沟壑区，大地构造属鄂尔多斯地台，地质构造属华北陆台的鄂尔多斯地台中的陕北盆地。地势由西北向东南倾斜，洛河、周河、杏子河三条河流由西北向东南纵贯全县。长期以来，在流水侵蚀、切割等外营力作用下形成了今日沟壑纵横、塬峁相间的典型黄土丘陵沟壑地貌。志丹县属暖温带季风气候，年均气温 7.8℃，年日照时数 2313.1h，年总辐射量 478.44kJ/cm^2，年均无霜期 142 天。

（二）技术要点

1. 树种

以乡土树种为主，适当引进外来树种。树种有油松、侧柏、山桃、山杏、小叶杨、刺槐、紫穗槐、沙棘、柠条等。

2. 树种配置

立地条件好的地段上栽植乔木，较差的地段栽植灌木，陡坡以上地段栽植乔灌混交林，根据小地形调整株行距。

①侧柏 × 沙棘 × 山桃混交林：适宜于海拔 1200m 以下阳坡或梁峁中下部坡位。

②油松 × 侧柏 × 沙棘混交林：适宜于梁峁上部坡位。

③油松 × 山杏 × 沙棘混交林：适宜于半阳坡、半阴坡。据调查，沙棘对预防中华鼢鼠危害油松幼苗有一定作用，油松沙棘混交林鼠兔危害率比油松纯林降低 60%。

④刺槐 × 柠条 × 沙棘混交林：适宜于沟底、川滩、梁坡、沟坡下部以及立地条件较差的阳坡。

⑤小叶杨 × 旱柳 × 沙棘混交林：适宜于河沟两岸、川坝地。混交方式主要采用行状、带状、块状 3 种，沙棘 2.0m×2.0m，小叶杨、旱柳 4.0m×4.0m。

⑥刺槐 × 山桃 × 山杏混交林：适宜于侵蚀沟阳坡中上部，块状混交。

⑦油松 × 紫穗槐 × 山杏混交林：适宜于中下部荒坡和退耕地，行间或带状

混交。

⑧刺槐 × 紫穗槐 × 侧柏混交林：适宜于退耕地、侵蚀沟中上部。

3．整地

鱼鳞坑整地，25°以下的规格为 100cm×80cm，大于 25°的规格为 80cm×60cm，大于 40°的规格为 60cm×40cm。

4．造林密度

每亩总株数不超过 167 株，最大限度地保留原生植被。

5．混交方式

地形完整的坡面采用带状混交，每带不少于 3 行，不同树种交替栽植；地形破碎的侵蚀沟坡采用块状混交，每块面积不大于 7.5 亩，每个树种不少于 200 株。每个小班混交树种保持在 3 个以上，每个造林树种最大比例不高于 70%，最小比例低于 10%。

6．栽植

春季造林，乔木每穴 1 株；灌木每穴 2 株。油松和侧柏容器苗，栽植前去掉容器袋。

7．抚育管理

造林后 3 年内每年除草，时间为 7 月中旬到 8 月底。割下的草覆盖林地，减少土壤水分蒸发。

（三）适宜推广范围

适宜在半干旱暖温带陕北黄土丘陵沟壑造林小区、渭北黄土高原沟壑小区、京西北山地小区、冀北山地小区、冀西山地小区、冀西北黄土沟壑小区、太行山北段小区、中条山土石山小区、晋东土石山小区、陇东黄土丘陵沟壑小区、陇中黄土丘陵沟壑小区、宁南黄土丘陵沟壑小区、阴山东段山地小区、燕山北麓山地黄土丘陵小区的造林绿化和生态综合治理中推广。

（四）模式成效与评价

志丹县应用该模式造林绿化，大幅提高了造林成效，有效解决了长期以来成活率低、保存率低和成林低的技术难题，具有明显生态、经济和社会效益。封、育、造结合——以人工恢复为主、自然恢复为辅，宜封则封，宜造则造，顺应自然的发展规律；乔、灌、草结合——宜乔则乔，宜灌则灌，宜草则草，乔、灌、草结合，乡土树种和外来优良树种结合，经济树种和生态树种结合，顺应广大群众造林绿化意愿，遏制水土流失，经济效益良好。造林绿化改变了志丹县的土地利用结构，优化了植物群落结构，改善了退化的土壤环境，推进生态自然修复和保护，从根本上改善了区域生态环境和人居生活条件。

二十六、半干旱暖温带渭河平原造林小区

● 洛渭三角洲冲积沙地防护林模式（图54）

（一）自然地理概况

模式来源于陕西省大荔县。实施区位于大荔县沙苑一带，沙地东西长约40km，南北宽7～10km，属河岸沙丘地貌类型（白开霞等，2012）。以新月形流动沙丘链为主，丘高多为3m以下，少数最高可达10m，沙丘与沙垄之间分布固定、半固定沙地。属暖温带半干旱气候，年平均气温14.4℃，无霜期214天，土壤为风沙土，现存人工林以刺槐、杨树、旱柳、榆树、椿树等为主；果树以枣树为主，兼有核桃、柿树、葡萄等；灌木有柽柳、紫穗槐等。

（二）技术要点

1．流动沙丘造林

先在迎风坡中、下部沿等高线栽植沙棘、紫穗槐、芦竹等灌草，行间混交；在背风坡基部扦插根系发达、耐沙割沙埋的沙柳，株行距1.0m×1.5m，形成前挡后拉。待丘顶被拉平基本稳定后，再在草灌行间栽植以刺槐为主的乔木，形成乔、灌、草混交的防风固沙林。

2．固定沙丘造林

在固定沙丘丘间低地，营造以杨树、柳树、刺槐、榆树等为主的防护用材

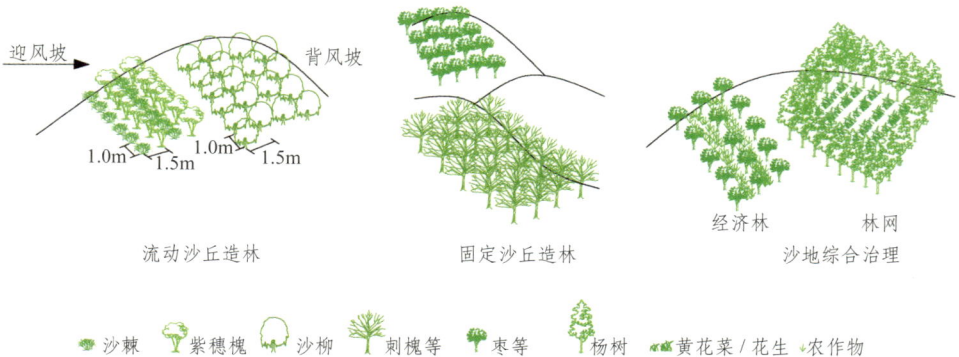

图54　洛渭三角洲冲积沙地防护林模式

林，或发展以优质枣、葡萄为主的经济林。

3．沙地综合治理

栽植以枣树为主的经济杯，树下套种小麦等农作物；在林网保护下，种植黄花菜和花生；栽植以三倍体毛白杨、欧美杨、中林荷美杨、沙兰杨为主的速生用材林。

（三）适宜推广范围

适宜于半干旱暖温带渭河平原造林小区及关中平原泾、洛、渭河沙丘治理、三角洲沙地造林，可推广到分渭平原沿河两岸有沙丘的地区。

（四）模式成效与评价

在防风固沙基础上，合理利用沙地资源，在防风固沙林带内实行林果农复合经营，间作黄花菜、花生等作物，经济收入800~1000元/亩，经济、生态效益显著。

二十七、半干旱暖温带陇东黄土丘陵沟壑造林小区

●陇东黄土丘陵区乔灌草立体防护林模式（图55）

（一）自然地理概况

模式来源于甘肃省环县。项目区位于甘肃省东部，地处毛乌素沙漠边缘，属黄土高原丘陵沟壑区，山、川、塬兼有，梁、峁、谷相间，海拔为1136~2089m，年均降水量400mm以下，自然条件严酷，水土流失和风蚀沙化严重，低温、霜冻、沙尘暴、干旱、大风等灾害性天气发生频繁，生态环境十分脆弱。

（二）技术要点

环县地处黄土高原水蚀、风蚀交错地带，植被稀少，林木覆盖率低，是导致荒漠化和水土流失严重的主要因素。在林业生态工程中按照"因地制宜、因害设防、突出重点、注重实效、生态优先、效益兼顾"的原则，坚持多林种、多树种、多效益、乔灌草、造封管、人工治理与自然修复相结合的建设思路，探索试验，形成了环县乔、灌、草立体防护林模式。

1．林种

根据资源环境特点，南部营造水土保持林，北部营造防风固沙林。

2．树种、草种

选择耐瘠薄，抗干旱，适应性强的乡土树种山杏、沙棘、柠条，草种为紫花苜蓿。

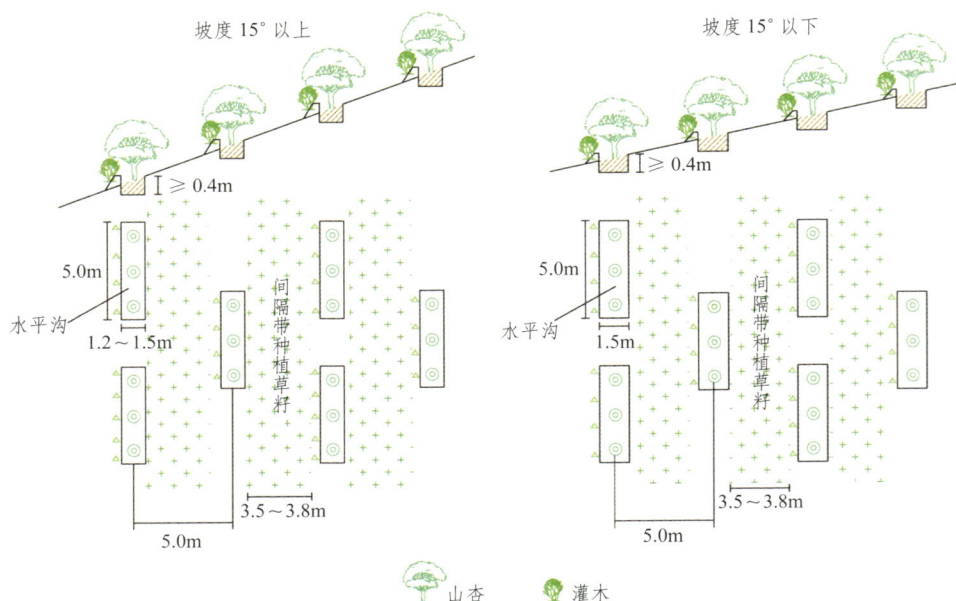

坡度15°以上　　　　　　　　　坡度15°以下

5.0m

水平沟

1.2～1.5m

间隔带种植草籽

3.5～3.8m

5.0m

I≥0.4m

5.0m

水平沟

1.5m

间隔带种植草籽

3.5～3.8m

5.0m

I≥0.4m

山杏　　　灌木

图55　陇东黄土丘陵区乔灌草立体防护林模式

3．整地

根据地形地势，大于15°的采用水平沟整地，水平沟规格为长5.0m，宽1.2～1.5m，深0.4m，间距3.5～3.8m；15°以下的缓坡地采用水平阶整地，水平阶规格为长5.0m、宽1.5m、深0.4m以上，间距3.5m。整地时生土做埂，表土回填，外埂踏实、拍光、铲平，沟（阶）内深翻，拾净杂草，打碎土块。

4．混交方式与密度

山杏与沙棘（柠条）行间混交，混交比例1：1.5，初植密度168～222株/亩，间隔带处种植草籽。

5．栽植

春秋季栽植，采用"深栽浅埋"的方法，"一提二踏三覆土"。山杏截干栽植，留干高度10～15cm，栽后用土堆埋，顶部留出1～2cm。

6．抚育管理

造林后第2年夏季松土、除草，秋季补植补栽。

（三）适宜推广范围

适宜于半干旱暖温带陇东黄土丘陵沟壑造林小区，也可在陕北黄土丘陵沟壑小区、渭北黄土高原沟壑小区、冀西北黄土沟壑小区、中条山土石山小区、陇中黄土丘陵沟壑小区、宁南黄土丘陵沟壑小区、燕山北麓山地黄土丘陵小区推广应用。

（四）模式成效与评价

1．生态效益

通过乔、灌、草立体防护林模式，环县 34.2 万亩坡耕地和沙化耕地得到了有效治理，林分质量提高，林草覆盖度增加，使森林覆盖率增加 2.4%，每年减少水土流失 7510t/km²，蓄水 1.45 万 m³。二是北部沙区风沙危害发生频率下降，土地沙化趋势得到遏制。

2．经济效益

间隔带种草为畜牧业创造了条件，为实施舍饲圈养奠定了基础。全县 2.81 万户退耕户有 46% 的农户发展养畜产业，规模种养大户达 1.03 万户，出售牧草、草籽亩均收入 220 元左右，缓解了林牧矛盾。

二十八、半干旱暖温带陇中黄土丘陵沟壑造林小区

● 模式1　陇中黄土丘陵沟壑区刺槐混交林模式（图56）

（一）自然地理概况

模式来源于甘肃省中部干旱、半干旱黄土丘陵沟壑区，主要包括定西、天水、临夏、兰州、白银及环县北部地区，地貌以梁、峁、沟壑为主，海拔 1200～2000m，坡度 10°～45°，属大陆性季风气候，年降水量 300～500mm，年潜在蒸发量 1640～1720mm。气候特点是风大沙多，气候干燥，降水稀少。土壤类以黑垆土和黄绵土为主。

（二）技术要点

1．树种

选择刺槐、侧柏、白榆、杨树、紫穗槐等。

2．整地

采用反坡梯田整地、鱼鳞坑整地、穴状整地等。

3．混交

刺槐与其他树种条块状混交，混交比例 1∶1。

4．栽植

春季栽植，适当深栽，栽植深度为 40～60cm。刺槐截干造林，地面留干高度 5～10cm。刺槐、侧柏、榆树株行距 2.0m×2.0m，紫穗槐 1.0m×2.0m，沙棘 2.0m×3.0m。

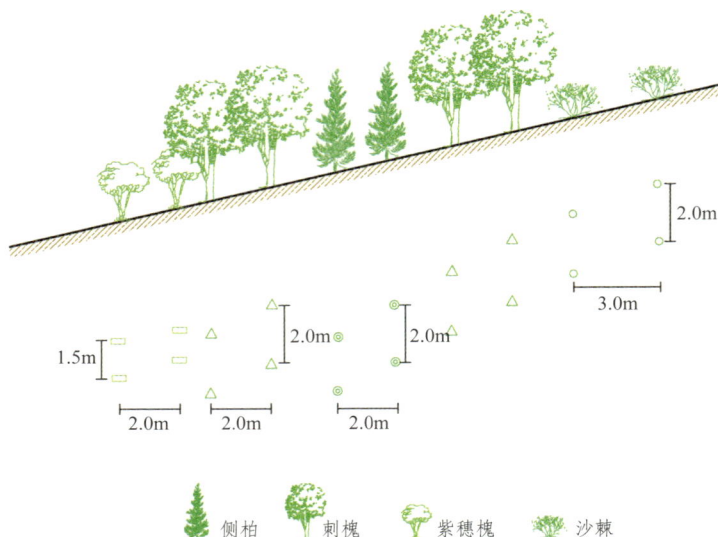

图 56　陇中黄土丘陵沟壑区刺槐混交林模式

5．抚育管理

造林后 2～3 年内，松土、除草、培土，紫穗槐第 2 年可平茬利用。榆树害虫有紫金花虫、榆毒蛾，可用苏云金杆菌或青虫菌 500～800 倍液喷施。

（三）适宜推广范围

适宜于半干旱暖温带陇中黄土丘陵沟壑造林小区，也可在陇东黄土丘陵沟壑小区、吕梁山东侧黄土丘陵小区、中条山土石山小区、乡吉黄土沟壑小区、晋西黄土丘陵沟壑小区、陕北黄土丘陵沟壑小区、渭北黄土高原沟壑小区、宁南黄土丘陵沟壑小区、盐同海丘陵平原小区推广。

（四）模式成效与评价

刺槐适应性强，生长快，郁闭早，其根瘤菌可改良土壤，14 年生刺槐林可增加 N759.75～1149kg/hm^2，可促进混交树种的生长，减轻病虫害发生，有利于林木生长和增强防护功能。

● 模式 2　兰州南北两山“三水”节水灌溉模式

（一）自然地理概况

模式来源于甘肃省兰州市城关区。模式实施区位于兰州市大沙坪，海拔

76

1517~2129m，坡度 25°~45°，年降水量 327.9mm，年蒸发量 316mm，年平均相对湿度 58%，年平均气温 9.3℃，无霜期 182 天。干旱是最主要的灾害，土壤瘠薄，植被稀疏，生态脆弱。

（二）技术要点

南北两山造林绿化对改善兰州市生态环境具有重要意义。由于天然降水少，无法满足树木生长的需要，造林成活率低。项目区采用"三水"节灌，不仅投资小，节水明显，而且造林成活率，加快了造林绿化步伐（图57）。

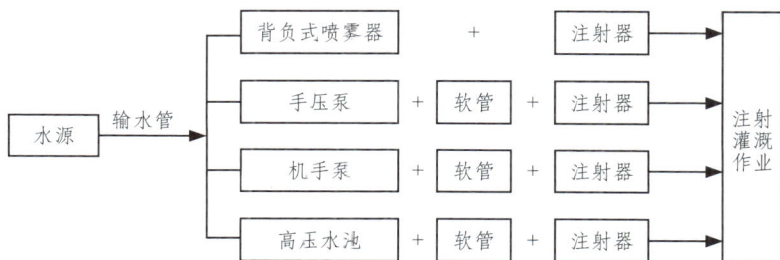

图 57　注射式节水灌溉

1．树种

针叶树选择青海云杉、祁连圆柏、侧柏、桧柏等；阔叶树选择臭椿、刺槐、白榆、文冠果、旱柳、河北杨、白蜡等；灌木选择甘蒙柽柳、毛条、沙棘、白刺、紫穗槐、山桃等。

2．苗木

针叶树 2 年生 I 级苗；阔叶树 1 年生 I 级苗。

3．整地

采用鱼鳞坑整地、水平台整地。整地时间为当年春季。

4．栽植

春秋季栽植，乔木株行距 2.0m×3.0m 或 2.0m×2.0m，灌木 1.0m×3.0m。栽植穴挖深 20cm，覆土踏实，一次浇足定根水，合垄保墒。

5．"三水"技术要点

（1）集水：采用漏斗式集雨措施，将有限的降水汇集到栽植穴中，为林木生长利用。

（2）保水：采用薄膜覆盖和使用保水剂等防止水分蒸发。

（3）节水：采用注射式的节水灌溉方法。注射式节水灌溉的原理是，将有限的水通过手压泵、机压泵或高位水差增压后，通过长软管连接到根部注射器，将水注入植物根部土壤，供植物根区吸收利用，是一种移动式的局部精确节水灌溉技术。主要设备包括注射器、手压泵、机动泵或高压水池、软管及必要的水管、水龙头和逐级减稳压装置等。

（三）适宜推广范围

适宜于半干旱暖温带陇中黄土丘陵沟壑造林小区有水源的山地灌溉造林，可推广应用到黄土高原地区以及其他土石山区立地条件的相似的重点区域造林绿化和植被恢复。

（四）模式成效与评价

模式不仅提高了水的利用率，提高了造林成活率，而且有助于降低不合理灌溉导致的坡体失稳，在兰州南北两山的造林绿化实践中取得了很好的成效，是干旱、半干旱地区节水抗旱造林的一种好方法。

模式主要特点是节省投资、节约用水、安装操作简便、用途广。与喷、滴、渗灌相比，注射式节水灌溉设备的投资仅为其他节水灌溉设施的 10% 左右，用水量分别为漫灌的 1/23～1/16、喷灌的 1/8。操作简便易行，与一般灌水支管相接即可进行灌溉作业。另外，还可用于叶面和根部施肥，防止病虫害等。模式局限是费工费时，需要投入比较大的人力。

●模式3 皋兰县旱沙地枣树金银花混交林模式

（一）自然地理概况

模式来源于甘肃省兰州市皋兰县。皋兰县干旱少雨，土壤贫瘠，旱沙地是该县极有特点的农田类型。模式实施区属温带半干旱气候，年均气温 7.2℃，年均降水量 266mm，年均蒸发量 1660 mm，年均日照 2768h，无霜期 144 天。

（二）技术要点

1. 品 种

枣树品种主要为灰枣、园丰枣、大王枣、靖远小口枣、临泽小枣和本地枣；金银花主要栽培品种为蒙花系列（蒙花 1 号、蒙花 2 号）和亚特立本金银花系列品种。

2. 苗 木

枣树 I 级苗，生长健壮，无病虫害，根系发达，苗木充分木质化，嫁接部位愈合良好。栽前剪去所有侧枝，截干高度 30~40cm，根系在清水中浸泡一昼夜，蘸浆栽植。

3．整地

采用穴状整地，枣坑穴规格为 1.0m×1.0m×0.8m，金银花坑穴规格为 0.5m×0.5m×0.4m。

4．栽植

枣栽植时保证其根系舒展，然后再填土。当填土至栽植坑深为 6~8cm 时，将树苗向上轻轻提一下，以使根系向下，此时进行第 1 次踏实，然而用底土把坑封平，并做一个小树盘，进行第 2 次踏实。充分浇水并覆土，以减少坑内水分蒸发。为提高造林成活率，全部采用地膜覆盖树盘，要求覆盖的地面中间略低，四周略高，呈锅底状，地膜四周用土压严。春季覆地膜可提高土壤温度，保持土壤水分，防止盐分向上运动，促进根系提早生长，大大缩短缓苗期。栽植密度每亩56 株，株行距 3.0m×4.0m。

金银花根系发达抗逆性强，易栽易活，除了封冻季节外一年四季均可栽植，但以每年 9~11 月为较好，实施区选择在 8~9 月栽植，这时土壤墒情好，温度适宜，生根早，缓苗快，来年发枝多。亩定植 83 株，株行距为 4.0m×2.0m，采取与枣株间混交造林。定植前做好树穴，定植时将苗木斜插穴内，而后覆土、做集雨穴、压沙、浇水、铺地膜。

选择插条栽植方式可直接将插条斜插穴内。插条露出地面 5cm 左右，而后覆土、做集雨穴、浇水。

5．枣树栽培管理

①灌水：春季树盘浇透水 1 次，覆地膜集雨保墒，特别干旱时人工补充浇水1 次。

②整形修剪：分为冬剪（休眠期修剪）和夏剪（生长期修剪）两种。冬剪方法有短截、打尖、回缩、疏枝；夏剪方法有摘心、抹芽、疏枝、曲枝、除萌。

③病虫害防治：根据不同病虫害的生物学特性，采用综合防治措施。

6．金银花栽培管理

①修剪：冬春季修剪，培养成伞房形直立小灌木。

②立架设立：在植株一侧设立支架，让茎蔓缠绕架上生长，这样可增强通风透光性，促进植株生长，提高花的产量、质量。

③施肥与浇水：早春松土施肥，夏季采完头茬花结合剪枝再追施化肥。采用

79

注灌灌水方法，灌水量 20L/ 穴。

④病虫害防治：金银花白粉病，用 25% 粉锈宁 1500 倍液喷撒，每 7 天 1 次，连喷 3～4 次。炭疽病多在夏季发生，可用敌克松原粉稀释 500～1000 倍液灌注。蚜虫可用 10% 吡虫啉 4000 倍液，40% 乐果乳油 1500～2000 倍液等喷治；天牛可用多灭克 500 倍液，50% 磷胺乳油 1500 倍液等喷杀。金银花现蕾期严禁使用毒性农药。

⑤越冬管理：金银花越冬方法是在土壤封冻前，将老枝平卧地上，加盖蒿草 6～7cm 厚，草上再覆盖泥土，就能安全越冬。

（三）适宜推广范围

适宜于半干旱暖温带陇中黄土丘陵沟壑造林小区的永登县、皋兰县及白银市的平川区、白银区等地推广，其他类似区域也可借鉴参考。

（四）模式成效与评价

本模式实现了从高耗水林业向节水林业的转变，激发农民栽植枣的积极性，栽植枣已成为所在区域农民脱贫致富的新路子和发家致富的"钱袋子"（图 58）。

图 58 3 年生旱沙地枣树金银花混交林

● 模式 4 华家岭杨树退化林分修复改造模式

（一）自然地理概况

模式来源于甘肃省定西市安定区。华家岭林场地处甘肃省定西市安定区东南角、通渭县西北端，北靠会宁县，南接马营镇。境内沟谷纵横，岭梁交错，属二阴温寒山区，最高海拔 2445m，年平均气温 3.4℃，无霜期 80 天，年均降水量 400mm。

（二）技术要点

1．林分改造模式

依据立地条件对退化林分实行混交改造。一是择伐"小老树"，在伐除木的空间栽植云杉、油松、樟子松等针叶树，保留优良中、小径材杨树，间套沙棘、柠条等灌木，调整树种结构，逐渐诱导形成针阔、乔灌混交林；二是采取更替树种的方法，首先在杨树树冠下栽植云杉、油松等针叶树，随着针叶树的生长，对杨树逐步进行株数伐强为 10%～20% 的多次间伐，使林分郁闭度始终保持在 0.6 以下，逐渐培育形成针阔混交林。

2．补植补造模式

对郁闭度低于 0.2 的中度退化林分，在林间空地选用 80cm 以上云杉、1.5m 以上侧柏、1.5m 以上油松等优质壮苗进行补植。补植后由专人进行看管，加强林地内病、虫、鼠、兔害防治，适时采取浇水、修枝、定株、扩穴、除草等经营管理手段，逐步提高退化林分郁闭度。

3．抚育复壮模式

对轻度退化林分结合森林抚育补贴试点项目，进行抚育复壮修复。对郁闭度低于 0.6 的人工幼龄林，采用割灌清藤措施，调控幼树与灌草、藤蔓的营养竞争，为乔木树种生长创造足够的营养空间的方式，促进其健康生长，尽快成林；对郁闭度在 0.6 以上的中龄林，采用结构调整修复，通过调整林分树种组成、径级结构等，使林分结构趋向合理，逐步引导形成复层混交异龄林结构，增强林分的生产和生态防护功能；对遭受病虫害、风折、风倒、雪压、雪折、森林火灾等灾害，严重受害木达到 10% 以上的林分，采用卫生伐改善修复，通过改善林内卫生状况，加速林木及灌草植被覆盖，促进林分生态功能恢复。

4．封禁模式

根据定西市《关于在全市重点区域实施封山禁牧发展舍饲养殖的决定》要求，自 2005 年 7 月 1 日起定西市在全市范围内一次性实行封山禁牧。华家岭林带作为全市重点人工防护林，在林带沿线的山口、路口、沟口、河流交叉点、主要交通干线和管护责任区通过设立永久性宣传牌、铁丝围栏等措施，加大管护、封禁力度，促进杨树、灌草的快速生长；对封禁区内自然繁育能力不足的地段辅以人工育林措施，促进封禁修复，提高林草植被覆盖率。

（三）适宜推广范围

模式适宜在半干旱暖温带陇中黄土丘陵沟壑造林小区及甘肃黄土高原旱区与非旱区接壤地带的县市区推广应用，其他类似区域也可借鉴参考。

（四）模式成效与评价

黄土丘陵区是西部退耕还林还草及生态环境建设的重点区域，水土流失与干旱并存，植被恢复难度较大，因此形成了大面积的低效生态公益林分。模式的推广，使这条绵延数百千米、浸透着几代林业工作者心血的林带重新焕发了生机。在多年坚持不懈的努力下，华家岭林带作为定西市"三北"防护林体系工程的重要组成部分，是目前定西市战线最长，植被保护最好的人工防护林带，林带的营建有效改善了华家岭山区的生态环境和人居环境，特别是已完成改造修复的3万亩退化杨树林，针阔混交，乔灌搭配，绵延数百千米，从高空俯瞰，犹如一条腾飞的绿色巨龙，景色极为壮观。梁峁沟壑地带森林茂密，物种繁多，形成了稳定的森林生态系统，在调节区域小气候、改善当地农牧业生产条件、以生态工程建设助推精准扶贫、精准脱贫、促进人与自然和谐发展等方面发挥着十分重要的作用（图59）。

图59　改造后的青海云杉林和油松幼林

二十九、半干旱暖温带青海黄河谷地造林小区

● 黄河谷地干旱浅山柠条直播模式（图60）

（一）自然地理概况

模式来源于青海省民和县。模式实施区海拔1900m，地处干旱浅山，无灌溉条件，土壤为灰钙土，土层厚度50cm以上，年平均气温8℃，极端最高气温34℃，极端最低气温−23℃，≥5℃积温为3100℃，持续天数为295天，无霜期195天，

年降水量 280mm。治理前地表植被以草本为主，不能有效阻止水土的流失。

（二）技术要点

1．整地

沿等高线鱼鳞坑整地，长径 100cm，短径 60cm，深 40cm，每亩 111 穴。

2．种子处理

播前，用稀土浸泡处理，促进发芽，也可用 30℃温水浸种 12～24h。

3．直播

选在 5～7 月透雨后及时抢种，以 7 月 15 日前最好。每坑条播一行，坑内撒播种子不少于 80 粒，播种深度 2～3cm；净度不低于 90%、发芽率不低于 65%、含水量不高于 9%、无病虫害的 II 级柠条种子，播种量每亩 1kg。在黏重土壤上，雨后抢墒播种，不致因土壤板结而影响出苗，沙质土壤雨前较雨后播种好，易全苗。为了促其迅速发芽，播前可用 30℃到 40℃的水浸种 12～24h，但要掌握好土壤伤情，防止烧芽。播后覆土 3～4cm，6～7 天后可发芽出土。

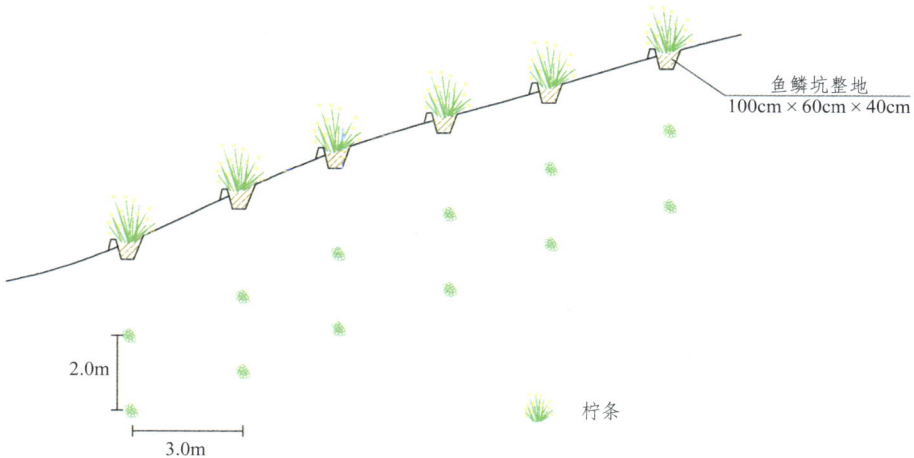

图 60　黄河谷地干旱浅山柠条直播模式

（三）适宜推广范围

适宜于在半干旱暖温带青海黄河谷地造林小区、半干旱高原温带湟水流域造林小区、半干旱高原温带柴达木盆地东部风沙区、半干旱高原温带共和盆地风沙造林小区、半干旱高原温带祁连山南坡造林小区、半干旱高原温带青海黄河流域造林小区推广。

（四）模式成效与评价

柠条耐高温、干旱和瘠薄，抗严寒极易成活，是青海省重要的灌木造林树种。本模式主要栽培种是小叶锦鸡儿、中间锦鸡儿和柠条锦鸡儿。河湟谷地低海拔干旱荒坡采用柠条直播模式，解决了干旱、贫瘠立地条件下成活率低的问题，使低位浅山干旱阳坡、干旱陡坡的造林成活率达到75%，第2年保存率70%。

柠条防风固沙，恢复植被，改良土壤作用明显。但是直播3年内，生长缓慢，极易被牲畜破坏，在牧区，必须加强管护，这是保证成林的关键措施（图61）。

图 61　民和县马场垣乡造林治理前后对比

三十、半干旱暖温带盐同海山间丘陵平原造林小区

● 宁中干旱山地容器苗抗旱造林模式

（一）自然地理概况

模式来源于宁夏回族自治区海原县。模式实施区地处宁夏中部干旱带，平均海拔1951.3m，为黄土丘陵地貌，属典型的大陆性季风气候，常年干旱少雨，风大沙多，自然条件恶劣，各种灾害频繁，尤以旱灾为重。年平均降水量300mm左右，蒸发量2136mm，为降水量的7.3倍，素有"十年九旱"之称。

（二）技术要点

1．树种

选择华北落叶松、樟子松、桦树、蒙古扁桃、沙棘、柠条、醉鱼草等。

2．苗木

采用营养袋苗。沙棘、柠条苗高 15cm；蒙古扁桃苗高 7～8cm；醉鱼草苗高 15cm；樟子松苗高 6cm，落叶松苗高 13cm，桦树苗高 7cm。

3．整地

春季整地。鱼鳞坑整地，2m×2m 株行距。地势平缓地段鱼鳞坑规格 80cm×80cm×40cm，20°以上鱼鳞坑规格 60cm×60cm×40cm。

4．栽植

营养袋苗、穴盘苗，栽培土与根系形成根团，人工提苗营养土不散开时方可栽植。栽植时 2 人一组，一人挖穴，一人拿苗栽植，栽深超出营养土 1～2cm，踩实覆土。

（三）适宜推广范围

适宜于半干旱暖温带盐同海山间丘陵平原造林小区，也可在宁南黄土丘陵沟壑小区、吕梁山东侧黄土丘陵小区、中条山土石山小区、乡吉黄土沟壑小区、晋西黄土丘陵沟壑小区、陕北黄土丘陵沟壑小区、渭北黄土高原沟壑小区、豫北太行山小区、鲁中低山丘陵小区、陇东黄土丘陵沟壑小区、陇中黄土丘陵沟壑小区、青海黄河谷地小区及类似地区推广。

（四）模式成效与评价

雷永华等研究表明，干旱山地容器苗比裸根苗造林成活率提高 41.4%，达到 93.1%；保存率提高 19.2%，达到 86.7%；生长量提高 41.9%；植被盖度由 39.8% 提高到 63.8%，提高了 24.0 个百分点。

三十一、半干旱暖温带宁南黄土丘陵沟壑造林小区

● 模式 1　宁南黄土台塬集水坑整地造林模式（图 62）

（一）自然地理概况

模式来源于宁夏固原市原州区。模式实施区海拔 1680～1919m。全年日照时数 2545h，年均气温 6.5℃，年积温 2263℃，无霜期 103～148 天，年均降水量 300mm 左右，区域内地表水资源缺乏，地下水储量少，林木生长用水来源主要依靠大气降水，且年季分布不均，主要集中在 7、8、9 三个月，并多以

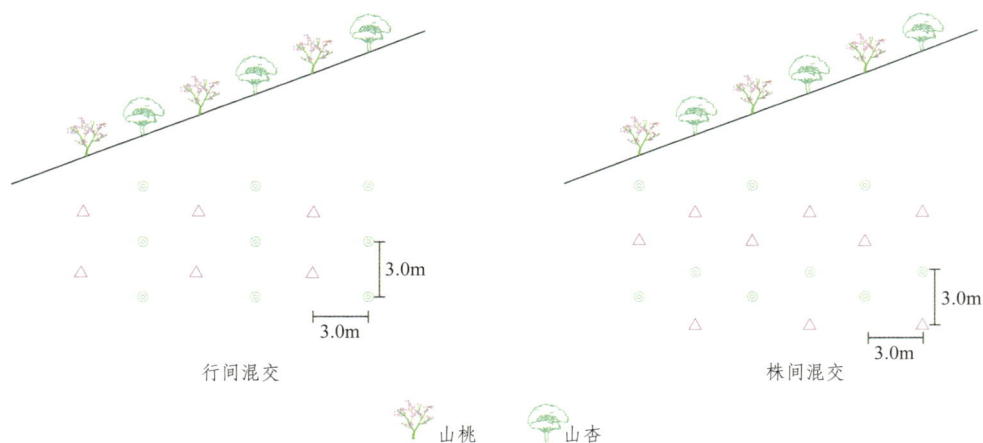

行间混交　　　　　　　　　　　　　　　　　　株间混交

山桃　　山杏

图62　宁南黄土台塬集水坑整地造林模式

暴雨形式出现。干旱、冰雹、霜冻、风沙等自然灾害频繁。治理前由于植被稀少，沟壑纵横，土壤深厚疏松，因黄土垂直节理性强，抗冲性差，抗蚀性弱，易水土流失。

（二）技术要点

1．树种

选择乡土树种山杏、山桃等。

2．苗木

选用1~2年生，地径≥0.5cm，苗木截干高度≥20cm，根系完整，无损伤、无病虫害的Ⅰ、Ⅱ级良种壮苗。做到"起苗保根、包装保水、运输限时、假植及时"。

3．整地

采用"漏斗式集水坑"模式，即用水准仪沿水平线按3.0m×3.0m打点放线，确定栽植点，然后在栽植点处开挖口径为80cm×80cm，深80cm的穴，将挖出的底土用于四周培埂，埂底宽40cm，顶宽30cm，埂高30cm，要求所挖的穴线性排列整齐，培埂要踩实且光滑平整，横竖成线，然后用穴周围活土进行回填，回填后坑内呈漏斗状（图63）。

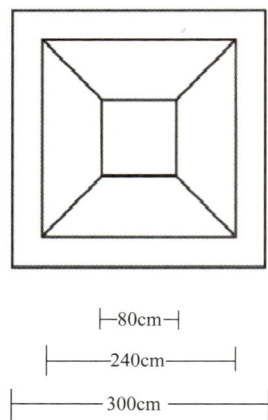

├—80cm—┤

├——240cm——┤

├———300cm———┤

图63　集水坑整地示意

86

4．造林

造林密度74株／亩。山杏、山桃采用"株间"或"行间"按1：1营造乔灌混交林。严格按照"一提二踩三覆土"工序进行栽植，确保栽植后苗木根系舒展、深度适宜、踩实扶正。

5．抚育管理

栽植后每月进行松土、除草；成林每年进行修枝1次，抹除侧芽2次，松土、除草2次。

6．配套措施

苗木栽植时，采用ABT生根粉、保水剂打浆蘸根，有效促进苗木生根、提高根系保水抗旱的能力。苗木栽植时应用拒避剂蘸根，结合使用原州1、2号和人工捕打进行甘肃鼢鼠防治。杜绝在造林地内放牧、打柴，实行封禁保护。

（三）适宜推广范围

适宜于半干旱暖温带宁南黄土丘陵沟壑造林小区梯田、台塬或15°以下缓坡地、土层厚度80cm以上，年降水量200～350mm的地区，也可在陕北黄土丘陵沟壑小区、陇东黄土丘陵沟壑小区、陇中黄土丘陵沟壑小区、晋西黄土丘陵沟壑小区、冀西北黄土沟壑小区、燕山北麓黄土山地小区类似立地推广应用。

（四）模式成效与评价

漏斗式集水坑整地蓄水效果好，它能有效收集晚秋及冬季降水，能蓄积3倍降水量的雨水，栽植穴内土壤墒情好，苗木生长量大。当年造林成活率达90%以上，保存率达85%以上；乔木林年均生长量高生长达18cm，灌木林年均生物量达$4.5t/hm^2$，5～6年成林，成林快，水土保持效果显著。局限在于一是整地用工量大，对土层厚度要求高，受坡度限制；二是造林费用高（图64）。

图64　原州区黄铎堡镇北庄村黄土台塬集水坑整地成林效果

● 模式 2　宁南黄土梁峁水平沟整地乔灌草立体栽植模式（图 65）

（一）自然地理概况

模式来源于宁夏回族自治区彭阳县。模式实施区位于宁夏东南部，六盘山东麓，黄土高原中部丘陵沟壑区，年均气温 7.4~8.5℃，无霜期 140~170 天，降水量 400mm，属典型的温带半干旱大陆性季风气候。境内山多川少，沟壑纵横，土地贫瘠，植被稀疏，治理前水土流失面积达 92%，生态系统十分脆弱。

（二）技术要点

1. 模式配置

彭阳县实行统一规划、整体推进、综合治理的方针，摸索出了"山顶林草戴帽子，山腰梯田系带子，沟头库坝穿靴子"，点、线、面协调，乔、灌、草镶嵌配套的立体治理模式。

①树种配置：按"山顶沙棘、山桃株间混交，隔坡苜蓿、地埂柠条，山坡桃杏缠腰，土石山区针阔混交"进行树种配置。

②栽植管护：春秋季或雨季栽植。栽植时采用截干深栽、树盘覆膜、树干套袋、涂保水剂、醮生根粉等一系列抗旱造林技术，及时补植，中耕除草。维护水平沟，维修水毁坡段，保证集雨效果。

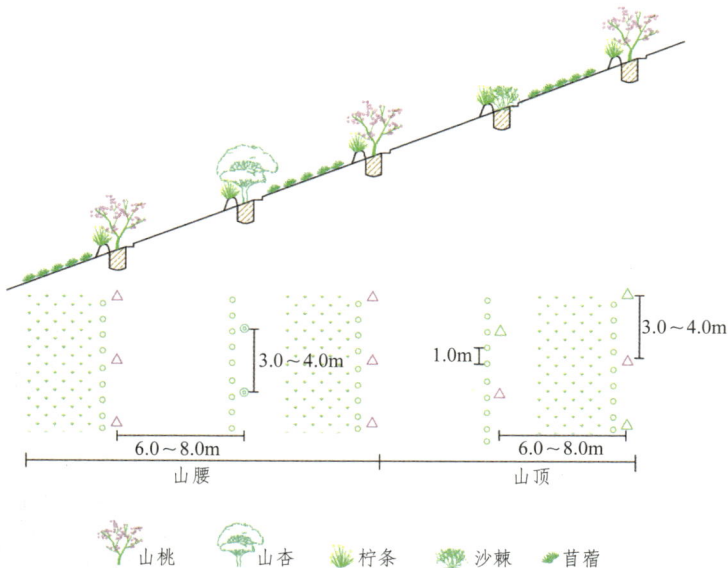

图 65　宁南黄土梁峁水平沟整地乔灌草立体栽植模式

2."88542"抗旱整地

"88542"隔坡水平沟整地是彭阳县多年造林实践中总结出的一种有效的抗旱整地方法。具体做法是按照"等高线，沿山转，宽2m，长不限，死土挖出，活土回填"的方法人工整地，整地规格为沿等高线开挖宽80cm、深80cm的水平沟，用沟内挖出的土拍实外埂，埂顶宽40cm，埂高50cm，埂侧坡60°～70°，将沟内侧上方表土铲下拍碎，填入水平沟内至

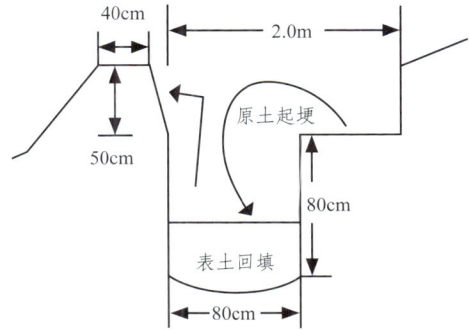

图66 "88542"整地示意

开挖口上沿10cm处，平整田宽2m，并做成10°～20°的反坡田面，每隔5～10m修筑宽30～50cm的拦水埂，上下相邻带间距5～8m，留自然集水坡面（图66）。

（三）适宜推广范围

适宜于半干旱暖温带宁南黄土丘陵沟壑造林小区坡面较整齐，坡度小于35°，土层深厚的坡地造林，也可在吕梁山东侧黄土丘陵小区、中条山土石山小区、乡吉黄土沟壑小区、晋西黄土丘陵沟壑小区、陕北黄土丘陵沟壑小区、渭北黄土高原沟壑小区、陇东黄土丘陵沟壑小区、陇中黄土丘陵沟壑小区、青海黄河谷地小区相似立地推广。

（四）模式成效与评价

模式综合成效明显，得到了实践的检验，得到了国家领导和部委专家的肯定，"88542"隔坡水平沟整地技术被自治区质量技术监督局确定为地方标准，"在黄土高原区推广彭阳经验的建议"（第1798号）列为全国十件重点建议之一。"88542"整地技术蓄水保墒效果好，土壤含水量高于其他土壤；有利改善土壤的理化结构和性质，田面疏松土层深，又防止了有机质的流失，易形成土壤团粒结构；促进幼苗生长，缩短郁闭年限，整地带内水肥光热条件优于荒山，可加速幼苗生长。同时在苗木栽植中结合载干深栽、树盘覆膜、树干套袋、涂保水剂、蘸生根粉等抗旱造林技术，提高造林成活率和成林效果（图67）。

在造林模式配置上，按照"山顶沙棘、山桃株间混交，隔坡地埂苜蓿、柠条，山坡桃杏缠腰，土石质山区针阔混交"原则，根据封造结合，林草间作，乔、灌、草镶嵌配套，形成北部水保饲料林、中部桃杏生态经济林、东南部优质干果林、西南部水源涵养林的造林绿化格局（图68）。

图 67 "88542" 抗旱整地

图 68 彭阳县白阳镇阳洼村乔灌草立体栽植

● 模式 3　宁南黄土丘陵区退耕还林综合模式（图 69）

（一）自然地理概况

　　模式来源于宁夏回族自治区西吉县。西吉县地处黄河中游地区的黄土高原腹地六盘山北段西麓，黄土区土层厚度达 20～80cm，全县地处大陆性季风气候边缘地带，大部分地区为中温带半湿润向半干旱过渡地区隶属干草原生物气候带只有北部的月亮山和东北部的六盘山余脉属山地森林气候带。平均气温为 5.3℃，无霜期 120～150 天，年均降水量 427.9mm，且时空分布不均，多集中在 7～9 月份，占全年降水量的 60.9%。全年蒸发量在 1500mm 左右，5、6 月蒸发量平均达 230mm 以上。

（二）技术要点

1. 梁峁顶造林

①树种：选用抗风耐寒的柠条、沙棘等灌木。

②整地：梁峁顶部平缓，但干旱风蚀严重，采用"2654"水平沟整地，规格为水平沟田面宽2m、长6m，外缘拦水埂高0.5m，埂顶宽0.4m。具体做法为，现地水准仪测量放线，沿等高线划基线，线与线水平距6.0m，沿基线向上带宽1.0m，起翻表土，堆放备用，用下层心土筑埂，踏实拍光。将内侧表土回填沟内，做成2m宽的反坡田，田面深翻0.3m。

③栽植：水平沟内栽植柠条沙棘，逐行混交，行距1.0m；外埂雨季点播柠条，穴距1.0m，每穴3～5粒，覆土1～2cm。

2．坡沟造林

①树种：以山毛桃、山杏、杜梨、沙棘、柠条等为主。

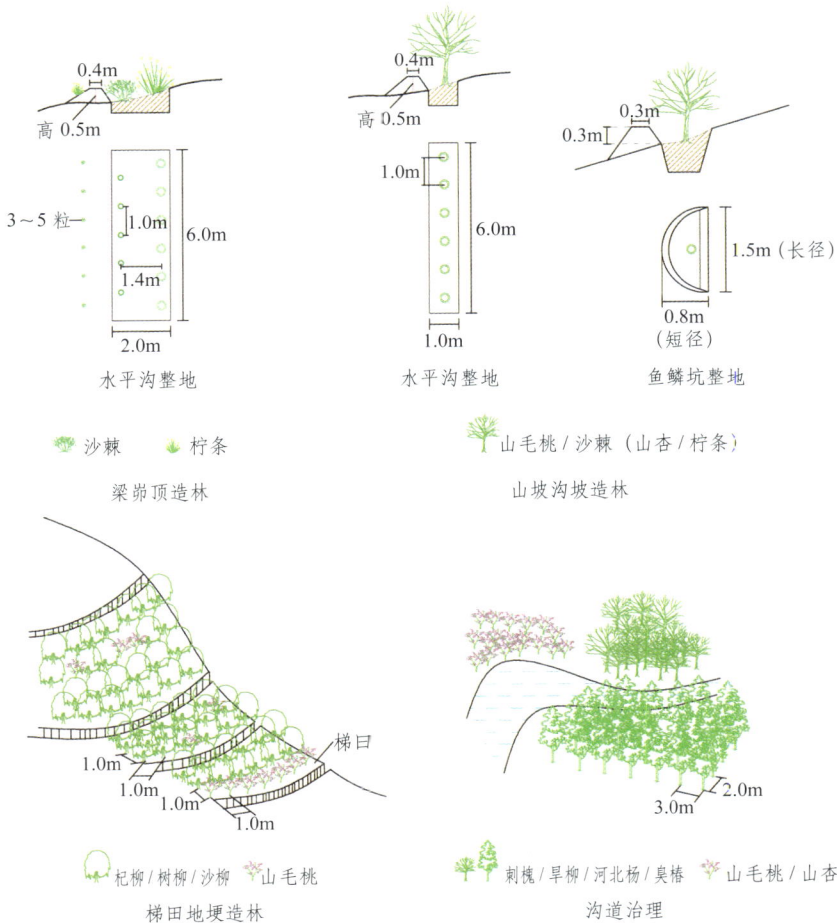

图69　宁南黄土丘陵区退耕还林综合模式

91

②整地：整齐坡面采用水平沟整地，零星破碎荒坡沟坡采用鱼鳞坑整地。鱼鳞坑规格为长径 1.5m、短径 0.8m，外缘埂高 0.3m，埂顶宽 0.3m，坑距 2m，半月形"品"字排列；具体做法为，先从坡面上部沿等高线挖出鱼鳞坑长径，起翻表土，堆放备用，在坑下部用心土筑成环状土埂，踏实拍光。再将上方表土回填坑内。

③栽植：山毛桃 × 沙棘或山杏 × 柠条行间混交，混交比例 1：1，初植密度 1665 株 /hm²。

3. 梯田地埂造林

①树种：以杞柳、柽柳、沙柳、山毛桃为主。

②整地：鱼鳞坑整地，规格 35cm×25cm×30cm。

③造林密度：初植密度 2505 株 /hm²。

4. 沟道治理

①树种：以刺槐、旱柳、河北杨、臭椿、柽柳大苗为主。

②整地：鱼鳞坑整地，规格为长径 1.5m，短径 0.8m，外缘埂高 0.3m，埂顶宽 0.3m，。

③栽植：柽柳扦插造林，插穗长度 18～20cm；山杏、山毛桃地径 0.5cm，苗高 50cm，截干留长 5～6cm，保留 2～3 个饱满芽。其他树种截干深栽，截干高度 150cm，栽植深度 50cm。株行距 2.0m×3.0m。

5. 栽植时，苗木根系蘸泥浆

春秋两季扦插造林，春季 4 月上旬扦插，插穗略高于地面；秋季 10 月下旬扦插，插穗与地面齐平且覆土 2cm 越冬。苗木栽植后，培土踏实立即用薄膜覆盖坑盘，保墒增温，加快根系生长。

（三）适宜推广范围

适宜于半干旱暖温带宁南黄土丘陵沟壑造林小区，也可在盐同海山间丘陵平原小区，也可在宁南黄土丘陵沟壑小区、吕梁山东侧黄土丘陵小区、中条山土石山小区、乡吉黄土沟壑小区、晋西黄土丘陵沟壑小区、陕北黄土丘陵沟壑小区、渭北黄土高原沟壑小区、豫北太行山小区、鲁中低山丘陵小区、陇东黄土丘陵沟壑小区、陇中黄土丘陵沟壑小区、青海黄河谷地小区相似立地推广。

（四）模式成效与评价

本模式造林成效显著，可明显提高造林成活率和保存率，虽然一次性增加造林成本 20%～30%，但省去了反复补植、重造成本，可节约 2～3 倍的造林费用。

三十二、半干旱暖温带六盘山土石山地造林小区

● 六盘山水源涵养林模式（图70）

（一）自然地理概况

模式来源于宁夏回族自治区固原市叠叠沟流域。山顶平缓，海拔2010～2600m，平均坡度25°～30°。年均气温4～5℃，无霜期100～110天，年降水量500～600mm，最深冻土层1.02m。土壤以山地灰褐土为主。地带性植被为草原、落叶阔叶次生林。主要植物种有山杨、椴木、桦木、沙棘、蔷薇、针茅、艾蒿等。干旱、寒冷是该区域造林绿化的主要限制因素。

（二）技术要点

1. 封育保护

认真组织实施天然林资源保护工程，切实加强现有植被管护，大力封山育林（草）。在有天然下种和萌蘗更新能力的疏林地、采伐迹地、灌木林地，采取封育的方式恢复天然植被。采取设立围栏、建立警示牌、设立专职人员等封育措施，严禁人畜危害。

2. 人工造林

①树种选择：选择喜光、耐干旱、抗寒的华北落叶松、油松、云杉等为主栽树种，配置耐寒、抗旱、耐瘠薄、根系萌生能力强的栎、桦、山杏、沙棘等为伴生树种。配置比例为针叶树50%、阔叶树20%、灌木30%。阴坡加大针叶树比

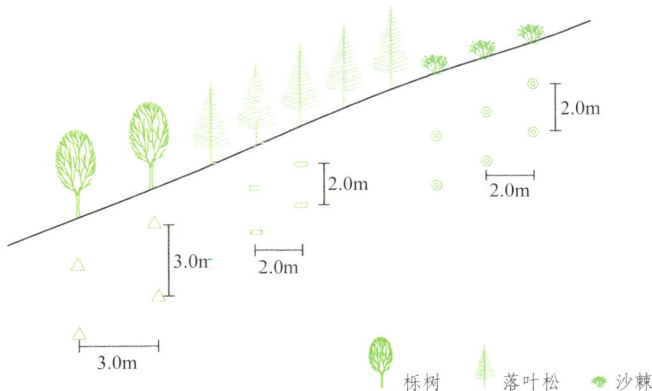

图70 六盘山水源涵养林模式

93

例，阳坡加大灌木比例。

②整地：除山地陡坡、水蚀和风蚀严重地带采取穴状整地外，其他地段一律采用带状整地。整地时间应在造林前1年的雨季或秋季前进行。

③造林：主要采用植苗造林，辅以播种造林和插条造林。造林以春季为主。造林密度为2.0m×2.0m或3.0m×3.0m。

④抚育管理：造林当年雨季进行松土除草，一般连续进行3年。当年成活率差的地块应在秋季及时补植、补播。造林结束后，加强病、虫、鼠害的防治，杜绝森林火灾。

（三）适宜推广范围

适宜在与半干旱暖温带六盘山土石山地造林小区及与六盘山山地自然条件相似的地区，如山西省、陕西省的天然次生林区推广。

（四）模式成效与评价

以自然修复为主，先封后造，封造结合。在平缓地段营造针阔混交林，海拔高、坡度大的地段营造乔灌草混交林，整地过程中最大限度保存原生植被。

水源涵养林建设对保障河流水库水源，供应人畜饮水意义巨大，同时为生物多样性保护、林下资源开发及林区经济发展做出了贡献。

半干旱中温带造林亚区

一、半干旱中温带冀北山地造林小区

● 冀北山地林果药间作模式（图71）

（一）自然地理概况

模式来源于河北省丰宁县。项目区位于河北省北部，属中温带和暖温带交汇地带，地形复杂，土层较薄，年均气温 6～10℃，年日照时数 2700～2900h，年降水量 400～500mm，无霜期 140～170 天。

（二）技术要点

1．树种

选择山杏、苹果、板栗、核桃、大枣等经济或兼用树种，中草药可选择黄芩、党参等。

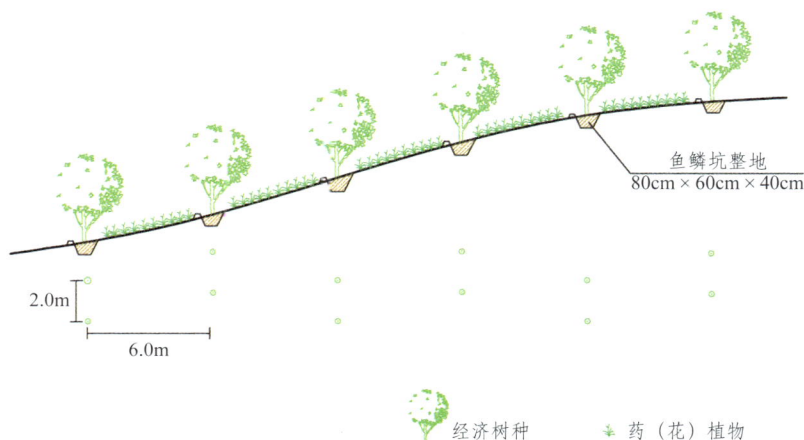

鱼鳞坑整地
80cm×60cm×40cm

2.0m

6.0m

🌳 经济树种　　⚘ 药（花）植物

图71　冀北山地林果药间作模式

2．苗木

苗木采用嫁接苗。山杏2年生容器苗。

3．整地

鱼鳞坑整地，规格为80cm×60cm×40cm，"品"字形排列。

4．造林密度

采用窄株距，宽行距，一般为2.0m×6.0m，初植密度56株/亩。

5．栽植

以春季造林为主，雨季或秋冬季补充造林。苗木栽前生根粉水溶液或泥浆蘸根。

6．间作

利用行间空地种植黄芩、党参等中药材或菊花、芍药、玫瑰等花卉。

（三）适宜推广范围

适宜于半干旱中温带冀北山地造林小区，也可在冀西北黄土沟壑小区、晋北盆地丘陵小区、燕山北麓山地黄土丘陵小区、辽西北低山小区、辽西北丘陵小区推广。

（四）模式成效与评价

冀北山地以石质山为主，气候温和，适合苹果、扁杏、板栗、核桃、大枣等多种经济树木生长，也适合黄芩、党参等中草药和玫瑰、菊花等花卉的种植栽培。在退耕还林工程中，大力推广林果药间作模式，促进退耕增产增收，实现长期效益和短期效益的有机结合，累计实施面积达128万亩。

1．生态效益

实现了土地的立体配置，土地资源得到充分利用，通过间作节约了土地资源70万亩。有效控制了水土流失，通过植树造林等生物措施和修筑梯田、水平沟、鱼鳞坑等工程措施，工程区林草植被得到迅速恢复，林草盖度显著增加，水土流失量明显降低。

2．经济效益

充分挖掘土地产能，促进农民增产增收。种植中药材按平均每3年收获1次，每亩约产500kg，每千克6元，共计3000元，较退耕还林前每年增收1000元。

3．社会效益

随着山地林果药间作模式经济效益的日益凸显，越来越多的农户参加技术培训，培育出了大批果树、药材种植能手，促进了农民素质和林果技术水平的显著提高，促进了农村发展。

二、半干旱中温带冀西北黄土沟壑造林小区

● 接坝土石丘陵区山杏造林模式（图72）

（一）自然地理概况

模式来源于河北省万全区。项目区位于接坝土石丘陵区，整体呈大阳坡地形，土壤瘠薄，气候干旱，大风少雨，土壤砾石含量高，坡面侵蚀严重，无雨干旱，有雨成灾，生态环境极为恶劣。素有"山上光秃秃，沟里乱石窝，下雨冲场水，晴天晒干禾"。

（二）技术要点

1．整地

鱼鳞坑整地，沿等高线"品"字形配置，规格为60cm×40cm×40cm，土质较好地段规格为80cm×60cm×40cm，埂高10～15cm。整地时生土作埂、熟土回填，拣出石块杂草，坑内活土层不低于20cm，株行距为2.0m×3.0m。

2．栽植

植苗或直播造林。苗木栽植前，应用ABT生根粉浸根；栽植时，施用保水剂，提高抗旱性和成活率。直播造林时首先在坑内开一条宽10cm、深15cm、长60cm的小沟，然后将种子"一"字形摆开，间距4～8cm，覆土10～15cm后踏实，为防止人、兽危害，种子要用驱避剂拌种。

3．抚育管理

幼抚3年，松土除草，及时补植，防治病虫害。山杏苗木生长稳定后，及时进行定株、扩穴、培埂。

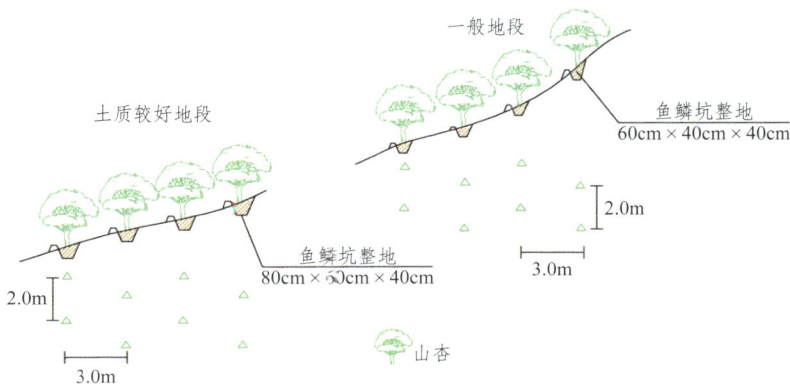

图72　接坝土石丘陵区山杏造林模式

（三）适宜推广范围

适宜于半干旱中温带冀西北黄土沟壑造林小区，也可在冀北山地小区、晋北盆地丘陵小区、阴山东段山地小区、黄河中游黄土丘陵小区、阴山北麓丘陵小区、阴山北麓山地黄土丘陵小区、辽西低山小区类似立地推广。

（四）模式成效与评价

山杏耐寒、喜光，主、侧根发达，耐旱。在干旱阳坡、半阳坡和瘠薄的山顶、坡脚、风口、崖壁上，山杏均能良好生长，是适应性较强的水土保持先锋树种之一。山杏经济价值较高，杏仁可制成罐头，杏仁粉和杏仁露等是营养价值较高的滋补食品。

应用耐干旱、耐瘠薄的乡土树种山杏作为主要树种造林，人工恢复植被，同时加大管护力度，恢复区域生态状况，增加山区农民经济收入。

三、半干旱中温带冀北坝上高原造林小区

● 坝上沙化土地林草带模式（图 73）

（一）自然地理概况

模式来源于河北省御道口牧场。项目区位于河北省坝上，地处内蒙古高原东南边缘，地形属典型的波状高原，海拔 1230～1820m，大陆性季风型高原气候，年均气温 0.5℃，干旱少雨，多寒潮大风，无霜期 79 天。由于长期过度放牧，植被破坏严重，在大风作用下沙化面积不断扩大，分布有大量的固定、半固定沙丘，严重威胁当地农牧民的生产生活，制约当地经济发展。

（二）技术要点

1. 苗木

采用 2-2 樟子松容器苗，苗高 35cm，地径 0.6cm。

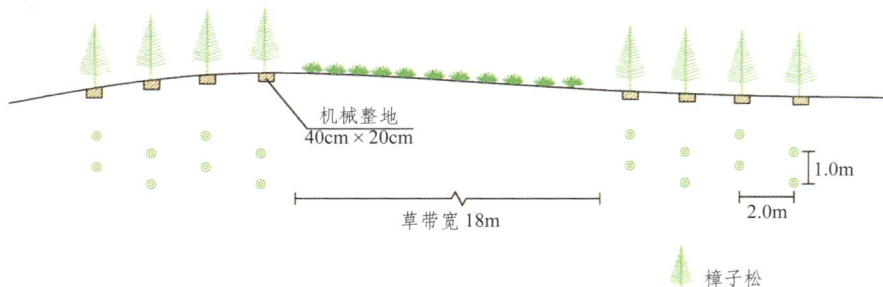

图 73　坝上沙化土地林草带模式

2．整地

雨季机械整地，规格 40cm×20cm。

3．造林密度

株行距 1.0m×2.0m，林带宽 8.0m，草带宽 18.0m，初植密度 111 株／亩。

4．栽植

雨季栽植，容器苗造林，每穴二株。栽植时将苗木扶正，覆土踏实，深度超过苗木原土印 2cm。

5．种草

春季直播种草，草种为沙打旺和披碱草等，条播或撒播。一次透雨后播种，开沟深度 3～5cm，覆土厚度 2cm。

6．抚育管理

栽后连续抚育 3 年，松土除草，加强管护。

（三）适宜推广范围

适宜于半干旱中温带冀北坝上高原造林小区，也可在呼伦贝尔高平原小区、浑善达克沙地小区、科尔沁沙地小区、毛乌素沙地小区、锡林郭勒高平原小区、大兴安岭东南部低山丘陵小区、辽西北沙地小区、松辽风沙土小区应用。造林地应地势平坦，集中连片，适合机械操作。

（四）模式成效与评价

模式采用林草带模式，林草共三，快速增加植被，集中连片、规模治理，发挥了宽林带的防风固沙功能，解决了牲畜饲草，整体效果显著（图74、图75）。

图 74　治理前

图 75　林草间作栽植带

四、半干旱中温带晋北盆地丘陵造林小区

● 模式 1　晋北盆地丘陵区杏树立体栽培模式（图 76）

（一）自然地理概况

模式来源于山西省阳高县。模式实施区地处山西省东北部，属大陆性季风气候。年均气温 7.1℃，年均降水量 411.3mm，年平均风速 2.3m/s，全年无霜期 135 天，主要气象灾害有干旱、大风沙尘、霜冻、洪涝、冰雹等。该区水资源匮乏，粮食产量低而不稳。

（二）技术要点

1．品种

主栽杏树品种为"大接杏"、"兰州大接杏"、"京杏"、"香白杏"、"龙王帽"和"优一仁用杏"等。

2．间作模式

采用"林木、林草、林药"立体种植模式，林下间作的植物有金银花、黄芪、板蓝根、紫花苜蓿、黄花等。

3．苗木

选择芽眼饱满、无病虫害的健壮嫁接成品苗，对有损伤的根系进行修根，栽前用水浸根 24h。栽树前每坑使用 10～15kg 农家肥，0.5kg 磷肥，与表土混合。栽植时将苗木接口朝向迎风面垂直放入坑中，确保根系舒展，填入几锹土后，将苗木向上轻提，然后填土踩实，注意嫁接接口略高于地表为宜。苗木栽植后，要整好树穴，并浇水，待下渗后，在树穴及苗木周围覆撒细土，并用地膜覆盖穴面。

4．整地

平缓沙化坡地采取大坑整地，规格为 80cm×80cm×80cm，坡耕地采用大鱼鳞

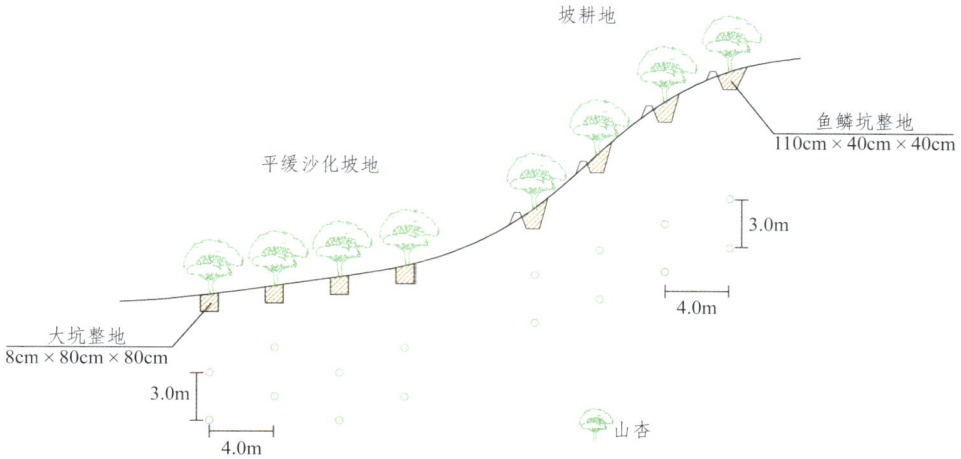

图 76　晋北盆地丘陵区杏树立体栽培模式

坑整地，规格为 110cm×40cm×40cm，坡耕地要大力推广减少径流整地技术，有效拦截地表径流。整地中注意表土、生土分放，生土作梗，表土留作栽植使用。

5．造林密度

杏树株行距 3.0m×4.0m，每亩 56 株。

6．抚育管理

①定干：苗木栽植成活后及时定干，高度 60～80cm，留 4～5 个饱满芽。

②整形修剪：仁用杏以小冠疏层形为主，这种形状接近杏树自然生活习性，整形技术简单，修剪量小，树冠形成快，结实早。注意控制大枝数量，防止内膛郁闭，造成结果外移，影响盛果期产量。盛果期骨干枝外围新梢生长量保持在 30cm 以上，中长果枝应占 30%，短果枝及花束状果枝占 70%，控制以中短果枝结实为主。

③田间管理：中耕除草，预防桃小食心虫、杏仁蜂、杏象甲、桑白蚧、杏星毛虫，以及杏疔病、杏褐腐病、杏流胶病等病虫害。注意晚霜预防。

（三）适宜推广范围

适宜于半干旱中温带晋北盆地丘陵造林小区，也可在冀西北黄土沟壑小区、冀北山地小区、阴山东段山地小区、黄河中游黄土丘陵小区、阴山北麓丘陵小区、阴山北麓山地黄土丘陵小区、辽西低山小区推广应用。造林地选择背风向阳缓坡低山和丘陵区，海拔 1300m 以下，年均气温 5～8℃，无霜期 100～150 天，年均降水量 >350mm。坡度较大的坡耕地，必须采取集水整地措施。注意避开风口和凹地，以防晚霜冻花的发生而影响产量。

（四）模式成效与评价

阳高县地处塞北高原、晋北风沙区，其独特的地理、气候和土壤环境，十分适宜于杏树的生长发育，所产杏果色、香、味、形俱佳，在国内外享有盛名。2000年以来，阳高县依托国家退耕还林工程，实施杏树立体栽培模式，大力发展杏树产业。目前，阳高县已发展鲜食杏、仁用杏经济林18万亩，覆盖全县绝大多数乡村，年均产值达4.06亿元，仅此一项全县农民年人均增加纯收入1160元。该县大嘴窑村属于典型的黄土丘陵风沙区，全村46户115口人，耕地960亩，2000年农民人均纯收入仅982元，到2011年，全村发展杏树立体栽植800亩，占耕地面积的83%，杏产业收入达178万元，占其经济总收入的94%，农民人均纯收入高达11500元。

杏树产业的发展，带动和促进了当地旅游业的发展，举办了"中国·阳高杏花节暨大泉山古长城风光摄影大赛活动"，每年4月下旬18万亩漫山遍野的杏花，次第开放，芳香四溢，引得数以万计的游人前来赏花，极大提升了当地的知名度和影响力（图77）。

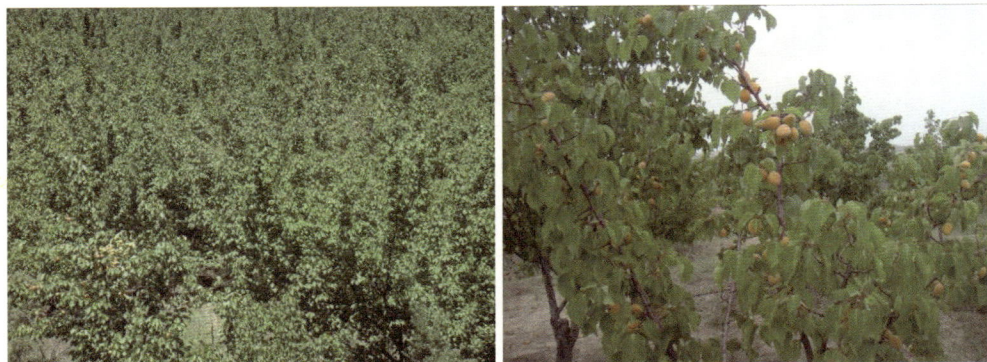

图77　千亩杏林果喜人

● 模式2　晋西北干旱阳坡柠条防护林模式（图78）

（一）自然地理概况

模式来源于山西省偏关县。模式实施区位于山西省西北部，境内沟壑纵横，起伏不平，多数都在25°以上，平均海拔1370m，属温带季风大陆性气候，年平均气温在8℃，全年无霜期130天，年降水量不足400mm，年蒸发量2037.5mm。土壤为黄绵土，植被属草原植被型，主要有百里香、沙蓬、沙蒿、沙棘等植物。

（二）技术要点

干旱阳坡立地条件差，水分严重缺乏，柠条耐旱耐寒，抗高温，易成活成林，耐平茬，固土护坡、防风固沙能力强，因此在立地条件较差的地段，通过营造柠条林，可有效改变当地生态状况。

1．苗木

苗木选用 1 年生裸根苗或 1 年生容器苗。

2．整地

造林前一年雨季小穴整地，规格为 30cm×30cm×40cm。

3．造林

春季造林，也可雨季直播造林。株行距 1.0m×2.0m。栽前苗木用 ABT 生根粉与保水剂混合后打泥浆蘸根。

4．抚育管理

连续 2 年松土除草，封山禁牧，加强管护，4～5 年后适时平茬。间隔 500～800m 设置防火道或作业道。

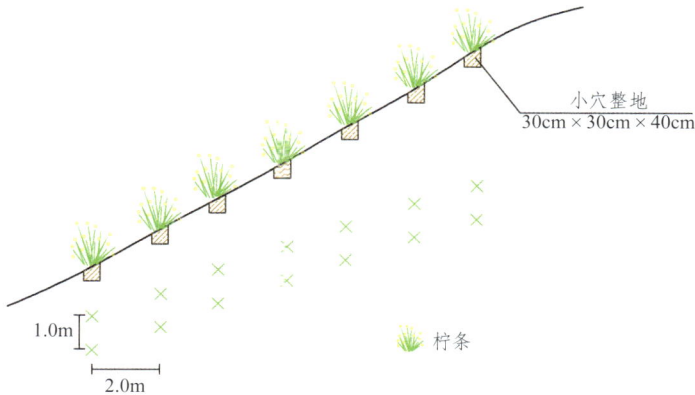

图 78 晋西北干旱阳坡柠条防护林模式

（三）适宜推广范围

适宜于黄土丘陵沟壑区干旱阳坡、半阳坡植被恢复以及水土保持林、防风固沙林建设，柠条在石质山地生长差，不适宜于土石山区坡地造林。也可在黄河中游黄土丘陵小区、冀西北黄土沟壑小区类似立地推广。

（四）模式成效与评价

柠条林可有效改善造林地立地条件和生长环境，为其他树种生长提供条件，对黄土丘陵水土保持及京津源风沙区防风固沙具有重要作用。同时柠条枝叶富含蛋白质，是优良饲料，可很好地解决林牧矛盾，达到生态效益与经济效益兼顾的目的（图79）。

图79 腰铺村造林前后对比

五、半干旱中温带大兴安岭东南部低山丘陵造林小区

●模式1 大兴安岭低山丘陵侵蚀沟水土保持林模式

（一）自然地理概况

模式来源于内蒙古自治区科右前旗。项目区地处大兴安岭低山丘陵区，地形变化较大，土壤侵蚀严重，特别是山坡沟蚀发展迅速，沙丘、侵蚀沟发育，土壤侵蚀模数达 8000t/（km^2·a）。

（二）技术要点

1. 沙丘漫岗顶部

机械大犁开沟整地，营造杨树、沙棘、柠条带状混交林，带宽50m，作为第一道防线，控制流沙径流产生。

2. 缓坡沙地

营造以杨树为主的防护林网，林网规格为200m×300m。林带宽度为：主带宽20m，中间6行杨树，两侧各2行灌木；副带宽12m，中间4行杨树，两侧各1行灌木。网格内为农田，饲草料基地四周灌木为柠条，牧场四周灌木为沙棘。饲草料基地种植沙打旺和青贮玉米，牧场种植柠条。防护林网为第二道防线，控制风沙蔓延，创造轮封轮牧的条件。

3．沟头边埂

沿沟头、沟边修筑沟边埂，边埂种植沙棘，护埂固岸，控制坡面径流入沟，形成第 3 道防线，防止沟壑延伸和沟岸扩张。

4．封禁轮牧

造林后全部封禁 3 年，推行舍饲和半舍饲技术。3 年后，以网格为单元，每个网格内每次放牧 200 个羊单位，每周轮牧 1 次，循环往复。

（三）适宜推广范围

适宜于半干旱中温带大兴安岭东南部低山丘陵造林小区，也可在北方农牧交错区相似立地推广。

（四）模式成效与评价

控制了农田牧场土地沙化问题，拦蓄水土，涵养水源，林草覆盖率由治理前的 14% 提高到 76%，提高了土壤肥力，地下水位恢复 3～5m。粮食亩产增加 100kg，农、林、牧、副业全面发展，人均年收入提高 300 元。燃料得到解决，畜牧业发展，杜绝了超载放牧，破坏生态植被的现象，彻底改变了人缺粮、畜缺草、灶缺柴的状况。

●模式 2　大兴安岭平原丘陵区农田防护林模式

（一）自然地理概况

模式来源于内蒙古自治区扎赉特旗。项目区位于兴安盟东部，松嫩平原的西北端，是大兴安岭山前丘陵向辽嫩平原的过渡地段，大部分为波状平原，小部分为冲积平原和河谷平原。温带半干旱气候，年降水量 390mm，年蒸发量约 2000mm，年均气温约 4℃，≥ 10℃ 年积温 2700℃ 左右，无霜期 135 天左右，土壤以栗钙土为主，植被属于半干旱草原和草甸草原类型。

（二）技术要点

1．整体布局

①旱田防护林：按 400m×400m 或 400m×500m 方格设置，主路每侧 2 行，农田路可在一侧营造 2～4 行，南林北路，西林东路，林带两侧开挖防护林沟。

②渠系防护林：沿干、支渠两侧，斗渠的西侧或南侧营造防护林带，2～4 行 1 带。

2．树种

旱田防护林选择黑林 1 号、小黑 14、樟子松等；渠系防护林选择旱柳、青皮柳、健杨、昭 6 号杨等。

3．苗木

杨树苗木胸径 2.5cm，苗高 2.5m。

4．整地

提前 1 年整地，规格 80cm × 80cm × 80cm。

5．栽植

春季深栽。栽前，苗木全株浸泡 48h 以上，并用生根粉浸根。灌足底水，投苗覆土至坑深 1/2 处，浇第 2 次水；覆土距地面 20cm 处，浇第 3 次水。覆土 5cm，薄膜覆盖树盘，四边培土压实。初植密度 111 株／亩。

6．抚育管理

结合农田耕作进行除草松土及病虫害管理，郁闭后春季修枝。

（三）适宜推广范围

适宜于半干旱中温带大兴安岭东南部低山丘陵造林小区，也可在冀北坝上高原小区、呼伦贝尔高平原小区、锡林郭勒高平原小区、辽西北沙地小区、松辽风沙土小区推广应用。

（四）模式成效与评价

本模式因地制宜，合理布置农田防护林体系，达到田成方、林成网、渠成系，发挥体系优势，减少风速 20%～30%，提高粮食产量 5%～20%，保障农业高产稳产。

● 模式 3　大兴安岭低山丘陵区混交林模式

（一）自然地理概况

模式来源于内蒙古自治区兴安盟扎赉特旗。项目区属中温带大陆性季风气候，年均日照时数 2500～3100h，年均气温 −3～5.5℃， ≥ 10℃ 年积温 1400～3000℃，年降水量 350～460mm。水土流失严重，经多年风蚀、水蚀，地表粗化，土壤瘠薄。

（二）技术要点

1．树种

乔木选择杨树、樟子松、落叶松、榆树；灌木选择沙棘、山杏、柠条。

2．苗木

针叶树选用 2 年生苗木，栽时蘸泥浆；杨树和山杏栽植前生根粉浸根 24h。

3．整地

提前 1 年整地。阔叶乔木规格为 60cm × 60cm × 60cm，针叶树和灌木规格为

40cm×40cm×40cm。

4．混交方式

棕色针叶林土、灰色森林土、暗棕壤土，采用落叶松与樟子松块状混交；栗钙土采用杨树 × 山杏隔带混交，4 行 1 带。风蚀沙化立地，采用柠条 × 山杏（沙棘）隔带混交，6 行 1 带；水蚀立地，营造乔灌带状或块状混交林。

5．栽植

针叶树春季栽植，阔叶树春秋两季栽植，容器苗雨季栽植。乔木株行距 2.0m×2.5m，初植密度 133 株/亩；灌木株行距 2.0m×2.0m，初植密度 167 株/亩。植苗前，灌足底水，当埋土至 1/2 时浇灌第 2 遍水，踏实。柠条可在夏季穴播或条播，覆土 2～3cm，播种量 0.4kg/ 亩。

6．抚育管理

栽植 3～5 年，除草松土，防治病虫害，加强管护，禁止牲畜破坏。

（三）适宜推广范围

适宜于半干旱中温带大兴安岭东南部低山丘陵造林小区，冀西北黄土沟壑小区、冀北山地小区、阴山东段山地小区、黄河中游黄土丘陵小区、阴山北麓丘陵小区、阴山北麓山地黄土丘陵小区、辽西低山小区推广。

（四）模式成效与评价

营造混交林充分利用营养空间，提高造林成活率，加快林木生长，增加群落多样性，提高林分的稳定性。

六、半干旱中温带大兴安岭南部山地造林小区

● 大兴安岭山地华北落叶松—沙坦云杉—白桦混交林模式（图 80）

（一）自然地理概况

模式来源于内蒙古自治区克什克腾旗。模式实施区位于大兴安岭南部山地的克什克腾旗黄冈梁林场等地，海拔 1600m 左右，气候为温带半湿润气候，年均气温−2℃左右，≥ 10℃积温 1800～3000℃，年降水量 400～450mm。土壤为暗棕壤，山地基本上为森林草原所覆盖，主要代表树种有华北落叶松、云杉，分布较广的是以白桦、山杨、蒙古栎等为主的阔叶林。

（二）技术要点

1．立地选择

立地选择在海拔 1500m 以上的阴坡、半阴坡，或缓坡地带，以及高海拔溶

岩台地，土层厚 50cm 以上。

2．苗木

华北落叶松采用 2 年生移植合格苗；沙地云杉采用 3～5 年生留床苗或移植苗和容器苗；白桦采用 1～2 年生播种苗。

3．整地

采用穴状整地，规格为直径 40～60cm，深 20～30cm。平缓坡和台地也可采用机械开沟整地。株行距 1.5m×2.0m 或 2.0m×2.0m，每亩 167～220 株；白桦造林可采用 2.0m×2.0m 或 2.0m×3.0m，每亩 110～167 株。采用"品"字形配置。

4．树种选择与混交方式

（1）华北落叶松与沙地云杉行间混交

属于阴生树种与阳生树种、深根性树种与浅根性树种、速生树种与慢生树种混交，是理想的混交类型，采用行间混交有利于充分利用环境，提高林分生产力。

（2）华北落叶松与白桦带状或团块状混交

采用带状或块状混交方式。带状混交采用等带混交，每带 3～7 行。团块状混交一般是在白桦林的林中空地、林缘或疏林地内栽植华北落叶松，形成人天团块状混交林。

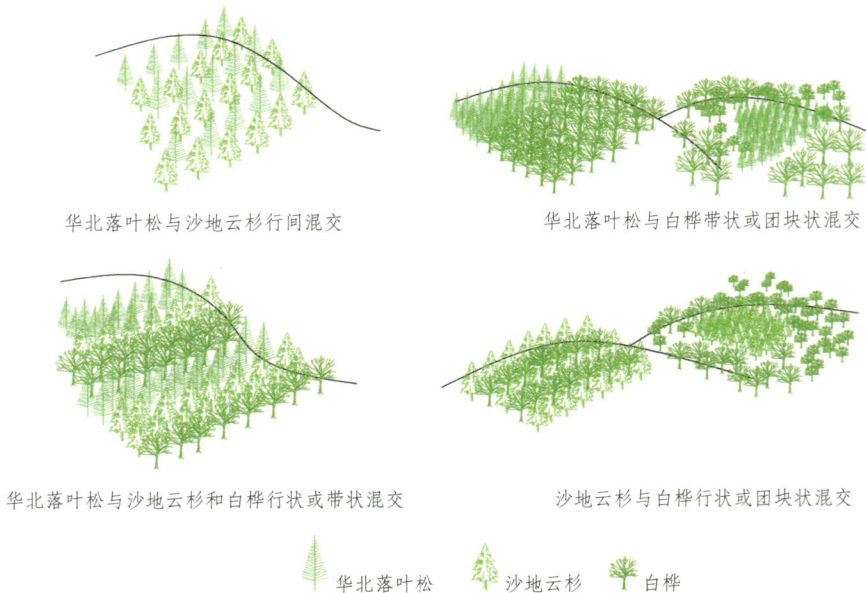

华北落叶松与沙地云杉行间混交　　　　华北落叶松与白桦带状或团块状混交

华北落叶松与沙地云杉和白桦行状或带状混交　　　沙地云杉与白桦行状或团块状混交

华北落叶松　　　沙地云杉　　　白桦

图 80　大兴安岭山地华北落叶松—沙地云杉—白桦混交林模式

（3）沙地云杉与白桦行状或团块状混交

采用沙地云杉与白桦行状混交，在白桦林的林中空地、林缘或疏林地内栽植沙地云杉，形成团块状混交林。

5．抚育管理

华北落叶松和白桦初期生长快，一般抚育3年4次。沙地云杉初期生长很慢，需抚育5年7次，主要内容是除草。

（三）适宜推广范围

适宜在半干旱中温带大兴安岭南部山地造林小区，也可在阴山东段山地小区、燕山北麓丘陵小区、辽西北沙地小区、大兴安岭东南部低山丘陵小区推广。

（四）模式成效与评价

华北落叶松是一个喜光的速生树种，落叶丰富，有较好的改良土壤作用；沙地云杉耐阴，初期生长慢，而后期生长快，但改良土壤作用差；白桦是喜光落叶树种，生长快，改良土壤作用好。华北落叶松、沙地云杉、白桦混交林，防火、防病虫害，林地生产力高，生态系统稳定，具有很好的生态和经济效益。近年来在林业重点工程的实施中，大力推广了该模式，起到了良好的作用。

七、半干旱中温带阴山东段山地造林小区

● 大青山前坡抗旱造林模式（图81）

（一）自然地理概况

模式来源于内蒙古呼和浩特市。模式实施区位于阴山山地东段大青山前坡石质低山区，高温干旱，土层薄砾石多，岩石裸露，植被稀疏，是典型生态脆弱区。

（二）技术要点

1．树种

主要造林树种选择油松、沙棘、山杏、柠条，其次为侧柏、圆柏、蒙古扁桃、黄刺玫、山荆子、文冠果等。

2．苗木

沙棘、山杏、黄刺玫采用1年或2年生容器苗，油松为2年生容器苗，所有苗木达到 I、II 级标准。

3．整地

提前1年雨季前，鱼鳞坑或水平沟整地。中上部坡位或陡坡采用鱼鳞坑整地，规格为 1.2m×0.8m×0.6m，每亩110个；坡下部或缓坡采用水平沟整地，规

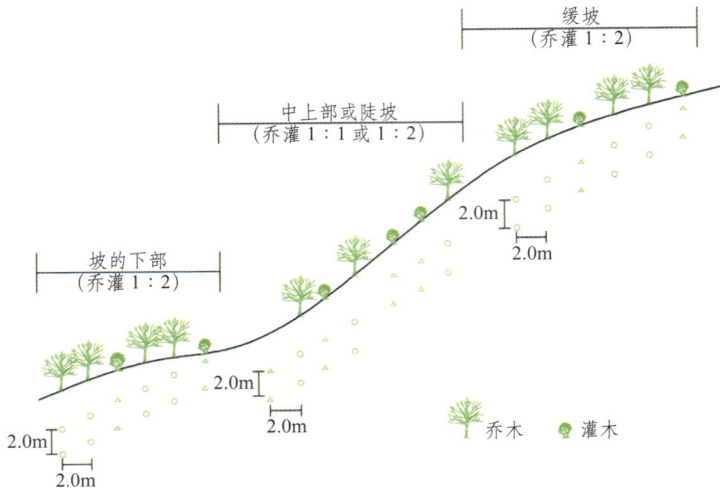

缓坡
（乔灌1∶2）

中上部或陡坡
（乔灌1∶1或1∶2）

2.0m
2.0m

坡的下部
（乔灌1∶2）

2.0m
2.0m

2.0m
2.0m

乔木　　灌木

图81　大青山前坡抗旱造林模式

格为 2.0～4.0m×0.8m×0.6m，每亩 55 个。整地时表土置于上方，底土和石砾作埂，埂要整平修牢，最后回填表土 0.3m，并拣出石块，"品"字形排列。

4．造林密度

初植密度 110 株/亩。

5．混交方式

以乔灌行间或株间混交为主，多树种栽植时采用不规则带状或块状混交。乔灌混交比例为 2∶1 或 1∶1。

6．栽植

①以植苗造林为主，裸根苗春季，容器苗雨季栽植。栽植时，苗木保湿，防止暴晒，栽前蘸泥浆，深栽踏实，分层填土，灌木每穴栽植 2～3 株。

②播种造林主要适用于灌木。柠条播种造林适用于各种立地条件，在水分条件较好的地方适用于山杏播种造林。播种造林柠条在雨季前，山杏在秋季。另外，蒙古扁桃、黄刺玫也可进行播种造林。采用穴播，柠条每穴 10～20 粒，覆土厚 2cm 左右；山杏每穴 2～3 粒，覆土厚 3～5cm。

7．节水抗旱技术

①坐水覆膜：在鱼鳞坑或水平沟内，开挖栽植穴，先倒入 2～5kg 水，再投苗木栽植，覆土踩实，并将穴面处理成中间低、周围高的锅底形，然后取 0.8～1.0m 的方形塑料膜，在中心剪开直径 1～5cm 的渗水孔，将膜覆上，用土封

严膜边。坐水覆膜可提高造林成活率 20% 以上。

②容器苗：选择 2 年生苗，栽植前 1～2 季将留床苗移栽到容器中（故称套袋苗）培育成容器苗。容器规格为直径 12～17cm，高 20～25cm；营养土配方为苗圃土 60%+ 细沙 20%+ 羊粪 20%。容器苗出圃前要浇足水，栽植时要在侧方划 3～5 处，去底，保持土坨完好。

③菌根化苗：主要应用于油松容器苗的菌根接种，单株接种量 50g。采用菌根化油松苗可提高造林成活率 20%～30%，生物量 30%～40%。

④抗旱注水枪：抗旱注水枪也叫追肥枪。在 5、6 月通过抗旱注水枪注入苗木根部 15cm 处，补充水分，提高成活率。

⑤ ABT 生根粉：裸根苗采用 ABT 6 号生根粉 50～100mg/kg 溶液浸根 2h。

8. 抚育管理

每年松土除草 1~2 次，栽后 3 年内，每年 5、6 月抗旱注水枪补水 1～2 次。人工管护，禁牧防火，防病虫害。

（三）适宜推广范围

适宜于半干旱中温带阴山东段山地造林小区，也可在燕山北麓丘陵小区、辽西北沙地小区、大兴安岭东南部低山丘陵小区推广。

（四）模式成效与评价

大青山是内蒙古的重要生态屏障，也是呼和浩特市造林绿化的难点区域，为改善大青山生态环境，近年来，当地广泛推广应用节水抗旱造林技术，实现了 200 多万亩大青山前坡干旱阳坡的造林绿化，造林成活率达到 90% 以上，全面恢复了大青山前坡植被。采用抗旱造林技术，选择多树种、多类型，乔灌草造林模式，节约补植费用 2500 万元，每年增加森林旅游收入 500 万元（图 82）。

图 82　大青山造林绿化成效

八、半干旱中温带呼伦贝尔高平原造林小区

● 模式 1　呼伦贝尔樟子松沙地抗旱造林模式（图 83）

（一）自然地理概况

模式来源于内蒙古自治区呼伦贝尔鄂温克旗。模式实施区为南屯林场，降水少、风沙大，特别是春季干旱大风，对苗木生长构成严重威胁。

（二）技术要点

1．树种

樟子松。

2．深穴整地

前 1 年深穴整地，种植穴规格为东西长 30cm，南北长 40cm，深 50cm。回填表土后穴深 15cm 以上。经过秋冬雪埋和融雪滋润，翌春造林前穴内土壤墒情好。

3．栽植

株行距 3.0m×1.5m，初植密度 148 株/亩。栽植时苗木紧贴南侧穴壁 3～5cm 处（贴壁）；苗木顶芽控制在穴内，低于地表 10cm（降位）；苗木 2/3 埋入土中（深植）。总结为"深穴、贴壁、降位、深植"。

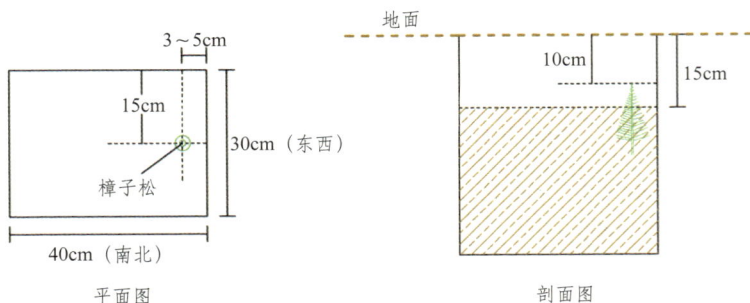

图 83　呼伦贝尔樟子松沙地抗旱造林

（三）适宜推广范围

适宜于半干旱中温带呼伦贝尔高平原造林小区，也可在黄土丘陵小区、毛乌素沙地、浑善达克沙地、科尔沁沙地、锡林郭勒高平原、辽西北沙地小区、松嫩平原风沙小区、中天山小区、阿勒泰山地丘陵小区推广应用。

（四）模式成效与评价

樟子松沙地造林遇到的突出问题是生理干旱。为防止生理干旱，普遍采用

"埋土法",即秋末用土埋苗,翌春将土扒开,如此重复2~3年可获得60%以上保存率,但这种方法费劳力、成本高、易损伤幼苗,埋、撤土难掌握时机。通过改变微地形创造一个既有利于增加苗木和土壤蓄水量,又有助于降低苗木蒸腾强度的微生境,通过靠南壁、深埋栽植,避开直射光,缩小露于空气中的叶表面积以达到降低蒸腾耗水量,同时穴内的风速几乎减至为零,起到了防止樟子松生理干旱的作用,极大地提高了造林成活率。

● 模式2　流动沙地直播生物沙障沙模式

(一) 自然地理概况

模式来源于内蒙古呼伦贝尔市鄂温克旗,模式实施区位于莫和尔图林场,属于大陆型季风气候。年均气温为-2.5~0℃,≥10℃年积温1800~2200℃,年日照时数2900~3000h,无霜期90~100天,年降水量为280~400mm,多集中在夏秋季,年蒸发量1400~1900mm,干燥度1.2~1.5,年大风日数20~40天,平均风速3~4m/s。

(二) 技术要点

1. 树种

选择灌草混交模式,灌木选择杨柴,伴生草本选择燕麦。

2. 播种

播种量180kg/hm²,灌木和草本按1:5的比例混合。雨季播种,采用人拉式直播机械,播深3cm,开沟宽度20cm,开沟、播种、覆土一次完成。

3. 搭设沙障

沙障网格规格为1m×1m、1m×2m和2m×2m,禁牧管护,必要时设置网围栏。

(三) 适宜推广范围

适宜于半干旱中温带呼伦贝尔高平原造林小区植被盖度小于10%的平缓流动沙地或起伏不大（10°~15°）的低矮流动沙丘,年均降水量300~400mm的沙地造林,也可在北方类似区域推广。

(四) 模式成效与评价

模式采用一年生草本和多年生灌木沙障替代接续相结合的方法,流动沙地2年能够形成物理性结皮,3年形成藻类生物结皮,5年形成苔藓类生物结皮。根据调查,在呼伦贝尔沙地采取生物沙障直播固沙技术,固沙见效快、成效好,直播3年植被覆盖率达55%,杨柴平均高度78.3cm,沙障网格中心平均风蚀下降到0.2cm（表1、图84）。

表 1　生物沙障生长指标调查统计

年份	植被覆盖率（%）	杨柴株数（株/m）	杨柴高度（cm）	网格内平均风蚀深度（cm）
当年	20	14.8	16.8	15.0
第 2 年	40	12.6	37.5	4.0
第 3 年	55	10.0	78.3	0.2

图 84　直播造林成效

● 模式 3　呼伦贝尔高平原沙地樟子松封育模式

（一）自然地理概况

模式来源于内蒙古自治区鄂温克旗莫和尔图沙地。模式实施区年平均降水量 350mm 左右，年蒸发量 1400~1800mm，年均风速 3m/s。该区域人为活动频繁，过牧过垦造成植被退化、盖度降低、漏沙地面积增加。

（二）技术要点

①对于分布远离村屯，面积较大，没有牲畜活动的区域，采取管护封育方式。在划定的封育区内或边缘的交通要道建立固定的防火管护外站，组成快速扑火队，在防火期内实施 24h 值班制度，一旦发生火情及时扑救，并结合专门管护人员进行巡护，巡护重点是防火和人为对樟子松林破坏。

②在牲畜活动频繁，靠近村屯附近的沙地樟子松分布区，采取网围栏全封并结合管护人员巡护方式保护沙地樟子松林。

③封育区内远离母树。天然更新困难的区域，采取移密补稀（就是在天然更新好、樟子松野生苗分布密集处，把野生苗带土坨挖出，移栽在樟子松更新困难处）和撒播樟子松种子的方法，人工促进（在距疏林地母树林缘 30m 以外的荒地上机械带状整地，深 8~10cm，行距 4m）樟子松天然更新，提高樟子松林木覆盖率。

（三）适宜推广范围

适宜于半干旱中温带呼伦贝尔高平原造林小区，也可在其他森林草原过渡带的类似沙地樟子松分布区推广。

（四）模式成效与评价

以自然恢复退化樟子松林及活化沙地植被为目标，采用天然下种、人工补播、封育管护等治理措施，改善和保护草原牧场。每亩增加产草量近30kg，增加产值约30元（图85）。

图85　封育恢复后的樟子松草原

九、半干旱中温带黄河上中游黄土丘陵造林小区

● 模式1　库布齐沙漠治沙造林模式

（一）自然地理概况

模式来源于内蒙古自治区达拉特旗。模式实施区位于位于库布齐沙漠东北缘。气候属中温带大陆性季风气候，年日照时数为3000～3200h；≥10℃积温3000～3200℃；年均气温6～7.5℃，无霜期135～160天；年降水量150～400mm，年蒸发量2100～2700mm。干燥度1.5～4；年平均风速3～4m/s，大风日数25～35天；年平均发生沙尘暴累计日数高达27天，最多57天，年均扬沙41天。

（二）技术要点

1．流动沙丘

沙丘顶部到中上部保留原貌，沙丘中到下部重点造林，固定流沙。

①造林地：以 3～5m 流动沙丘、沙丘链为主，植被覆盖度小于 10%，土壤为风沙土。

②树种：主要树种为沙柳、杨柴。

③苗木：沙柳插条长 60～75cm，直径 1～2cm；杨柴 1 年生播种苗。栽前苗木全株浸水 24～48h。

④栽植：春季栽植，株行距 1m×4m，单行混交。栽植时铲除沙面干土，深坑栽植，回填湿土，踩实，插条露出地面 5cm。迎风面设置沙柳、玉米秸等平铺沙障，减少风蚀。沙丘下部灌木间隔带雨季撒播沙蒿、杨柴、沙打旺等，提高固沙效果。

2．平缓沙地

①造林地：2m 以下的流动沙丘和平缓沙地，地下水位 2～4m，植被盖度小于 15%。

②树种：灌木为沙柳。

③苗木：沙柳插条长 60～75cm，直径 1～2cm。栽植前插条浸水 24～48h。

④栽植：机械开沟深栽，沟深 60cm，宽 40cm。春季或秋季栽植，株行距 1m×4m。沙丘边缘雨季直播杨柴、沙蒿、沙打旺等植物，固定沙丘。

3．盐碱化丘间地

①造林地：丘间地，地下水位 0.5～1.0m，植被覆盖度小于 5%。

②树种：红柳、沙柳。

③苗木：红柳插条长度 40～50cm，直径 1～1.5cm；或者采用嫩枝扦插。沙柳插条长 60～75cm，直径 1～2cm。

④栽植：机械开沟，沟深 60cm，宽 30cm。春季或秋季栽植，株行距 1m×4m 或 0.5m×4m。

（三）适宜推广范围

适宜于半干旱中温带黄河上中游黄土丘陵造林小区，也可在毛乌素沙地、浑善达克沙地、科尔沁沙地、锡林郭勒高平原、辽西北沙地小区、松嫩平原风沙小区立地条件相似的流动沙丘、半固定沙丘及半固定沙地、盐碱化丘间低地推广。

（四）模式成效与评价

流动沙丘造林成活率 93% 以上，当年沙柳高生长量 1.0～1.5m。造林 8 年，沙柳高生长 220～300cm，杨柴高生长 110～140cm，流动沙丘植被盖度 40% 以上，生物结皮盖度 60%。平缓沙地灌木造林成活率 90% 以上，当年高生长量 0.9～1.5m。8 年后，沙柳高度 180～280cm，植被盖度 70% 以上，生物结皮盖度 60% 以上。盐碱化丘间地红柳插条造林成活率 85% 左右，当年高生长 40～60cm；嫩枝扦插育苗造林成活率 95% 左右，当年高生长 50～70cm。8 年高生长量平均为 165cm，平均冠幅 116cm×106cm（图 86～图 88）。

图 86　流动沙丘固沙成效

图 87　平缓沙地灌草植被

图 88　盐碱化丘间地灌木林

● 模式 2 砒沙岩丘陵区水土保持林模式（图 89）

（一）自然地理概况

模式来源于内蒙古自治区皇甫川流域。砒沙岩是一种中生界侏罗系和白垩系松散岩层，由于成岩环境较差，形成的岩层结构松散，胶结性差，易风化、易受侵蚀。皇甫川流域沟壑面积占 40%～70%，地形支离破碎，砒沙岩裸露，水土流失面积占到 92.5%。土壤侵蚀模数高达 3 万～4 万 $t/(km^2 \cdot a)$，成为黄土高原侵蚀最剧烈、治理难度最大的地区。被中外专家称为"世界水土流失之最"和"环境癌症"。年降水量 400mm 左右，其中 6～9 月降水量占年降水量的 80% 以上，且常以暴雨形式出现，是黄土高原暴雨中心之一。风灾频繁，8 级以上大风日数年均达 19～87 天。砒沙岩风化物是黄河下游粗沙的主要来源之一。

（二）技术要点

砒沙区治理开发的关键是保护坡面上的土地和土壤资源，控制坡面沟蚀发育，沟坡兼治，沟坡种植沙棘，主支沟筑坝淤地。

1. 坡面混交林

20° 以下坡面，沿等高带状种植宽带（20m）疏行（2 行）灌草植被。灌木林为沙棘或柠条，栽植 2 行；草种为沙打旺或草木犀，宽 20m。大于 20° 的薄层黄土或风化裸露的砒沙岩山坡，沿等高线采用竹节形水平沟整地，水平沟宽 1.0m，长 2.0～3.0m，深 0.5～0.7m，营造油松和沙棘混交林，株行距 2.0m×3.0～5.0m，拦蓄坡面径流。

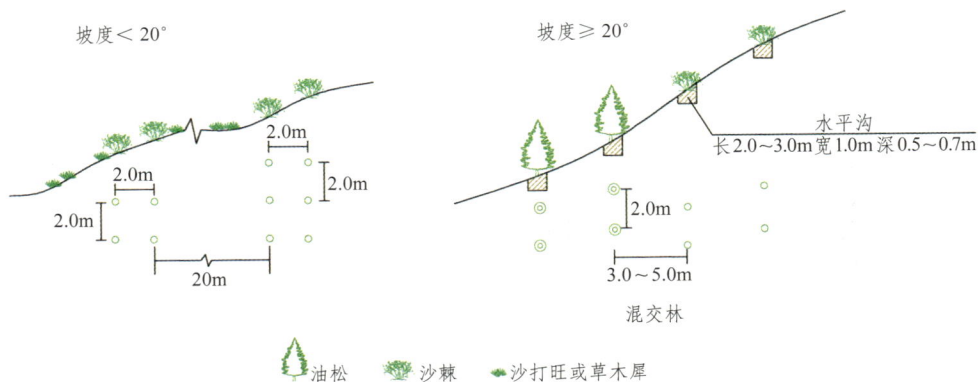

图 89 砒沙岩丘陵区水土保持林模式

2．沟头沙棘林

在支毛沟岔、陡崖上，全封闭营造沙棘林，控制沟头前进。

3．沟道乔灌林

在沟道内营造柳树 × 沙棘混交林。

（三）适宜推广范围

适宜于半干旱中温带黄土丘陵小区，可在山西省、陕西省、内蒙古自治区的砒沙岩区推广。

（四）模式成效与评价

沙棘林在治理砒沙岩坡面中效果尤其显著。黄河上中游管理局的试验表明，在侵蚀沟布设沙棘林，能够控制流域产沙量的 86%，沙棘是植物措施治理砒沙岩的重要树种。通过治理，皇甫川流域植被盖度逐渐增加，有效控制了水土流失，减少了入黄泥沙，生态环境向良性发展。

● 模式 3　黄河上中游黄土丘陵区多树种防护林模式

（一）自然地理概况

模式来源于内蒙古自治区凉城县。模式实施区位于内蒙古乌兰察布盟东南部，属典型中温带半干旱大陆性季风气候，年平均气温 5℃，无霜期 140 天左右，年平均降水量 350～450mm，最少降水量 201mm。项目区常年干旱多风，春季干旱严重，自然条件复杂，森林覆盖率低，防护林体系树种单一，稳定性差，灾害频发。

（二）技术要点

1．树种

油松、樟子松、白榆、柠条、山杏和旱柳。

2．整地

坡顶、山坡上部鱼鳞坑整地，坑行距 2.5m×4.0m，鱼鳞坑规格半径 0.8m，深 0.7m，回填熟土 0.3m，"品"字形排列；半坡、山腰鱼鳞坑或水平沟整地，水平沟长 3～5m，隔水墙 1m，沟间距 4m，上口宽 0.8m，下口宽 0.6m，深 0.7m，回填熟土 0.3m，"品"字形排列；山底水平沟或穴状整地，规格为 0.8m×0.8m×0.8m。

3．栽植

株行距 2m×2m。坡顶、山坡上部栽植大白柠条，2 株 / 穴；山坡中部阴坡栽植柠条，2 株 / 穴；山体中部阳坡栽植山杏，2 株 / 穴；山底水平沟栽植榆树，1 株 / 穴；沟道、沟口栽植柳树，1 株 / 穴。

4．配套措施

栽植穴施用土壤保水剂，提高苗木的成活率。适当深埋，覆土踏实，浇足定根水。穴状抚育，加强管护。

（三）适宜推广范围

适宜于半干旱中温带黄河上中游黄土丘陵造林小区，也可在冀西北黄土沟壑小区、冀北山地小区、阴山东段山地小区、黄河中游黄土丘陵小区、阴山北麓丘陵小区、阴山北麓山地黄土丘陵小区、辽西低山小区水土流失严重的低山丘陵地区，坡度大于 15°水土流失严重的山地、坡地、侵蚀沟推广应用。

（四）模式成效与评价

实施区乔木成活率达到 89%；灌木成活率达到 95%。植被盖度增加，生物多样性更加丰富，并带来一定的经济效益（图 90）。

图 90　治理前后对比

● **模式 4　卧牛山黄土丘陵区生态治理模式**

（一）自然地理概况

模式来源于内蒙古和林格尔县。模式实施区位于卧牛山，地貌以黄土丘陵为主，局部为覆沙丘陵。海拔 1140～1250m，地形切割剧烈，起伏不平，水土流失严重。年平均气温 5.6℃，最低气温—34.5℃，全年 ≥ 10℃积温为 2169℃，无霜期118 天。年日照时数 2941.8h。年均降水量 417.5mm，年蒸发量 1850mm，风沙灾害年均 14 天，最多 38 天。土壤有黄土质栗褐土、栗褐红土，少量风沙土，覆沙厚度5～10cm。植被类型为丘陵草原类型，优势植物有蒿类、百里香、甘草、麻黄及柠条，植被盖度不足 30%。

（二）技术要点

1．总体布局

对卧牛山不同立地条件制定相应的治理措施，确定了6个生态治理类型，分别为：①梁峁及缓坡上部针、灌、草水土保持林；②阳向坡经济型水土保持林；③阴坡针灌混交水土保持林；④沟底乔灌混交型水土保持用材林；⑤灌草型防风固沙林；⑥坡耕地水平梯田旱作农业。营造以油松为主的乔灌混交水土保持林，以仁用大扁杏、山杏为主的水土保持经济林，以杂交杨为主的水土保持用材林，以柠条、沙棘为主的灌草型防风固沙林。

2．树种

油松、山杏、大扁杏、沙棘等。

3．苗木

油松2年实生苗，苗高20cm、地径0.4cm以上。山杏1年实生苗，苗高50cm、地径0.6cm以上。沙棘1年实生苗，苗高30cm、地径0.35cm以上。沙柳2年以上萌条，条粗1cm，截条长度50cm。杨树采用小字号杂交杨扦插苗，苗高2.5m、胸径2.5cm以上，根幅35cm。柠条种子发芽率85%以上。用100mg/L浓度的ABT生根粉溶液对油松、山杏、沙棘等苗木根部进行浸泡和蘸泥浆处理。

4．整地

①平缓坡采用水平沟整地，沟长2～3m，沟间留隔墙30cm，沟上口宽80cm，底宽70cm，沟深80cm，回填表土35～40cm，新土筑埂，埂高45～50cm，顶宽50cm，沟距4～6m。

②陡、急、险坡地段用鱼鳞坑整地，坑上边长1.5m，中间宽80cm，口平面呈半圆形，坑深80cm，坑底回填表土35～40cm，坑下方用心土围坑，筑半圆形土埂，高30cm，顶宽30cm，坑间距2m，行距3～4m。

③沟底骨节坝，辅以大穴状整地，骨节坝高1m，顶宽1m，长随沟底宽而筑，坝距6～10m，坝间辅以穴状整地，穴径80cm，深80cm，穴底回填表土40cm。

以上3种水土保持工程整地方法遇有石质含量较高地段，回填换客土。

④固定、半固定风沙土平缓地段，带状整地，深翻25cm，宽1m的松土带，带距3～3.5m。

⑤水平梯田。铲平，深翻30cm，外沿人工筑地埂高50cm。整地时间均为夏季或造林前至少一个季度进行。

5．造林

油松、山杏、沙棘、杨树采用植苗造林，沙柳扦插造林，柠条直播造林。种草一是行间撒播；二是在水平埂顶部穴状点播。

①栽植时间：冬春季栽植，雨季 8 月上旬前播种。

②混交方式：油松×沙棘株间混交，株距 1m，行距 3.5～4.5m；山杏×沙棘行间混交，山杏株距 2m，行距 3.5～5m，沙棘株距 1～2m；乔灌草混交，梁峁上部采用油松×沙棘×草混交，株距 1m，行距 4～6m，行间撒播草籽，沟埂顶部每隔 1m 点播草籽，埂底外侧扦插沙柳，株距 2m；灌草混交，平缓固定沙地采用柠条×沙打旺，行间混交，柠条株距 1m；沟底乔灌带状混交，2 行沙棘 1 行杨树，株行距 2m×3m。

6．抚育管理

松土除草，病虫鼠害防治，封禁保护。

7．配套措施

①山顶修建蓄水池，布设滴灌设施；②山杏高接换头嫁接大扁杏；③乔灌行间种植沙打旺、苜蓿、草木犀、杨柴等优良牧草；④选择平缓地段，进行林药、林粮间作，在保持水土的前提下增加经济效益。

（三）适宜推广范围

适宜于半干旱中温带黄河上中游黄土丘陵造林小区，也可在冀西北黄土沟壑小区、冀北山地小区、阴山东段山地小区、黄河中游黄土丘陵小区、阴山北麓丘陵小区、阴山北麓山地黄土丘陵小区、辽西低山小区推广应用。

（四）模式成效与评价

造林成活率，保存率显著提高，物种种类有所增多，植物盖度由 30% 提高到 85% 以上，水土流失和风沙灾害得到彻底根治，土壤肥力提高，自然灾害明显减少，生态环境改善（图 91）。

图 91　整地及治理成效

十、半干旱中温带浑善达克沙地造林小区

● 模式 1　浑善达克沙地牧场防护林模式（图 92）

（一）自然地理概况

模式来源于内蒙古自治区阿巴嘎旗。模式实施区地处蒙古高原低山丘陵区，地形开阔，平均海拔 1127m，属中温带半干旱大陆性气候，年均气温 0.7℃，≥10℃年积温 1800~2700℃，年均降水量 244.7mm，蒸发量 1700~2000mm。由于过度放牧，草场沙化，地表裸露，草地逐渐退化成沙地。

（二）技术要点

从防止草场退化、沙化入手，选择可饲用的树种，建设牧场防护林体系，保护和发展草地资源，改善区域生态条件，提高草地生产力。

1．树种

樟子松、小黑杨、榆树、锦鸡儿。

2．苗木

樟子松 3 年移植苗。杨树 2 年生扦插苗，苗高 150cm，地径 0.8cm 以上。榆树 2 年实生苗。锦鸡儿 1 年生容器苗。

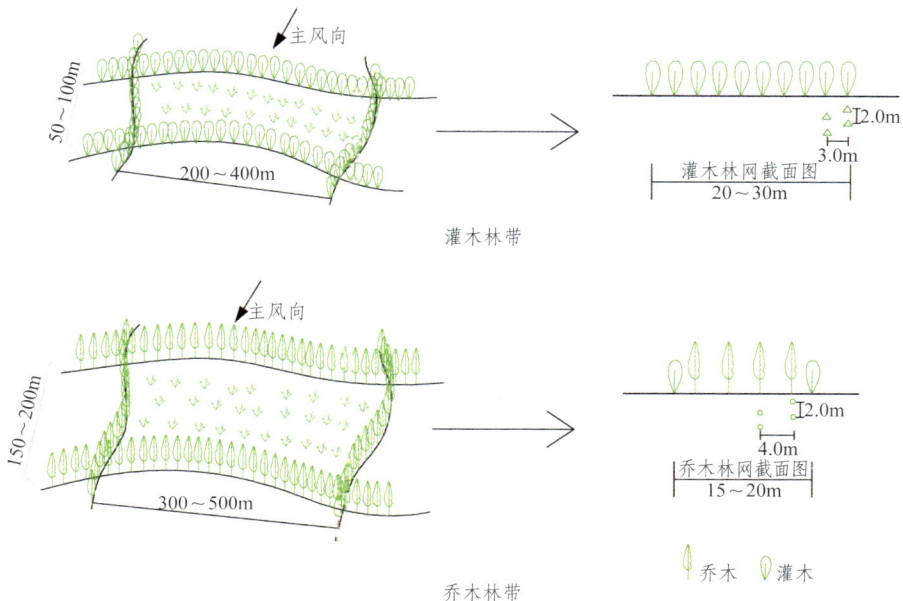

图 92　浑善达克沙地牧场防护林模式

123

3．造林密度

灌木株行距 2.0m×3.0m，乔木株行距 2.0m×4.0m，"品"字形配置。

4．整地

机械开沟，沟深 20～30cm，上口宽 80cm，沟底宽 30cm。沟底人工挖掘种植穴，规格为 50cm×50cm×40cm。

5．林带配置

网格状栽植。灌木主林带间距 50～100m，副林带间距 200～400m，带宽 20～30m，一般栽植 10 行；乔木主林带间距 150～200m，副林带间距 300～500m，带宽 15～20m，两侧可加植 1 行灌木。

6．栽植

春季栽植，覆土踏实，一次浇足定根水，机械合垄，覆膜盖草，减少地表水分蒸发。全面封禁管护，林网内种植优良牧草。

（三）适宜推广范围

适宜于内蒙古自治区锡林郭勒盟西北部高平原风蚀沙化草原地区，也可在毛乌素沙地、浑善达克沙地、科尔沁沙地、辽西北沙地小区、松嫩平原风沙小区等地形平缓，集中连片，便于机械作业的相似立地推广。

（四）模式成效与评价

牧场防护林对于改善草场生态环境，促进牧草生长，提高产草量和质量具有重要作用，同时还可作为饲料林，补充饲草，提高牧区抗灾、减灾能力。

● 模式 2　浑善达克风蚀沙化草原生态破口治理模式

（一）自然地理概况

模式来源于内蒙古自治区锡林郭勒盟正蓝旗。模式实施区位于浑善达克沙地腹地，平均海拔 1500m，属中温带干旱大陆性季风气候，年均气温 1.7℃，年降水量 366.8mm，蒸发量 1936.2mm。近年来由于过度利用和持续干旱等影响，草场沙化、退化逐年加重，导致地表植被和土壤破坏。在风的掏蚀作用下，形成不同形状和大小的生态破口。如不采取及时有效的防治和恢复措施，这种生态破口就会逐步演变为大面积的草原沙化。

（二）技术要点

生态破口是指在自然因素（干旱、多风）和人为干扰（过度放牧、工程挖土、筑路）等综合作用下，在半干旱沙质草原区形成的风蚀坑、沙化裸地。

1．树种

选择耐旱、固沙能力的樟子松、沙地柏、黄柳、杨柴、山杏、柠条锦鸡儿、小叶锦鸡儿等。

2．苗木

樟子松和沙地柏选用 2 年生容器苗，容器袋规格 8cm×15cm，苗高 30～50cm；杨柴、柠条锦鸡儿和小叶锦鸡儿选用 1～2 年生裸根苗；黄柳选用 1～3 年生无病虫害、小头直径≥0.7cm，长度 60～80cm 的健壮枝条制作插穗。黄柳插穗粗端浸水，浸泡 24～48h 后，用生根粉溶液浸泡处理，促进侧根发育。

3．整地

穴状整地，乔木规格 60cm×60cm，灌木规格 50cm×50cm。

4．栽植

春季植苗、扦插造林，株行距 1m×1m 或 1m×2m；容器苗雨季造林，株行距 3m×3m。扦插时铲除沙面干土，用倒坑法回填湿土埋穗条，踩实，插条露出地面高度 2cm，2～3 株 / 穴。

①沙质生态破口，栽植小叶锦鸡儿、沙柳、黄柳、杨柴、沙地柏等灌木，人工营造与主风向垂直的灌木沙障，株行距为 1m×1m 或 1m×2m。栗钙土或黏土生态破口，栽植小叶杨、樟子松、旱柳和山杏等乡土树种，营造混交林，株行距 2m×2m。

②新形成，面积小于 1hm² 的浅型生态破口，采取自然修复为主，人工补植冰草、沙打旺；水分条件较好地段，周边栽植 2 行乔木，株行距 2m×2m，内部栽植灌木，株行距 1m×1m 或 1m×2m；面积大于 1hm² 的生态破口，栽植樟子松、沙棘、杨柴、锦鸡儿、沙柳等乔灌混交林。樟子松株行距 2m×2m，灌木株行距 1m×2m。风沙严重地块设置沙障，补播冰草、沙打旺等牧草，提高植被恢复初期的防风固沙能力。

③因修路、开矿等工程形成的生态破口，设置网格状沙障，栽植白榆、旱柳、樟子松、山杏、沙地柏、沙棘等乔灌木。

5．配套措施

采用坐水造林、深栽回填、保水剂、定根水、地膜覆盖保墒等措施。

6．抚育管理

禁牧管护，防治病虫鼠兔危害。4～5 年后，灌木从根颈处短截，更新复壮。

（三）适宜推广范围

适宜于半干旱中温带浑善达克沙地造林小区，也可在呼伦贝尔高平原小区、锡林郭勒高平原小区、毛乌素沙地、浑善达克沙地、科尔沁沙地、辽西北沙地小区、松嫩平原风沙小区等北方风蚀沙化草原、风沙草原和沙地推广。

（四）模式成效与评价

我国北方草原地区普遍存在着生态破口与退化天然草地在大尺度大范围内相间分布的格局，这种状况进一步扩大的结果，势必造成大面积的草原退化和草地沙化。模式对于大范围生态破口的自然修复和生态重建具有实践价值和重要的指导意义。

正蓝旗在风沙草原区共治理生态破口 1000hm^2，使生态破口植被覆盖度明显增加，平均植被盖度达到 30%～40% 以上。外围退化草地植被盖度由 16% 提高到 50% 以上，有效提高草地生产力。在推广应用时，要注重乡土树种的应用，不同的生态破口，要以该区域内天然分布的植物种为参照，选择当地植物种或与之生物生态学特性相近的生产中长期引种栽植的植物种。充分考虑土壤、水分等限制因素，以抗旱植被建植技术为核心，按照当地自然植被结构进行配置，促进植被恢复（图 93）。

图 93　正蓝旗桑根达赖镇治理前后对比

十一、半干旱中温带科尔沁沙地造林小区

● 模式 1　科尔沁低山丘陵区沙化土地生态经济林模式

（一）自然地理概况

模式来源于内蒙古自治区林西县。模式实施区位于赤峰市北部，西辽河上游，大兴安岭南段，科尔沁沙地西北边缘，属科尔沁沙地与浑善达克沙地的交汇过渡地带。属中温带半干旱大陆性季风气候，干旱、霜冻、冰雹、风沙等自然灾害时有发生。全县年平均气温 4.3℃，≥10℃积温平均 2600℃，无霜期 90～130

天。全年平均风速在 3～4m/s，8 级以上大风日数为 45 天左右。年均降水量 320～380mm，年蒸发量达 1880.3mm。

（二）技术要点

1. 防沙固沙林

①树种：山杏、樟子松、泊松。

②苗木：山杏 1 年生苗，苗高 35cm，地径 0.3cm。栽前用 3 号 ABT 生根粉浸根，栽时蘸浆。樟子松选用 3 年生容器苗。

③整地：提前一年雨季水平沟或鱼鳞坑整地。水平沟长 1.5m，宽 0.6m，深 0.4m；鱼鳞坑长 1.0m，宽 0.5m，深 0.3m。

④造林：春季栽植。山杏 × 樟子松（油松）混交比例 4∶1，株行距 2m×3m。山杏深栽苗高的 1/2，分层覆土踏实，苗根堆 10～20cm 高的抗旱堆。

2. 蒙古野果集约栽培

①树种：选用蒙古野果芽变新品种。

②苗木：蒙古野果 2～3 年苗龄的嫁接苗，消毒、分级、修剪，用浓度 50ppm 的 ABT 生根粉溶液浸泡 30 分钟，提高成活率。

③整地：提前一年深翻熟化土壤或进行改土，栽植坑规格为 1m×1m×1m。

④造林：株行距 3m×4m。栽植时，施 50～100kg 有机肥与表土混合均匀，填入坑内 2/3 处，放入苗木，舒展根系，嫁接口朝西北面，根系附近埋上肥沃土壤，轻提苗后，边提边踏实，使嫁接口与地面齐平，栽后灌足底水。

⑤抚育管理：每年 5～9 月中耕锄草 2～4 次，秋季深翻树盘土壤 10～20cm。

3. 农田防护林

①树种：选择少先队杨、银中杨。

②苗木：选用 3 根 2 干 I 级苗。栽前在河水中浸泡沫 2～3 天，使苗木充分吸水。

③整地：穴状整地，规格 1m×1m×1m。

④造林：4 行 1 带，带间距 150m，株行距 2m×2m。表回填至坑深三分之一处，浇水 100kg，扶正填土踩实。定高 2～2.2m，截干顶部用红漆封口。剪去全部侧枝，顶部留 3 个 10～15cm 的枝桩，苗干 1.3m 处以下涂石硫合剂。

④抚育管理：6 月上中旬抹芽，下部芽全部抹去，只留顶部 30cm 左右。顶部留 2～3 个主枝，待生长稳定后，选长势好，通直的主枝培养主干，其余的剪去。

4. 山杏＋苜蓿林草间作

①苗木：选择生长健康、根系发达、芽饱满、无病虫害的 1～2 年生山杏实生苗，牧草为紫花苜蓿。

②整地：带状及穴状整地。紫花苜蓿带状整地，要做到深耕细耙，上松下实，以利出苗。

③造林：春季栽植，山杏株行距 2m×3m。春季条播苜蓿，播种量为 11.25～18.75kg/hm^2，行距 20～30cm，播深 2～3cm，播后镇压。

④抚育管理：苜蓿刈割除草，每次刈割后用苜蓿专用除草剂防治杂草，刈割前 2 周内不得使用；施肥以磷肥为主，适当追施钾肥；苜蓿抗旱能力强，可少量浇水以提高产量。

（三）适宜推广范围

适宜于半干旱中温带科尔沁沙地造林小区，也可在浑善达克沙地小区、呼伦贝尔高平原小区、锡林郭勒高平原小区、毛乌素沙地小区、辽西北沙地小区、松嫩平原风沙小区等北方风蚀沙化、水土流失严重的荒坡地推广。

（四）模式成效与评价

模式根据地形地貌特点，整体规划，分类实施，乔、灌、草结合，针阔混交，自下而上营造经济林、防风固沙林、水土保持林等不同林种，形成干旱山丘区生态经济防护林建设模式。通过治理，项目区的风蚀沙化现象在一定范围内得以控制，8 级以上大风不扬尘，18 万亩农田、草场得到有效治理，干旱、洪水、沙尘暴等频繁发生的自然灾害得到有效控制，生态环境得到明显改善。项目区人均收入由当初不足 1000 元到现在人均已达 1.1 万元，从生态经济防护林及后续生态建设中获得的直接产值达 820 万元，占总产值的 85% 以上（图 94）。

图 94　林西县新城子镇七合堂村治理前后对比

●模式 2 科尔沁沙地"两行一带"林草复合模式

（一）自然地理概况

模式来源于内蒙古自治区敖汉旗。模式实施区位于科尔沁沙地的敖汉旗中北部黄土丘陵向科尔沁沙地过渡地带。年降水量 350mm 左右，年蒸发量 2400～2600mm，年均气温 4.9～7.5℃，年积温 2700～3200℃，无霜期 130～140 天。海拔高度 400～600m，地势起伏不平，土壤为淡栗钙土或风沙土，土层比较厚，有机质含量比较低，pH 值 8 左右。地下水位 10～15m，均无灌溉条件，风沙干旱是主要气候特点。

（二）技术要点

1．林草配置

①灌、草结合型：采用桑柯、小叶锦鸡儿、山杏、沙棘、胡枝子、紫穗槐等灌木与沙打旺、紫花苜蓿等牧草间种，即两行灌木＋草带，灌木行距 1.5～2m，株距 1～2m，带距 6～8m，带间间种牧草或矮棵作物。

②乔、草结合型：采用杨树、柳树、榆树、樟子松、油松等乔木，与沙打旺、紫花苜蓿等牧草间种，即两行乔木，行距 2～4m，带距 6～10m，带间间作牧草或矮棵作物。

③乔、灌、草结合型：乔木树种主要是杨树、柳树、五角枫、白榆、樟子松等；灌木树种主要是小叶锦鸡儿、山杏、胡枝子、紫穗槐、沙柳、杨柴等；牧草品种主要有沙打旺、紫花苜蓿等。两行一带，两行乔木＋草＋两行灌木，行距、株距和间种形式参照前两种类型。

2．苗木

选择无病虫害，无机械损伤的合格健壮苗，阔叶乔木栽前淡水浸泡，针叶树和灌木根系蘸浆。

3．整地

春季机械开沟整地，沟深 30cm，在沟内挖 50cm×50cm×50cm 栽植穴。固沙林采取 2m×5～15m（乔木）、2m×2～8m（灌木）的配置形式，丰产林采取 2m×4～16m 的形式。

4．造林

5 月栽植，栽后灌足底水。林带间条播紫花苜蓿，行距 30cm，每亩播种 1kg。

5．抚育管理

防治天牛和大青叶蝉，每年 2 次。

（三）适宜推广范围

适宜于半干旱中温带科尔沁沙地造林小区，也可在内蒙古其他沙区和黄土丘陵区、草原区推广。在河套灌区可采用杨树与牧草间作，在草原区可采用小叶锦鸡儿与牧草间作，在黄土丘陵退耕地可采用沙棘（或小叶锦鸡儿）与牧草间作。

（四）模式成效与评价

"两行一带"林草模式由敖汉旗摸索、实践和总结，2000 年获内蒙古科技进步三等奖。通过林间种草，生产优质牧草，使农牧业发展向林牧业发展转型，促进了农牧民生产方式的转变，增加了农牧民的收益。模式在内蒙古推广面积 80 万 hm²，使 360 万 hm² 的沙化土地得到有效控制。在退耕还林和京津风沙源治理等重点林业生态工程中应用广泛，模式配置从"杨树＋紫花苜蓿"发展为多树种（乔木有樟子松、榆树、柳树、五角枫、油松等；灌木有桑树、小叶锦鸡儿、山杏、沙棘、胡枝子、紫穗槐等）；从林草复合发展为林粮、林果、林药等多种复合经营生态系统。

十二、半干旱中温带内蒙古毛乌素沙地造林小区

● 模式 1 毛乌素沙地飞播模式

（一）自然地理概况

模式来源于内蒙古自治区鄂尔多斯市，模式实施区位于毛乌素沙地。毛乌素沙地处于温带半干旱与干旱区的过渡地带，年降水量 250～400mm，年蒸发量 2100～2700mm，年平均气温 6～8℃，年大风日数 20～40 天。区域有大面积的流动及半流动沙地，交通不便，人口稀少。

（二）技术要点

沙区面积辽阔，交通不便，飞播造林种草具有成本低、规模大、效益好的优点，可大面积治理流动沙地和退化草场。

1．播区选择

5000 亩以上集中连片，宜播面积 70% 以上。地下水位 0.5～10m，植被覆盖度 3%～12%，丘间低地开阔，低矮新月形沙丘链、沙丘相对高差小于 15m。

2．树（草）种

选择具有抗逆性强的杨柴、籽蒿、沙打旺、草木樨等。

3．播种方式

采用杨柴、籽蒿、沙打旺（或草木犀）混播，混播比例为 5∶3∶2。

4．播前大粒化处理

因沙面稳定性差，小粒种子往往位移严重，又易受动物危害，播前进行粘胶化、大粒化处理，并用药剂拌种。可采用吸水物质、胶结剂、黏土、腐殖土和农药等配料，附着种子表面进行造粒，成为有一定强度的泥壳种粒用于播种。

近年来使用多效复合剂，在工厂进行丸粒化处理。多效复合剂具有防病虫鼠害、保水、供肥、防闪芽（降水量达到 10mm 才吸水膨胀）的作用，极大提高了飞播成效。

5．播种期

这是提高飞播成效的一项关键性环节。最佳飞播期为 6 月，掌握在雨季到来之前，赶早不赶晚，具体时间根据天气预报灵活掌握。

6．播种量

根据当地飞播站长期经验，沙地飞播混合用种量为450g/亩，其中杨柴225g，籽蒿135g，沙打旺（或草木犀）90g。随着飞播技术的提高，近年的用种量下降为300g/亩。

7．播区地面处理

植被盖度低于3%，应提前1～2年封育，待适当增加植被后再进行飞播。流动沙丘飞播需要设置沙障，以防播后种子遭风蚀移位。

8．播区管护

封禁是保证飞播成果的有效措施。飞播区的管护，一要设围栏保护；二要由乡村负责管护，明确管护第1责任人，并签订责任状；三要设护林(草)人员巡护，签订管护承包合同。全封3年，做好森林防火，病虫害防治。播后5年有计划平茬和采种。

9．飞播规划设计及飞播作业

播带长应以一架次最大装种量可播完数条播带为原则。按照载重量计算播带长度，确定每架次播种带数。每架次完成的作业面积应是播带的整数倍。

飞播作业航向设计可与沙丘或沙丘链垂直，并与作业季节的主风方向相一致。同时，尽量避开东、西航向。运-5型飞机作业，杨柴、花棒航高 60～80m，播幅 50m；沙打旺、沙蒿航高 45～60m，播幅 40m。为使飞播落种均匀，减少漏播，飞播时每条播幅两侧要各有 15% 的重叠。

飞机装种时调节好播种器的开度大小,误差大时应重新调节。当飞行至播区航点外端1000m处时,对航线偏高情况进行调整,准确进入播区作业。遇侧向风时,进行空中位移修正。侧风超过5级时应停止作业,避免重播或漏播,保证飞播作业质量。

10．飞播成效调查

翌年春季开展成苗调查,包括核实宜播面积和合格面积,统计有苗样方频度,有苗样方(标准地)平均株数、平均每亩株数。质量标准为,当年平均每亩有苗200株以上,且分布均匀,有苗样方频度大于50%,为飞播合格面积。当年平均每亩成苗200株以下,有苗样方频度小于50%,为不合格面积,即需要补植、补播。

在宜播面积范围内,选设垂直于播带等距离选设3～5条调查线,在每条调查线上等距离(50m、100m或200m)设调查样方(标准地),每条调查线样方(标准地)数不少于5个,样方规格4m²。在样方内实查并记载树(草)种成苗株数。

飞播5～7年后,进行成效调查,包括播区成效面积、平均每亩株数、树高、直径等生长情况,郁闭度或林草覆盖度、管护措施以及效益等。质量评定标准为宜播面积平均有苗(林)株数大于70株/亩,有苗(林)面积占宜播面积41%以上为合格面积,反之为不合格。成林调查可在播区内利用设计图、地形图或航片进行调绘和样地调查。

(三) 适宜推广范围

适宜于半干旱中温带内蒙古自治区毛乌素沙地小区,也可在有条件的北方沙地推广。

(四) 模式成效与评价

鄂尔多斯市沙地飞播技术已达到国内领先水平。飞播后播区植物覆盖度由飞播前的3%～12%增加到30%～40%,飞播成苗面积达到60%左右,使飞播区流沙得到了治理,农田和草场得到保护,取得了很高的生态、经济和社会效益。

● 模式2 毛乌素沙地"三圈"治理模式

(一) 自然地理概况

模式来源于内蒙古自治区鄂尔多斯市,模式实施区位于毛乌素沙地,"硬梁"、"软梁"、"滩地"和"丘陵"及河谷为沙地的主要地貌类型。土壤由地带性与非地带性土壤交错分布，栗钙土和淡栗钙土发育充分。属中温带大陆性季风气候区，年均气温 5.3～7.2℃，年均降水量 250～360mm，年均蒸发量 2400～2700mm，无霜期 130 天，年均风速 3.2～4.5m/s。

（二）技术要点

毛乌素沙地"三圈"治理模式，即：滩地绿洲高产核心——软梁沙地半人工草地与低矮沙丘、沙地林果灌草地——硬梁地与大沙丘及半固定沙丘、流动沙丘防护放牧灌草地，比例约为 1：3：6。

"三圈"相辅相成构成鄂尔多斯沙地草地区可持续发展的退化土地治理优化生态—经济管理与生产模式。在此基础上引进高产优质作物、牧草、林果等新品种，采取一系列高效节水灌溉技术、径流集水与保水技术等节水农牧业措施、开发优质种苗的快速繁殖技术，并形成"三圈"综合模式的专家管理与咨询系统，指导区域的退化土地治理工作。此模式为区域性荒漠化防治圈的形式，单个地理单元、小流域或绿洲的荒漠化防治、生态建设均可按本系统特征形成"三圈"防护体系。

"三圈"模式可作为一个基本的景观—区域性复合农林牧系统的规划布局。各类土地合理的分配比例应根据规划人工草地和饲料地、半人工草地与天然草地的均衡载畜量和合理放牧强度与适当的畜群数量以及农作物与林地、果园等的适当搭配进行确定。但必须以未来不超过环境负荷量并留有余地为原则。其发展方向应逐步扩大综合农林牧系统的产业化，以促进毛乌素沙地生态经济整体上良性循环与持续发展。

1. 滩地绿洲高产核心——高效农、林、果、牧、药体系（第 1 圈）

在浅层地下水资源较为丰富、土壤相对肥沃、生态条件相对优越的中心滩地，建立集约经营的、高投入高效益的农、林、果、牧、药基地，引种高产作物、牧草、经济植物、使用微喷、中喷、滴灌等节水灌溉技术，采用组织培养、温棚进行良种的快速繁殖与集约栽培，把滩地建成农业高技术发展与产业化经济密集区。建成外围防护林带、果树带、高效农、牧业及中草药体系，实现资源立体利用和提高地力的目标。其中有合理配置的农林牧副业，如：各种粮食与经济作物的种植业，果树、人工饲料地与草地、防护林网，以及园林绿化等。因此，绿洲高投入高产出的各类农林牧产品养育供应着当地人类社会的生活与生产。

2. 软梁沙地半人工草地与低矮沙丘、沙地林果草园——径流园经济园（第 2 圈）

环绕滩地的软沙梁沙地与低缓沙丘区是滩地绿洲中心与外围灌木防护区的过渡带，生境条件相对较好，可发展经济林与半人工草地，对绿洲有重要的缓冲与屏障作用。在此区域建立依靠天然降水的径流经济园，其作用一是构成高效生态经济复合系统的第2层防护体系，二是提供高经济价值的产品，防护与经济效益并重。

试验国内外先进的径流集水技术，并配以保水剂、地表硬化剂等新材料，遵循水分平衡原则，选择高效益的树种，建立经济与生态效益并重的复合系统，并作为滩地农业区的第1层防护体系。根据条件在地表已固化能产生径流区域稍加处理，配合带状种植，进行半人工径流经济园示范实验；在地表松散的区域则要采取人工措施，进行地表处理，产生径流，并根据降雨分配模式确定林木所需的径流面积，或采用滴灌等节水灌溉措施，配以保水材料，维持林木的生长。此区域主要以高经济价值的林木为主，辅以一定量的半人工草地，维持水分及营养物质的平衡。

3．硬梁地与高大沙丘及半固定沙丘、流动沙丘防护放牧灌草地（第3圈）

在第2圈外部条件较恶劣的高大沙丘区与硬梁地建立灌草封育恢复区防护体系，形成内、外两圈的防护体系，主要起防风固沙作用，在人工促进天然恢复后，必要时还可作为适度轮牧区加以利用。

高效农牧区生产的粮食、牧草与经济作物可高质量地满足当地人民的生活需要，径流园区产生的经济效益进一步增加群众的收入，而外围封育恢复区则可大面积抑制荒漠化的发生和发展，建设秀美的环境。封育恢复区、径流园区及高效农牧区的最适种植覆盖度分别为45%、65%、75%。

（三）适宜推广范围

适宜在半干旱中温带内蒙古毛乌素沙地造林小区推广。其综合利用的发展思路可广泛应用于我国西北干旱半干旱地区的环境建设与经济开发中，具有广阔的应用前景。

（四）模式成效与评价

此项模式已被当地农牧民接受，他们已按"三圈"模式进行生产活动，在条件较好的滩地，通过建设灌溉设施、有效的防护林网，进行农牧业生产活动，而外围大面积沙荒地，则控制利用强度，促进植被恢复，是对"三圈"模式的简化运用，取得了较大的经济与社会效益。实践证明"三圈"模式既可维持当地人民高质量的生活，又可使大量退化土地得以休养生息，逐步恢复其应有的景观类型。

"三圈"模式确保使用权的长期稳定性，激发了农牧民向土地投入的热情，摆脱了过去广种薄收、以多取胜、效益低下的经营方式，调整了生产结构，缓解了沙区农与林、林与牧、畜与草的矛盾，使沙区的农、牧、林各业得以协调发展，并为沙区各业生产进入集约化经营和良性循环打下了基础。

● 模式 3　毛乌素沙地丘间低地植物固沙模式

（一）自然地理概况

模式来源于内蒙古自治区乌审旗，模式实施区气候干旱，光照充足，年降水量在 350mm 以上。毛乌素沙地的丘间低地，地势低洼，土壤以风沙土和栗钙土为主，水分条件较好，土壤较为肥沃。主要灾害为风蚀、沙埋。

（二）技术要点

利用毛乌素沙地丘间低地地下水位高，有利于植物成活生长的优势，栽植灌木和乔木，或乔灌结合、乔灌草结合，迅速有效地固定流沙。

1．灌木

选择沙柳成带扦插，插条长 50cm。每带由 2 行组成，行距 1.0m，株距 0.5m。为了防止沙埋，沙柳带不能紧靠落沙坡脚，应空留出一段距离。依据沙丘移动速度，高度在 3m 以内的沙丘移动较快，春季造林宜空留出 6～7m，秋季造林易空留出 10～11m；3～7m 高的中型沙丘，春季造林空留出 3～4m，秋季造林空留出 7～8m。沙柳只要沙埋不过顶，则越埋生长越旺。

2．乔木林

选择旱柳、河北杨、新疆杨、樟子松等。株行距为 2.0m×3.0m。栽植初期，幼树林冠小，林木覆盖度低，防风固沙作用不显著，本身会受一定风蚀。随着树木的生长，林木覆盖率的增加，防风固沙能力明显增强。

3．乔灌混交林

选择旱柳、河北杨、新疆杨、樟子松、沙柳等。灌木能迅速有效地固定流沙，保护乔木免受风沙危害。乔木与沙柳混交效果较好，一般是一条沙柳带和几行乔木混交，乔木行与沙柳带之间的距离为 2.0～4.0m，乔木株距 2.0m；沙柳带之间的距离为 16～24m。

4．乔灌草结合治沙

第 1 年秋季栽植 2～3 行活沙蒿，一般到翌年春沙蒿的背风面就形成数米宽的平坦地。第 2 年秋季在新形成的平坦地第 2 次栽植沙蒿，逐年实施 3～4 年，一座沙丘即可被拉平、固定。靠近沙蒿一侧先栽沙柳，提高固沙效果，丘间低地同时栽植旱柳，播种草木犀。

（三）适宜推广范围

本模式适宜在半干旱中温带内蒙古毛乌素沙地造林小区，也可在库布齐沙漠东段推广。

（四）模式成效与评价

采用此模式，不但可以固定流沙，生态效益明显，而且营造的沙柳是当地沙柳刨花板的工业原料，是当地牧民致富的有效资源。旱柳采取乔木头状作业经营，提供当地农用小径材。

十三、半干旱中温带土默特平原造林小区

● 土默特平原山前洪积扇经济林带模式

（一）自然地理概况

模式来源于内蒙古自治区土默特平原山前洪积扇区域。模式实施区北靠大青山，南临土默特平原，背风向阳，热量丰富。地貌为山前洪积冲积与山麓洪积平原类型，气候属大陆性半干旱气候，年平均气温 5～7.8℃，≥10℃积温2700～3400℃，无霜期150～160天，降水量350～400mm。土壤为平原冲积土，较为深厚肥沃，地形较为平坦，有灌溉条件，适宜发展经济林。

（二）技术要点

1. 立地选择

立地选择在背风向阳、地势平坦、土壤深厚肥沃、有灌溉条件的地方。

2. 品种

苹果品种为123、矮化123、沈农2号、元帅、甜黄奎、黄太平等；梨品种为八月红、苹果梨等；李品种为秋红等；葡萄品种为玫瑰香等；杏品种为金杏、骆驼黄、桃杏、崂山红、银香白、鸟蛋杏等。

3. 苗木

2年生嫁接苗，栽前修根、浸水、蘸浆。

4. 整地

造林前一年夏、秋穴状整地，整地规格为直径0.8～1.0m，深0.8～1.0m，回填表土0.2～0.4m。

5. 栽植密度

栽植密度为30～80株/亩，株距2～4m，行距3～6m。

6．建园

建园时间为 4 月中下旬，栽植前坑内施基肥，每穴 15～20kg，按土、肥 2：1 混拌后施入。采用"三埋两踩一提苗"的方法栽植，栽植深度以高出嫁接口 2～3cm 为准，栽后灌足水，水下渗后覆土保墒或封坑。苹果梨按 5：1 配置，授粉树品种为锦丰梨或早酥梨；蒙富苹果按 4：1 配置，授粉树品种为宁丰苹果；秋红李以 8：1 或 6：1 配置，长李或绥棱李作为授粉树。

7．抚育管理

①定干、除萌：苗木定植后定干，定干高度为 70～80cm，剪口芽留迎风面（西北方向），并用油漆涂抹切口。苗木成活后对砧木发出的萌蘖枝随见随除，以避免水分养分的消耗。

②灌水、除草：采用微喷、滴灌等节水灌溉技术，禁用漫灌。定植当年坑穴浇灌 3～5 次，灌后松土除草。

③压干、摘心：为促进发芽抽枝，可剪去苗干地面 20～30cm 以上部分。每年 8 月下旬至 9 月上旬对新梢摘心，控制生长。

④防虫：果树主要虫害是天幕毛虫等食叶害虫，一般喷洒敌杀死、敌百虫等药剂防治。

⑤间作套种：为改善肥力，增加收益，可间种豆类、薯类、瓜类、油料等低秆作物或豆科牧草。

⑥施肥：每年追施磷二铵复合肥 1～3 次。幼树 0.2kg/ 株，结果树 0.5～1.0kg/ 株。环树盘沟施或穴施，深度 5cm 左右，施后浇水。时间 5～7 月。

有机肥隔年深施，幼树 10kg/ 株，结果树 25～30kg/ 株。环状开沟施肥，在树冠投影外围挖 30～40cm 宽的汰，深度略深于根系分布层，与表土混合施入，秋季果实采收后施肥。

8．新技术应用

①根系处理：栽植时应用 ABT 生根粉或生根保水剂蘸根处理。

②伤口保护：采用陕西杨凌农药化工有限公司生产的果树伤口愈合剂——树康，代替油漆，对保护剪口，防治苹果腐烂病，李树流胶病，效果良好。

③塑料套：金龟子危害严重地区，苗木定干后用宽 7～10cm 的塑料套套住整形带，防止危害，减少水分蒸发。

④树盘覆膜：苗木灌水后，在树盘内覆膜，可起到保水、增温、灭草的作用。

⑤涂防啃剂：采用巴彦淖尔市林业处或包头黄河林木保护剂厂生产的防啃剂防治鼠兔害或有牲畜啃食树皮。

⑥喷施稀土肥料：6~7月叶面喷施包头市金稀土生物应用有限公司生产的金稀土牌农用稀土。

（三）适宜推广范围

适宜于半干旱中温带土默特平原造林小区，也可在河套平原、辽嫩平原参考推广。

（四）模式成效与评价

山前冲积扇现有水源条件——水库、截伏流、深水井等现已初具规模，水质良好，为果树经济林建设提供了可靠的灌溉保障。昼夜温差大，宜于果类的糖分积累。目前已在大青山山前地区形成具有地方特色的果树产业及加工业带。

十四、半干旱中温带锡林郭勒高平原造林小区

● 锡林郭勒高平原混交造林模式

（一）自然地理概况

模式来源于内蒙古自治区西乌珠穆沁旗。模式实施区海拔1000~1300m。年降水量342.8mm，年蒸发量1800mm，年均气温1℃，极端最高气温38℃，极端最低气温−37.5℃。无霜期106天，年有效积温2100℃，年均风速4.3m/s，8级以上大风日数68天。

（二）技术要点

1. 树种

针叶树以落叶松、樟子松为主；阔叶树为杨树、榆树；灌木为山杏、柠条等。

2. 苗木

针叶树用2~3年生移植苗，苗高15cm以上，地径0.5cm以上的优良苗木；阔叶树采用大苗平均高1.5~2m。

3. 整地

提前一年整地。丘陵和平缓造林地采用机械开沟整地，沟深45~50cm，上口宽110~120cm，沟底宽20~30cm。缓坡水平沟整地，规格为沟长300cm，上口宽80cm、底宽50cm、深60cm。陡坡鱼鳞坑整地，规格为长径100cm、短径80cm、深60cm，在坑的下沿筑30cm高、50cm宽的拦水埝。

4. 苗木处理

阔叶树苗木，起苗前要灌足底水，随起苗随用湿土埋好苗根，假植时要深埋、

灌水，出圃要蘸浆打包。苗木运到造林地后有条件的地方全株用活水、清水浸泡 48h 以上，或大坑深埋 2/3 以上，灌足水，两天后栽植。针叶树苗，选择背风背阴处挖宽 1.2m、深 0.5～0.7m 的储苗沟，将苗包横放沟内，灌足水后覆土 10～15cm，随用随取，苗木桶内不离水。造林前也可用浓度 250～500mg/L 的 ABT 生根粉处理根系。

5．栽植

采用坑内坑栽植，即在提前挖好的大坑内再挖坑植苗，回填湿土，分层踏实。人工修整树盘成外高内低型。

阔叶树株行距 2m×4m、3m×3m；针叶树株行距 1.5m×4m、1m×3m；直播灌木，株行距 2m×4m。

①樟子松裸根苗：整地沟内人工开挖 25cm×25cm×25cm 的种植穴，投苗入坑，回填上层熟土，埋至原土痕以二 5cm，踩实。

②容器苗：保持容器土球完整，不散不裂，根系不断裂、不窝根。栽前回填表土 10～15cm，再投苗入坑，撒掉容器袋，沿坑壁四周回填土，依次踏实。

③柠条：穴状点播，株行距 2m×4m。种植穴深 4～5cm，长宽各 20cm，每穴 15 粒种子，覆土 2cm，稍加镇压。播种量为每亩 0.5kg。柠条直播在 5 月底 6 月初雨季进行，关键是抢墒浅播。

6．覆膜

选用农用地膜，40cm 见方，元分枝的直干苗木，在地膜的中心打一个 2cm 的小孔；有分枝或针叶苗木（如樟子松），在一侧沿中线开缝。覆盖地膜，用土压实四边。

7．抚育管护

及时松土除草，封禁管护，专人巡查。

（三）适宜推广范围

适宜于乌珠穆沁波状高平原中盆地、干河谷、低洼地，也可在科尔沁沙地小区、呼伦贝尔高平原小区、毛乌素沙地、浑善达克沙地、辽西北沙地小区、松嫩平原风沙小区等北方风蚀沙化、水土流失严重的荒坡地推广。

（四）模式成效与评价

模式有效提高造林成活率，遏制土地沙化、退化，改善旱区小气候，降低风沙对人民群众生产生活的影响，逐步改善项目区农牧民的人居环境，促进了群众经济增收（图 95）。

图 95　治理前后对比

十五、半干旱中温带阴山北麓丘陵造林小区

● **模式1　阴山中部丘陵山地抗旱造林模式**（图 96）

（一）自然地理概况

模式来源于内蒙古自治区兴和县。模式实施区地处乌兰察布高原南端，为浅山丘陵地貌，属于中温带大陆性半干旱气候，平均气温 4.2℃，无霜期 119 天，年均降水量 400mm。治理前草场退化，植被稀少，土地风蚀沙化，对周边农田草地构成严重威胁。

（二）技术要点

1．树种

甘蒙霸王、互叶醉鱼草、蒙古莸、蒙古扁桃等灌木。

2．苗木

1 年生容器苗。

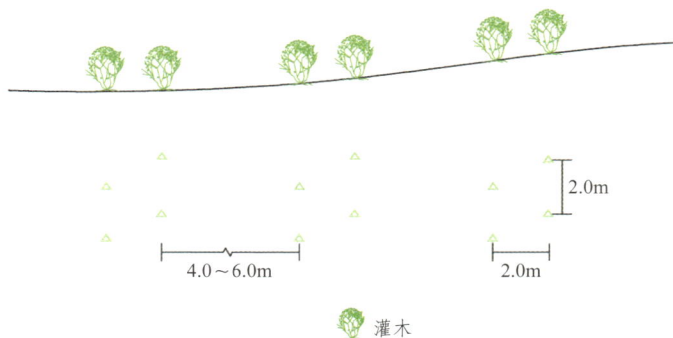

2.0m

4.0～6.0m　　　2.0m

🌿 灌木

图 96　阴山中部丘陵山地抗旱造林模式

3．整地

采用大坑整地和鱼鳞坑整地。

4．造林配置

2 行 1 带，株行距 2.0m×2.0m，带间距 4.0～6.0m。

5．栽植

雨季栽植。栽植时，将容器苗去掉容器袋放入穴内，沿穴壁四周回填踏实并低于地表 20cm，以利储水。栽植中保护好土坨，避免散坨伤根。

6．抚育管理

造林后及时中耕除草，围栏封育禁牧，避免牛羊破坏。

（三）适宜推广范围

适宜于半干旱中温带阴山北麓丘陵造林小区农牧交错带植被恢复，也可推广到山地丘陵和退化草地的水土保持杯和防风固沙林。

（四）模式成效与评价

甘蒙霸王、互叶醉鱼草、蒙古莸、蒙古扁桃等灌木耐旱、耐寒，抗逆性强，耐啃、抗风割和抗病虫害，其造林成活率和保存率比其他树种高 10～20 个百分点，同时增加了生态公益林树种结构的多样性，提高了防护效益，延长了防护周期（图 97）。

图 97　治理前后对比

● 模式 2　阴山北部林草（药）复合经营模式（图 98）

（一）自然地理概况

模式来源于内蒙古自治区阴山北麓，模式实施区年均气温 1.3～3.5℃，≥10℃年积温 1800～2200℃，无霜期 90～120 天，年均降水量 200～400mm，干旱频率为

50%～75%，年均风速 3～5m/s，≥ 8 级年大风日数 45～84 天。土地利用强度较大，风蚀沙化、水土流失严重。

（二）技术要点

1．树种

树种选择粗枝青杨、小叶杨、小黑杨、二青杨、白榆，山杏等；草种选择紫花苜蓿和麻黄。

2．苗木

杨、柳"三根二干"插条苗，100mg/L 浓度生根粉浸泡 6h。白榆 3 年实生苗，灌木 2 年生容器苗。

3．整地

提前一年机械开沟压青整地，上口宽 40cm，深 40cm。草、药春季带状整地，深度为 20～30cm，耙磨、镇压。

4．配置方式

乔灌混交林带结构为乔木 2 行，株行距 2.0m×3.0m，带间距 100m，灌木 4～10 行，株行距 2.0m×2.0m，宽度 8～20m，种草带 20～40m，种药带 20～40m。

5．造林

春、秋季人工植苗。杨、柳、榆栽植穴直径 50cm，深 50cm，山杏栽植穴直径 30cm，深 30cm。投苗入坑，人工浇水，杨树 50kg/ 穴，山杏 30kg/ 穴，填土搅拌成泥糊，回填踏实，杨柳覆土至原土痕以上 5cm，山杏 2cm。树盘锅底形覆膜。春季条播紫花苜蓿 7.5～15kg/hm^2，麻黄 45～60kg/hm^2。

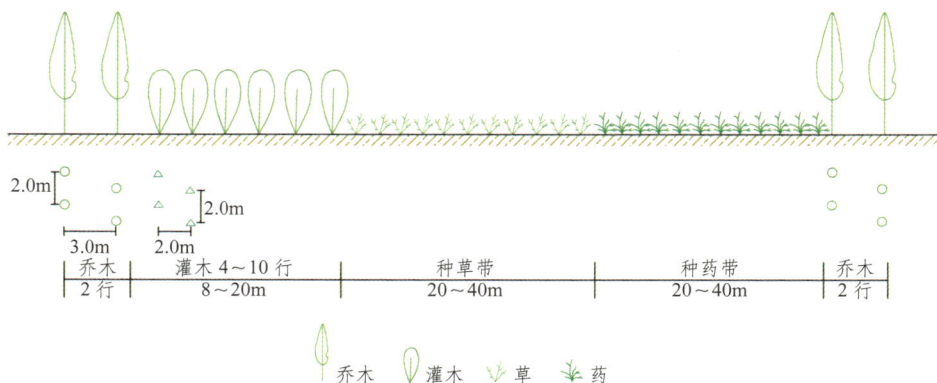

图98　阴山北部林草（药）复合经营模式

（三）适宜推广范围

适宜于半干旱中温带阴山北麓丘陵造林小区地形平缓，土层深厚的区域，也可在条件相似的沙地、平原和山地丘陵区推广，最适宜在大面积平原地区作业。

（四）模式成效与评价

通过营造林、草、药复合造林模式，使当地的生态环境得到改善，遏制了土地沙化趋势（图99）。

图 99　治理前后对比

十六、半干旱中温带燕山北麓山地黄土丘陵造林小区

● 模式 1　燕山北麓山地丘陵生态经济沟模式（图100）

（一）自然地理概况

模式来源于内蒙古自治区赤峰市松山区。模式实施区属典型的山地黄土丘陵区，中温带半干旱气候，坡面较平缓，坡度为 5°～20°，地势起伏不大，黄土土层深厚，达 40～80cm，水土流失严重，旱灾、雹灾频繁。

（二）技术要点

发展以林果业为主，林、农、牧相结合，多林种、多树种、多层次的立体生态经济型林业。

1．地点选择

适宜林木和农作物生长的立地；劳力充足，交通方便，易于管理；靠近水源，有蓄引水工程或便于修建水利设施。

2．总体布局

从山顶到沟底根据不同的地形部位采取不同的整地方法，科学配置林种、树种。山上"两松"戴帽，山中"三杏"缠腰，山脚苹果、梨、桃，沟中杨、柳、榆护岸。林间间种牧草、瓜药。山顶鱼鳞坑栽植油松、樟子松；山坡中部水平沟或反坡梯田，栽植山杏、家杏、大扁杏；山脚、沟边挖畦田栽植苹果、梨、桃、李、枣；林间种植草、药；沟道栽植杨、柳、榆。

3．造林技术

①树种：针叶树为油松、樟子松，阔叶树为杨、柳、榆、山杏，经济树种为大扁杏，苹果、梨、桃、李、枣等。

②整地：鱼鳞坑整地规格为 1.0m×0.8m×0.5m；水平沟整地规格为 2m×

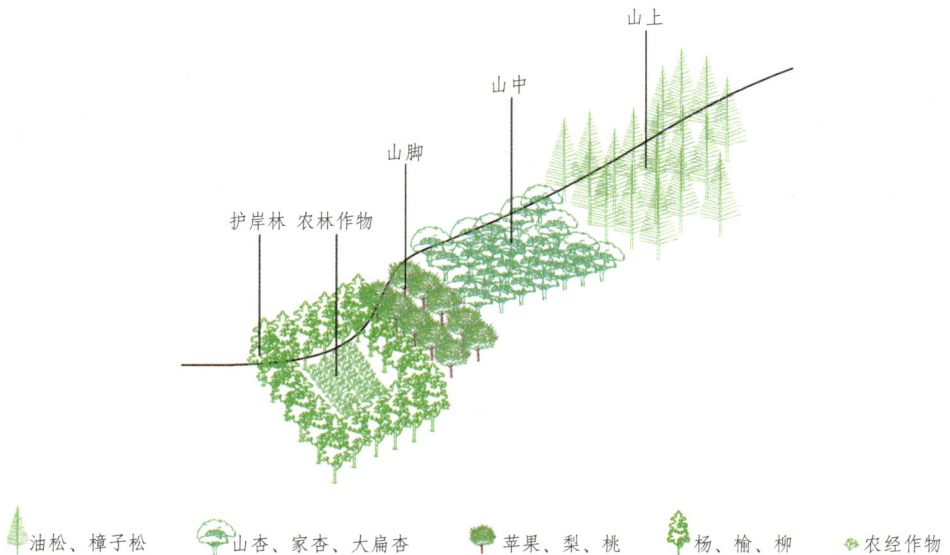

图 100　燕山北麓山地丘陵生态经济沟模式

0.8m×0.6m；反坡梯田田面宽2m。

③造林密度：油松、樟子松、山杏株行距为2m×3m，果树株行距为3m×5m，杨、柳、榆株行距为3m×5m。造林密度44～111株/亩。

④抗旱造林：对各项抗旱造林技术进行综合配套应用。采用ABT生根粉、保水剂、稀土、容器苗、覆膜、坐水等单项林业抗旱造林新技术进行组装套应用。推广旱作栽培技术和适用增产技术以及农业标准化和模式化。

⑤抚育管理：主要抚育措施有补植、修枝定干、整形修剪、松土除草、浇水施肥、防治病虫害等，同时要加强对间种作物的田间管理。通过抚育管理，促进幼林生长，果树提早结果，间作农作物丰产增收。

（三）适宜推广范围

适宜于半干旱中温带燕山北麓山地黄土丘陵造林小区，也可在大兴安岭东南丘陵区、阴山山地的东段，以及黄土高原丘陵沟壑区推广。

（四）模式成效与评价

经过十余年的建设，项目区已完成治理面积7.2万亩，其中营造林6万亩，环山作业路7.5km，林间作业路30km，绿化道路35km，修塘坝9座，可蓄水20万m^3；建永久蓄水池4处，容量2500m^3，铺设引水爬坡管道6340延米。生态效益、经济效益、社会效益显著。一是加快了山区造林绿化的步伐，生态环境明显改善，该流域森林覆盖率由16%提高到83%，水土流失得到有效治理。二是当地农民经济收入显著增加，累计领取退耕还林补助款5000多万元，林副产品每年平均收入均达到600余万元。三是综合生产能力明显提高，粮食单产由过去不足100kg提高到现在的400kg多（图101）。

图101　松山区龙潭山区治理后山地植被

● 模式2　内蒙古东部牧场防护林模式（图102）

（一）自然地理概况

模式来源于内蒙古自治区赤峰市敖汉旗的黄羊洼地区，模式实施区年降水量350cm左右，年蒸发量2400～2600mm，年均气温4.9～7.5℃，年积温2700～3200℃，无霜期130～140天。土壤为栗钙土或风沙土，土层比较厚，有机质含量比较低，地下水资源比较丰富，埋藏深度在2～10m，在甸子区为1～2m。长年的放牧、耕种，使得原生植被遭到破坏，土地沙化、荒漠化问题十分突出。

（二）技术要点

1．林网设计

采用宽林带、小网格设计，网格规格为500m×500m和400m×400m，主副林带宽均为50m，主林带与主风方向垂直，副林带与主林带垂直。

2．树种

主要有哲林4号杨、黑林1号杨、小黑杨、白榆、樟子松、沙棘、小叶锦鸡儿、杨柴、山杏等。

3．苗木

杨树1年生插条苗，苗高1.5m、地径0.8cm，樟子松2～3年生移植苗，苗高15cm、地径0.4cm以上。

4．配置

水分条件好的地段栽植杨树，或在林带的两侧栽植1行灌木；水分条件差的

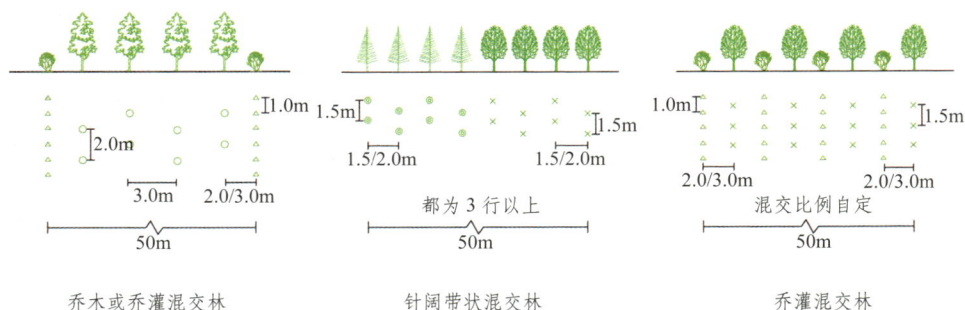

乔木或乔灌混交林　　　　针阔带状混交林　　　　乔灌混交林

图102　内蒙古东部牧场防护林模式

地段栽植白榆 × 樟子松带状混交林带，或樟子松（白榆）× 灌木行间混交。

5．造林密度

杨树为 2.0m×3.0m，榆树和樟子松为 1.5m×2.0m 或 2.0m×2.0m，灌木为 1.0m×2.0m 或 1.0m×3.0m。

6．整地

提前一年雨季机械开沟整地或带状整地，机械开沟深 40～50cm，带状整地 1.5～2.0m。

7．栽植

采用综合抗旱造林配套技术。深栽，杨树埋深超过根径 15cm，针叶树超过 7cm。湿土回填，分层踩实，在苗木根部培土堆，杨树培土高 30～40cm，针叶树培土高为苗高的 1/2。

（三）适宜推广范围

适宜于半干旱中温带燕山北麓山地黄土丘陵造林小区，也可在科尔沁草原、锡林郭勒草原等牧场防护林建设中推广应用。

（四）模式成效与评价

黄羊洼草场共营造跨场连乡牧场防护林 3390hm²，形成网眼 877 个，保护草场 3 万 hm²。据测定，该工程建成后，林网草层高度平均提高了 15cm，产草量提高 40%，植被盖度及优质牧草比重也有明显提高。

十七、半干旱中温带辽西北沙地造林小区

● 模式 1　辽西北沙地松树山杏混交模式（图 103）

（一）自然地理概况

模式来源于辽宁省康平县。模式实施区地处辽宁省最北部辽河流域，年均气温 6.9℃，年均日照时数 2867.8h，10℃ 以上积温在 3283.3℃，无霜期 150 天左右。春季干旱少雨，年降水量约 400mm，地势平缓，风沙比较大，地下水相对丰富。

（二）技术要点

1．容器育苗

采用 13cm×15cm 容器杯育苗。

2．营养土

营养土主要成分为森林土、耕作土、生黄土等，配加一定的腐熟厩肥、堆肥以及过磷酸钙、硫酸钾、碳氨等化肥。营养土消毒一是用 0.5% 的高锰酸钾溶

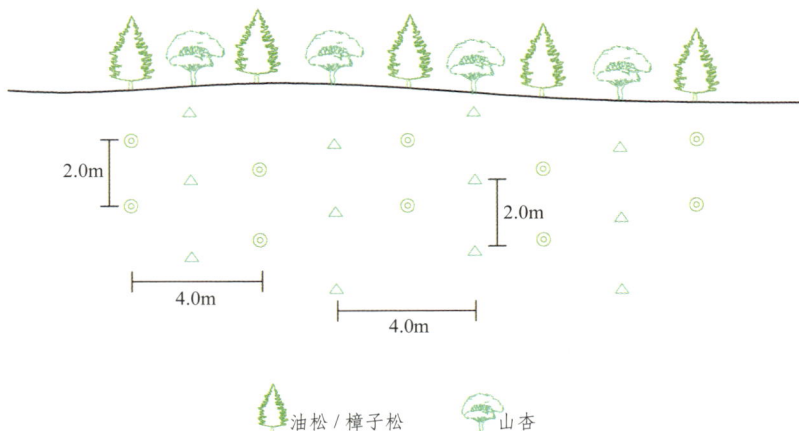

图103　辽西北沙地松树、山杏混交模式

液，每100kg营养土喷洒5kg；二是用2%的硫酸亚铁溶液，每100kg营养土喷洒10kg；三是用0.15%的福尔马林溶液，每100kg营养土喷洒10kg。

3．种子消毒

用0.5%的高锰酸钾溶液浸种2h，或3%的高锰酸钾溶液浸种半小时。每杯播种3～5粒种子，种子集中、平放，不要重叠，播种后及时覆盖。覆盖材料以透气性好、不易板结的森林土、细沙土等为好。

4．起苗运输

造林前一周对圃地浇水一次，增加苗木容器杯内土壤湿度，保持容器杯紧密性不致松散，起苗、运输时不要挤压，要确保营养土团完整无损。

5．栽植

油松（樟子松）株行距2.0m×4.0m，中间栽一行山杏。栽植穴深度30cm，穴内浇水2～3kg，坐水栽植，填土踏实，坑面覆土、覆膜或秸秆、草、沙石等，保墒增温，抑制杂草。

6．抚育管理

造林后加强管护，及时除草、防治病虫害。

（三）适宜推广范围

适宜于半干旱中温带辽西北沙地造林小区，也可在辽西北丘陵小区、松辽风沙土小区、松嫩平原风沙小区、陕北毛乌素沙地小区、宁夏毛乌素沙地小区、科尔沁沙地小区、浑善达克沙地小区、呼伦贝尔高平原小区、阴山东段山地小区、大兴安岭南部山地小区推广。

（四）模式成效与评价

本模式充分利用山杏根系发达、抗旱、易活等特点，为喜阴的油松苗提供有效生长环境，成活率高，针阔混交，抗逆性强。造林后成林早，防风固沙效果好，有绿化美化的作用（图104）。

图104　辽西北沙地樟子松混交林

● 模式2　辽宁科尔沁沙地赤松造林模式（图105）

（一）自然地理概况

模式来源于辽宁省彰武县。模式实施区位于科尔沁沙地南部，属于东北平原、内蒙古高原与辽河平原的过渡地带。平均海拔59.3～313.1m。属于季风大陆性气候，四季分明，雨热同季，光照充足，昼夜温差大，春季风大且多，寒冷期长，年平均气温7.2℃，平均风速3.8m/s，平均无霜期156天。由于长期不合理的人为活动，破坏了当地的生态环境，沙漠南移形成了大面积沙质荒漠化土地，严重威胁当地群众的生产生活。

（二）技术要点

1．树种

赤松。

2．苗木

选用3～4年生赤松容器苗。

3．整地

春季造林，提前一年秋季整地，为避免风蚀采用窄带状整地，带宽60～100cm，深15cm。整地带之间保留等宽的原生植被，采伐迹地可使用链轨拖拉

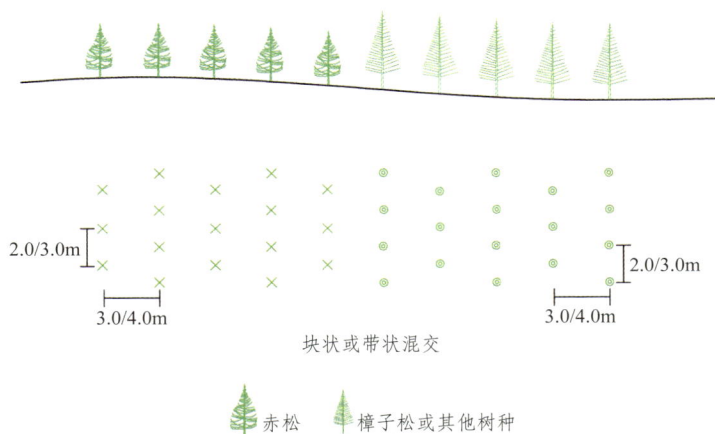

块状或带状混交

赤松　　樟子松或其他树种

图 105　辽宁科尔沁沙地赤松造林模式

机开沟整地，既能切根，又能松土集水保墒。

4．造林密度

根据立地情况，株行距采用 2.0m×3.0m、2.0m×4.0m 或 3.0m×3.0m 等，造林密度 74～111 株／亩。

5．造林

春季造林，赤松与樟子松或其他树种块状或带状混交。

6．抚育管理

专人管护，3 年内每年 5～8 月中耕除草 2～3 次，除草宽度 60～80cm，深 3～5cm。第 1 年在土壤冻结前将小松树用土埋起来，翌年早春从土中扒出，以防幼树被风沙抽打及动物危害。

（三）适宜推广范围

适宜于半干旱中温带辽西北沙地造林小区以及立地条件类似的退化土地治理和黄土高原地区造林绿化。

（四）模式成效与评价

辽宁省固沙造林研究所 1965 年引种赤松，沙地造林成功并表现出良好的适应性，经多年观测赤松林无明显病虫害，抗逆性、光合特性等指标甚至优于樟子松林。在章古台沙地上，赤松的数量成熟龄可达到 58 年，比樟子松长 12～13 年。赤松沙地上天然更新能力较强，具有一定的生态稳定性，能形成复层异龄林，使林分结构和功能不断优化。

在流动沙地推广模式时，需要采用工程措施或生物措施，使流动沙地得以固定。为巩固造林成效，需加强造林地的后期管理，杜绝重造轻管，增加抚育资金，加强抚育力度，设专人对造林地块进行管护，进行病、虫危害的防治，架设固定围栏以防止人畜对幼林地造成损害（图106）。

图106　彰武县章古台镇章古台村治理前后对比

十八、半干旱中温带辽西北低山造林小区

● 辽西北半干旱石质低山容器袋客土模式（图107）

（一）自然地理概况

模式来源于辽宁省建平县。模式实施区地处建平县北部，燕山山脉向辽沈平原的过渡地带，属北温带海洋性季风气候向大陆性气候过渡区。雨热同季，年均气温7.6℃，年均日照时数2850～2950h，无霜期120～155天。春秋两季多风易旱，风力一般2～3级，冬季盛行西北风，风力较强。

项目区为石质山地，岩石裸露，土层薄，植被稀疏，水土流失严重，科尔沁风沙南侵，对当地农田和群众生产生活构成严重威胁。

（二）技术要点

1．树种与布局

①石质山顶部，土层厚度≤25cm地段，营造柠条灌木林；土层厚度≥25cm地段，营造油松、沙棘乔灌混交林或沙棘、柠条灌木林。②石质山阳坡，营造侧柏混交林，混交树种选择山杏、沙棘、柠条等。③石质山阴坡，营造油松（樟子松、侧柏）和胡枝子、沙棘乔灌混交林。土壤瘠薄地段，营造柠条、沙棘灌木林。

2．苗木

2年实生苗。

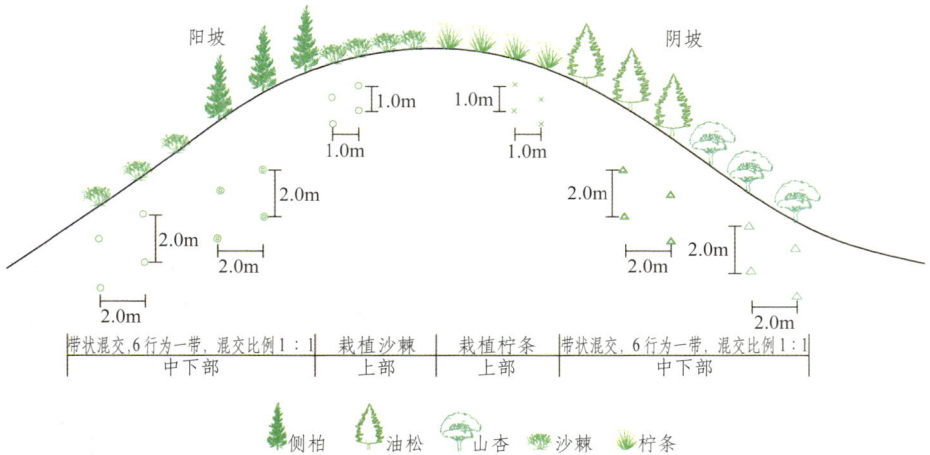

阳坡　　　　　　　　　　　阴坡

| 带状混交,6行为一带,混交比例1:1 | 栽植沙棘 | 栽植柠条 | 带状混交,6行为一带,混交比例1:1 |
| 中下部 | 上部 | 上部 | 中下部 |

侧柏　　油松　　山杏　　沙棘　　柠条

图 107　辽西北半干旱石质低山容器袋客土模式

3.整地

提前一年整地，25°以下地块采用水平沟整地，规格为上口宽 0.5~1.0m，沟底宽 0.3m，沟深 0.4~0.6m；大于 25°的地块采用鱼鳞坑整地，规格为 0.8m×0.5m×0.4m；水土流失严重的地块采用水平阶整地，规格为 0.5m×3.0m。

4.大容器袋苗

采用大规格聚乙烯塑料袋，装填壤土、保水剂、生根剂等，将苗木移植袋内。油松、樟子松、侧柏选择 20cm×30cm 容器袋；沙棘、柠条、山杏、胡枝子选择 30cm×35cm 容器袋。装袋时二人一组，一人撑袋、植苗，一人装土、保水剂、浇水，第一次装土 30%，浇水混匀，静置 30min 后，再次装土至 80%，浇透水紧靠排列。2~3 天后，可搬运容器带苗用于栽植。

5.造林配置

阳坡上部栽植沙棘，株行距 1.0m×1.0m；中下部侧柏、沙棘带状混交，6 行 1 带，混交比例 1:1，株行距 2.0m×2.0m；阴坡上部栽植柠条，株行距 1.0m×1.0m；中下部油松、山杏带状混交，6 行 1 带，混交比例 1:1，株行距 2.0m×2.0m。

6.栽植

栽植时刀片划开袋底，投苗入坑，填土一半时，向上提袋 5~8cm，遮盖苗根，但不要盖严。踩压周边，禁止直接踩袋，防止踩成泥饼，致使苗木死亡。

7.抚育管理

除草管护，防止牛羊等破坏。

（三）适宜推广范围

适宜半干旱中温带辽西北低山造林小区，也可在冀北山地小区、燕山山地丘陵小区、阴山山地小区、太行山小区、中条山小区等石质、半石质山地推广。

（四）模式成效与评价

容器袋客土保水保墒，内含有保水剂和植物营养剂，有利于苗木生根发育，增强苗木抗逆性。造林成活率和保存率分布提高 20% 和 18%。使用客土袋一次浇足水后，可满足苗木水分供给，降低造林成本，每亩节省人工费 600 元（图 108）。

图 108　建平县热水畜牧农场热水村造林前后对比

十九、半干旱中温带辽西北丘陵造林小区

● 辽西北丘陵植苗袋节水造林模式（图 109）

（一）自然地理概况

模式来源于辽宁省朝阳县。模式实施区属于北温带大陆性季风气候，年平均气温 8.4℃，最高气温 40.9℃，最低气温 −31.1℃，无霜期 159 天，全年日照时数 2861.7h。全县年平均降水量 471mm，年平均蒸发量为 2822mm，是降水量的 6 倍，冬春干旱，风沙大，土壤严重缺水。

（二）技术要点

1. 植苗袋选择

聚乙烯塑料袋（以下简称植苗袋）分两种类型（图 110），Ⅰ型植苗袋用于 2 年生根系较大的苗木，如大枣、大扁杏等；Ⅱ型植苗袋用于 1 年生根系较小的苗木，如山杏、刺槐等。厚度为 10μm 的植苗袋效果最佳。

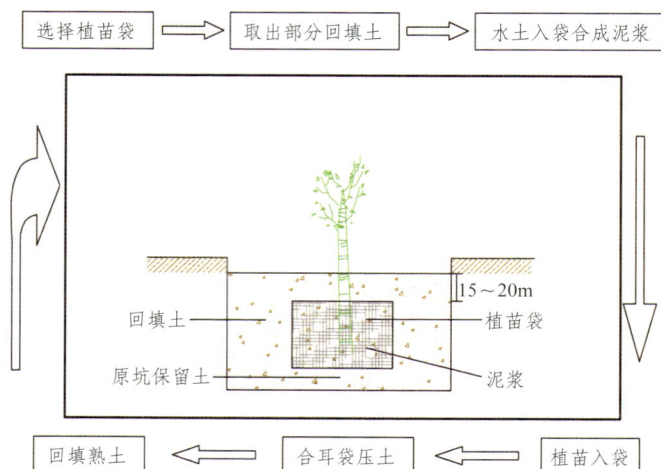

图 109　植苗袋节水造林模式

2．植苗袋水土配比

Ⅰ型植苗袋最佳水土配比为水 1.5kg，土 3.9kg；Ⅱ型植苗袋最佳水土配比为水 1.3kg，土 3.3kg。实际作业时，按照 3 锹土、2 舀水和成饱和泥浆。

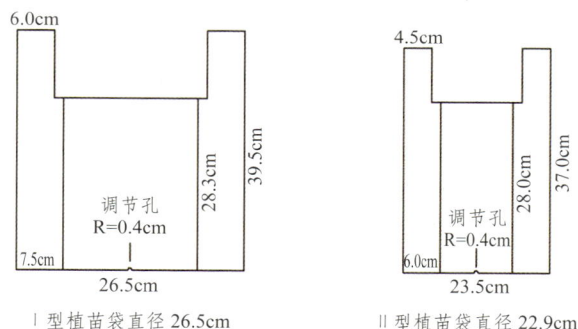

图 110　植苗袋类型

（三）适宜推广范围

适宜于半干旱中温带辽西北丘陵造林小区，也可在辽西北低山小区、燕山山地丘陵小区、阴山山地小区、冀北山地小区、太行山小区以及黄土高原丘陵沟壑小区推广。

（四）模式成效与评价

该模式生态林单株节水 11.2kg，经济林单株节水 23.5kg，每公顷可节水 20t，缓解了半干旱地区山区农村人畜饮用水和造林生产用水的矛盾，提高造林成活率，促进苗木生长（图 111）。

图 111　一般造林（左）和植苗袋节水造林（右）两年后的根系对比

二十、半干旱中温带松辽风沙土造林小区

● 模式 1　松嫩平原固定、半固定沙丘防风固沙林模式（图 112）

（一）自然地理概况

模式来源于吉林省西部松嫩平原沙地。模式实施区地貌以风蚀、风积和河流冲积的沙地为主，地形起伏较小，海拔 150～250m。沙丘多为复合聚集的固定沙地，沙丘与丘间低地相间分布，组成"坨子"和"甸子"地形。年降水量 350～500mm，年蒸发量 1300～2000mm。全年盛行西南风，平均风速 4.0～5.0m/s，最大风速 20～34m/s，全年 8 级以上大风天数为 30～60 天，大多集中在 3～5 月份。土壤为风沙土，通体细沙，养分含量小，保水保肥性差，易干旱风蚀。

（二）技术要点

1．树种

樟子松，白城 1、2 号杨，小黑杨，小青黑杨。

2．苗木

杨树 1 年生苗，地径大于 1.0cm；樟子松 3 年生移床苗。

3．整地

提前一年秋季机械带状整地，带宽 1.0m，深 30cm，深翻耙压平整。

4．造林密度

樟子松株行距 2.5m×3.0m，杨树株行距 2.0m×3.0m。

5．栽植

春季栽植，机械开沟，人工芟坑，覆土踏实。

株行距 2.5cm × 3.0cm

株行距 2.0cm × 3.0cm

图 112　松嫩平原固定、半固定沙丘防风固沙林模式

6．抚育管护

造林后及时培土、除草，抹芽定干。每隔 500m，设置宽 20～30m 的防火线。

（三）适宜推广范围

适宜于半干旱中温带松辽风沙土造林小区，也可在北方沙区固定、半固定沙地区推广应用。

（四）模式成效与评价

在固定、半固定沙坨子上营造防风固沙林，提高了植被覆盖率，遏制了土地的沙化，改善了生态环境，保护了小区农田与草场生态系统，促进了当地农牧业发展。

●模式 2　松嫩平原流动半流动沙地防风固沙林模式（图 113）

（一）自然地理概况

模式来源于吉林省通榆县。模式实施区地形起伏小，海拔 150～250m。土壤为风沙土，通体细沙，土壤贫瘠，在沙丘 5～10cm 以下水分条件较好，干旱年份含水量在 2.0% 左右。主要制约因素是风蚀和春旱。

（二）技术要点

1．树种

乔木选择白城杨、小青黑杨、小黑杨等，灌木选择黄柳、沙棘、四翅滨藜、胡枝子、柠条、荆条等。

2．布局

①在周围固定或半固定沙地上，营造与主风向垂直的阻风固沙林带。迎风面林带宽 30～50m，背风面林带宽 20～30m。株行距 1.0m × 3.0m 或 2.0m × 3.0m。

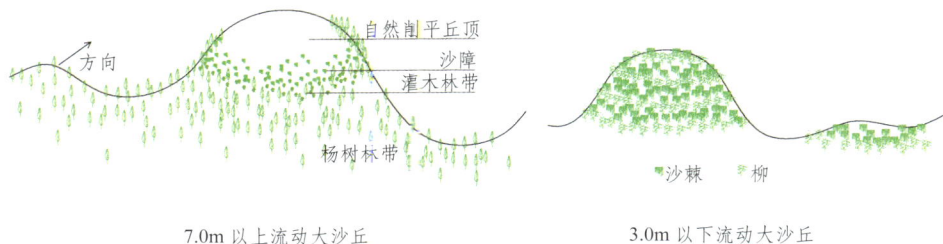

方向
自然削平丘顶
沙障
灌木林带
杨树林带

7.0m 以上流动大沙丘

沙棘　柳

3.0m 以下流动大沙丘

图 113　松嫩平原流动半流动沙地防风固沙林模式

②高度大于 7.0m 的流动沙丘，采用"前挡后拉"的方法，削平沙丘顶部后再全面固定。首先在沙丘的迎风面 1/2 或 2/3 处沿等高线设置 2～3 行沙障（沙障材料用粗 5cm 以上、长 1.0m 左右的杨树或柳树枝干，插入沙内 40～50cm，上部留 50cm），在沙障下边，等高营造黄柳、沙棘等灌木林带，林带宽 2.0～3.0m，株行距为 0.5m×1.0m，带间距为 2.0～3.0m。然后在沙丘背风坡脚处营造 3～5 行杨树林带，株行距为 1.0m×3.0m。空留丘顶让风力自然削平，待平缓后再进行固沙造林。

③高度在 3m 以下的小型半流动沙丘，不留丘顶，按等高线，由丘顶开始营造沙棘等灌木林带。林带宽 2.0～3.0m，株行距为 0.5m×1.0m，带间距 2.0～3.0m。待沙丘被灌木固定后，再营造乔木林。

（三）适宜推广范围

适宜于半干旱中温带松辽风沙土造林小区，也可在辽西北沙地小区、松辽风沙土小区、松嫩平原风沙小区、陕北毛乌素沙地小区、宁夏毛乌素沙地小区、科尔沁沙地小区、浑善达克沙地小区、呼伦贝尔高平原小区推广。

（四）模式成效与评价

短时间内固定流沙，使生态环境得到恢复，控制土地沙化，保护农田、房屋，减轻危害，促进农林牧良性发展。

二十一、半干旱中温带松辽栗钙土造林小区

●吉林西北部栗钙土造林模式

（一）自然地理概况

模式位于吉林省西部，气候属中温带干旱大陆性季风气候；年平均气温

7.6℃，≥10℃积温 2900～3300℃，无霜期 150～170 天；年降水量小于 400mm，年变幅较大，降水多集中在 7、8、9 三个月，占全年降水的 70% 左右，干燥度 2.0 以上。土壤为栗钙土（白干土）。

（二）技术要点

1．树种

樟子松。

2．整地

提前 2 年整地，小于 25° 的坡度采用穴状整地，25° 以上坡度沿等高线鱼鳞坑整地，"品"字形排列。整地规格深 80cm，长 1m。表土堆放一侧，挖透钙积层（30～50cm），放在另一侧，坑呈斗型，上口宽 2m，坑底宽 1m。雨季蓄积雨水，冬季积满冰雪。

3．造林

春季栽植樟子松容器苗，初植密度 833～1666 株 /hm²。回填表土，覆土保墒。

（三）适宜推广范围

适宜于半干旱中温带栗钙土小区，可在降水量 400mm 以下的栗钙土（白干土）地区推广。

（四）模式成效与评价

樟子松在栗钙土、白浆土、沙土、黑钙土上均能生长，适应性强，根系发达，是旱区造林绿化的优良树种。模式有效改善了当地草原农田的生态环境，增加了农牧民收入（图 114、图 115）。

图 114　治理前

图 115　治理后

二十二、半干旱中温带松辽盐碱土造林小区

●吉林松嫩平原风沙盐碱地造林模式（图116）

（一）自然地理概况

模式来源于吉林省大安市。模式实施区位于姜家店风沙区盐碱地。土地盐渍化，土壤可溶性盐分含量高。

（二）技术要点

通过筑台整地、施用有机肥等措施进行排水排盐、改良土壤结构，栽植抗盐碱性强的乔灌木树种，恢复重建植被。

1．树种、草种

选择抗盐碱性强的树种，乔木有小黑杨、白城5号、白榆；灌木有沙棘、柽柳；草本植物有小花碱茅、朝鲜碱茅，以及吉生1、2、3、4号羊草。

2．苗木

2年实生苗。

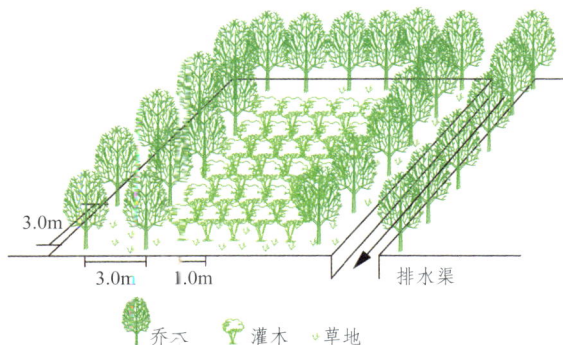

图 116　吉林松嫩平原风沙盐碱地造林模式

3．整地

提前一年，采用筑台整地或台条田整地。

4．栽植

春季栽植，乔木株行距为 3.0m×3.0m 或 2.0m×3.0m，灌木株行距为 1.0m×1.0m。深栽踏实。

（三）适宜推广范围

适宜于半干旱中温带松辽盐碱土造林小区，也可在类似条件的盐碱地上推广。

（四）模式成效与评价

通过营造耐盐碱性强的乔、灌木和种草，可起到生物脱盐的作用，从而降低土壤的含盐量，控制盐碱地的进一步恶化和蔓延。在盐碱地上种植羊草，每亩可产干草 500kg，经济效益显著。

二十三、半干旱中温带洮南半山造林小区

●吉林洮南半山造林模式

（一）自然地理概况

模式位于大兴安岭南部余脉，水土流失严重，有的地方甚至出现"破皮黄"现象。是吉林省西部平原一个特殊地域，气候条件恶劣，立地条件差，生态环境最脆弱的地方。气候属中温带干旱大陆性季风气候。年平均气温 7.6℃，≥10℃积温 2900～3300℃，无霜期 150～170 天；年降水量小于 400mm，年变幅较大，降水多集中在 7、8、9 三个月，占全年降水的 70% 左右，干燥度 2.0以上。

（二）技术要点

1．树种

樟子松、山杏、山葡萄等。

2．林种

樟子松营造防护林，山杏、山葡萄营造灌木经济林。

3．苗木

2 年生容器苗。

4．整地

鱼鳞坑整地，随整随栽。鱼鳞坑规格为 60cm×60cm×50cm，前高后低反坡状，"品"字形排列。

5．造林密度

初植密度樟子松 1100～3300 株 /㎡，山杏 1666～3300 株 /hm²，山葡萄 1666～3300 株 /hm²。

6．栽植

春季栽植。表土埋根，提苗踩实，埋土与地表相平，浇足定根水，覆土保墒，覆膜遮盖。

（三）适宜推广范围

适用于半干旱中温带洮南半山造林小区，也可在年降水量 400mm 以下的石质栗钙土地区推广。

（四）模式成效与评价

通过生态经济林建设，提高了半山区植被盖度，控制了水土流失，遏制了土壤退化趋势，改善生态环境，增加了经营者收入，保护了农田和草场。

二十四、半干旱中温带松嫩平原风沙造林小区

● 黑龙江松嫩平原樟子松嫁接红松生态经济林模式

（一）自然地理概况

模式来源于黑龙江省龙江县．模式实施区位于大兴安岭南麓，属温带大陆性季风气候，冬季因受西伯利亚寒流影响，寒冷而干燥，多西北风，年平均气温 3.4℃，年降水量 390～480mm，蒸发量 1652mm。该区治理前土壤瘠薄、板结、石砾多，沙化，轻度盐碱化。

（二）技术要点

1．树种

造林树种为樟子松，嫁接树种为红松。

2．苗木

苗高 40cm、地径 0.8cm 优质樟子松容器苗。

3．整地

弃耕地、退耕地采取穴状整地，规格 40cm×40cm 或 40cm×50cm。荒山荒地采取机械开沟整地，沟宽 60cm、沟深 40cm，头年开沟，第二年回土，第三年造林，熟化土壤。

4．造林密度

樟子松株行距 2m×4m 或 3m×3m，83 株 / 亩或 74 株 / 亩。

5．接穗选择

在 30 年以上林龄的红松天然林中选择结实量大的优树，或者在红松种子园、红松采穗苗圃中，选择树冠中上部当年生枝条，生长健壮、顶芽饱满、穗长 12~16cm，粗度 0.6~0.8cm。

6．嫁接技术

全林嫁接或隔株嫁接，最低每亩嫁接株数不少于 40 株。

①嫁接准备：准备嫁接刀片、塑料绑带、酒精棉、创可贴等用品。

②接穗：砧木接口与接穗的直径比是 3：2 或 1：1。

③削接穗：用刀片切开接穗髓心，保留切面长度 5~7cm，基部成楔形。

④削砧木：选择与接穗粗细相当的樟子松当年生主枝，摘去嫁接部位的针叶，用刀片从上往下顺韧皮部和木质部之间切削，长度与接穗相等，然后在切面最下部再斜切一刀，形成斜切口，切口大小与接穗基部楔形相当。

⑤嫁接：将接穗与砧木切面贴合，形成层对齐，接穗基部楔形切面插入砧木斜切口。

⑥绑扎：插入对齐后，一手捏紧，一手用 1.5~2cm 宽的塑料薄膜带，在嫁接口 2~3cm 以下处开始缠绕，每环重叠 0.6cm，绑至切口以上 0.5~1cm 处，上端多缠二道，再往下缠，中间撸扣打结，绑扎要松紧适度。

7．嫁接后管理

嫁接 30~50 天确定接穗成活后，适当剪除接穗附近的砧木侧枝；70~80 天后检查接穗，生长正常后，即可去除砧木顶梢（即剪砧去势）。解绑时间一般为第 2 年春天树液流动前。对嫁接当年长势旺盛和高枝嫁接的苗木，检查时在接口处发现勒痕，应及时重新绑扎。接穗未成活的砧木，不能去掉主梢，留待第 2 年重新嫁接。管理重点针对樟子松砧木影响红松接穗生长的侧枝进行修剪，确保接穗处于顶端，每年修枝 2~3 次，连续修剪 3~4 年。

8．幼林管护

造林后全面封山禁牧，幼林地内禁止一切非生产性活动，嫁接完成后，落实管护责任，保证幼林正常生长。

（三）适宜推广范围

适宜于半干旱中温带松嫩平原风沙造林小区，也可在同纬度的浅山、丘陵漫岗地带的樟子松造林地推广。

（四）模式成效与评价

樟子松嫁接红松，扩大了红松的分布范围，解决了樟子松生长周期长、见效慢，短期内没有经济效益的问题，调整了农村产业结构，改善生态环境。樟子松嫁接红松 5 年后开始结实，亩产松籽 17kg，按 60 元 /kg 计算，亩收益 1000 元以上。结实量随着树龄每年大约以 10% 递增，10 年进入盛果期，亩收益可达 3000 元以上，提高林农经济收入，发展区域经济，为林业职工就业开辟了新途径。

龙江县鲁河乡繁荣村通过实施该模式，生态环境大大改善，人均 5 亩樟子松嫁接红松林地，全村人均纯收入由 2008 年的 4300 元增加到 2014 年的 10320 元，提高到 2.4 倍。

推广樟子松嫁接红松的前提条件：一是适宜樟子松生长的立地条件；二是选用中龄以上的优良红松种穗，适龄嫁接，嫁接手的技术好坏是嫁接成活的关键；三是集约化经营管理（图 117）。

图 117　繁荣村樟子松嫁接红松前后对比

二十五、半干旱中温带松嫩平原盐碱土造林小区

● 松嫩平原盐碱地造林模式（图 118）

（一）自然地理概况

模式来源于黑龙江省大庆市。模式实施区位于松嫩平原中部，黑龙江省西南部，地势平坦，平均海拔高度 126～165m，年平均气温 3.8℃，全年 ≥ 10℃ 活动积温 2700℃，无霜期 120～150 天，年平均降水量 430mm，蒸发量 1620mm，远高于降水量。降水量的 70% 集中在夏季，春季降水不到全年的 15%。年平均风速 4.0～5.2m/s，每年 6 级以上大风平均在 28 天以上，多集中在 4～5 月，植被属蒙古植物区系，植被类型为草甸草原。项目区主要是苏打碳酸盐土，土质黏

重，通透性差，土温低。

（二）技术要点

1．树种选择

柽柳、小黑杨、樟子松、丁香、紫穗槐、榆树、锦鸡儿等。

2．苗木

优先选择盐碱地或相似地区培育的苗木。

（1）苗木标准：杨树 2 年生苗，苗高 2.0m，地径 2.0cm，主根长 20cm，侧根 7 条以上。樟子松 4～5 年生容器苗，苗高 30cm，顶芽饱满。柽柳、枸杞、丁香、紫穗槐、榆树、锦鸡儿等选用 2 年生苗木。

（2）起苗：樟子松容器苗人工起苗，轻拿轻放，不散坨、不伤生长点。裸根苗根系完整，无劈裂及机械损伤。

（3）修根：杨树主根长 20cm，侧根 15cm，其他树种主根长 20cm，侧根长 10cm。

（4）假植：将苗木根系放入挖好的沟中，培好土，使根系完全覆土，浇足水。

（5）浸根：柽柳、小黑杨、丁香、紫穗槐、榆树、锦鸡儿等苗木栽植前清水浸根 1～2 天。

3．整地

轻度盐碱地采用全面或带状整地，中度盐碱地采用筑台整地。机械全面整地翻深 20～30cm，整平耙细，重耙一遍，轻耙二遍，每平方米 10cm 以上土块不超过 5 个；沿等高线机械带状整地带宽 0.7～1.5m，带间距为 2～4m；单行筑台(筑垄)，台宽 0.8～1.0m，台高 0.2～0.5m，排除植树台基部积水。

4．栽植

阔叶树蘸浆栽植。种植穴投苗灌水，混表土成糊状，轻提苗，使根系舒展，填土扶正，4～6h 后踏实，覆散土 5～10cm。樟子松栽植时先填表土 10cm，去掉容器袋，保持土坨不散，投苗入穴，培土踏实四周回填土，做水盘，浇足水，

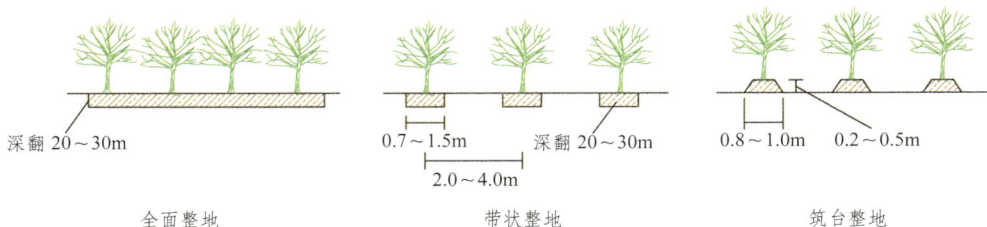

全面整地　　　　深翻 20～30m

带状整地　　　　0.7～1.5m　　深翻 20～30m　　2.0～4.0m

筑台整地　　　　0.8～1.0m　　0.2～0.5m

图 118　松嫩平原盐碱地造林模式

待水渗下后覆土。

5．改土

施用客土、农家肥或糠醛渣、粉煤灰、石膏等土壤改良剂，增加土壤有机物质，改良土壤。

6．抚育管理

穴状抚育为主。第1年6、7、8月各除草松土1次；第2年7、8月除草松土1次；第3年8月除草松土1次。

（三）适宜推广范围

适宜于半干旱中温带松嫩平原盐碱土造林小区，可在北方滨海或内陆盐碱地区推广。

（四）模式成效与评价

该模式造林操作简单，适宜推广范围广，但造林成本较高（图119）。

图 119 治理前后对比

二十六、半干旱中温带陕北毛乌素沙地造林小区

● 陕北毛乌素沙地樟子松"六位一体"模式（图120）

（一）自然地理概况

模式来源于陕西省横山区。模式实施区地处毛乌素沙漠南缘，是风沙半干旱区与黄土丘陵区结合部。属暖温带干旱半干旱大陆性气候，年均气温8.6℃，无霜期146天。年均日照2815.8h，≥10℃的活动积温3084.3℃，年降水量397.8mm，多集中在7～9月。低温期长，寒冷少雨，高温期短促炎热，日照时数多，光资源丰富，沙尘暴、干旱、冰雹、霜冻自然灾害时有发生。

治理前，区域内新月形沙丘连绵起伏，沙丘链一般长100～300m，沙丘高

5～6m，森林覆盖率17%。大量分布的流动和半固定沙地对农田、公路构成极大威胁。

（二）技术要点

1．树种

樟子松混交紫穗槐。

2．沙障设置

整地前设置2m×2m或1m×3m网格状秸秆或稻草沙障。

3．苗木

樟子松选用3年以上营养袋播种苗，地径≥0.5cm，苗高≥10cm，主干通直饱满，并有较多侧根，木质化程度较高的苗木。紫穗槐选用1年生的播种苗，地径≥0.3cm，截干长度40cm。

4．整地

樟子松栽植穴规格为60cm×60cm×60cm，栽植前用4kg/穴黄绵土替换沙土；紫穗槐栽植穴规格为50cm×50cm×50cm。当年春季整地，紫穗槐秋季随整随栽。

5．栽植

樟子松春季栽植，株行距5.0m×5.0m。紫穗槐秋季或春季栽植，株行距1.0m×3.0m，每穴栽植2～3株。适当深栽至第一侧枝处，以提高抗旱、抗风能力，栽后及时灌足水。紫穗槐在土壤墒情好时，不需要浇水。

6．技术措施

①覆膜：定植浇水后，以树干为中心，覆盖1块1m²的薄膜，平铺在树盘上，四周用土盖严，以防失水和风刮。追肥浇水时，在薄膜上扎3～4个深约15cm的小洞，施肥浇水后，再用土封严洞口。

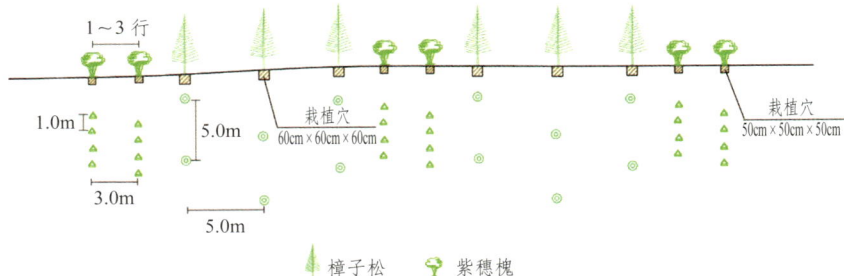

图120　毛乌素沙地樟子松造林模式

②套笼：栽植后的每棵樟子松覆膜后套笼。笼用沙柳枝条编制而成，上口直径 20～30cm、下口直径 30～40cm、高度 50～60cm，并在下口留 3 个长 10cm 的笼脚。套笼时用铁锹将笼脚扎入地面，使笼子牢固直立。

7．抚育管理

造林后 3 个月内及时除草、施肥、浇水，生物防治病虫害，防止人为破坏。紫穗槐每 3 年平茬复壮。大面积造林预留防火道和作业道。

（三）适宜推广范围

适宜于半干旱中温带陕北毛乌素沙地造林小区，也可在周边宁夏、内蒙古、甘肃等立地条件相似地区推广。

（四）模式成效与评价

横山区通过"搭设障蔽、坑内换土、壮苗深栽、浇水覆膜、及时套笼、生物防虫"的"六位一体"造林技术，营造樟子松、紫穗槐混交林 21 万亩，乔、灌、草相结合的生物防护林体系已经建成，对改善毛乌素沙地的生态环境做出了巨大贡献。2010 年，横山区获得全国绿化模范县、全国樟子松造林示范县。

"六位一体"技术的组装应用，创建了适合榆林毛乌素沙地的实用造林技术体系。套笼可起到遮阴、防啃、防风等作用，减少了樟子松新栽幼苗冬季压埋、春季扒开的重复劳动，使干旱地区樟子松一次造林成活率达 90.5% 以上，保存率达 95%。浇水覆膜技术妥善缓解了沙地干旱胁迫问题。紫穗槐具有固 N 与防虫的双重作用，可预防金龟子类害虫吃食樟子松针叶和顶芽，同时平茬后的枝梢是优质饲草（图 121）。

图 121　横山区雷龙湾乡哈兔湾村沙地造林后成效

二十七、半干旱中温带宁夏毛乌素沙地造林小区

● 模式 1　宁夏毛乌素沙地综合治沙模式（图 122）

（一）自然地理概况

模式来源于宁夏回族自治区盐池县。模式实施区位于宁夏东南，毛乌素沙地南缘，为鄂尔多斯台地向黄土高原过渡地带，具有典型的大陆性气候特征。

土壤以灰钙土、风沙土为主。平均海拔 1300～1400m，干旱少雨，风大沙多，年均气温 7～8℃，10℃以上积温 2900℃，年均降水量 250mm，蒸发量大于 2100mm，大于 5m/s 起沙风日达 35～74 天／年，沙尘暴天气 25 天／年左右。

（二）技术要点

1．树种

造林树种应以灌木为主，辅以乔木。平缓沙地可选用刺槐、榆树、柠条、毛条等进行带状或片状造林；水分条件较好的丘间低地，可选用杨树、沙枣、沙柳、刺槐、旱柳、怪柳、花棒、杨柴等树种。草种以多年生的沙蒿、沙打旺、苦豆子为主。

2．整地

15°以下带状整地，地下水位较高的地段穴状整地，规格 50cm×50cm。

3．造林配置

①15°以下柠条 × 紫花苜蓿、柠条 × 甘草带状间作，带宽 3m，柠条 2 行。

②地下水位较高地段栽植沙柳，盐碱地栽植怪柳，株行距 2m×3m，4 株／穴密植。

③大面积流动、半流动沙地，外围栽植防风林带，内部栽植固沙林，半流动沙地封育灌草。

4．造林

乔灌木植苗造林，初植密度 167 株／亩。柠条、毛条、花棒、杨柴直播造林，6～8 月雨季抢墒点播或撒播，株距 1m，播种深度 1～2cm。10～15 天后检查出

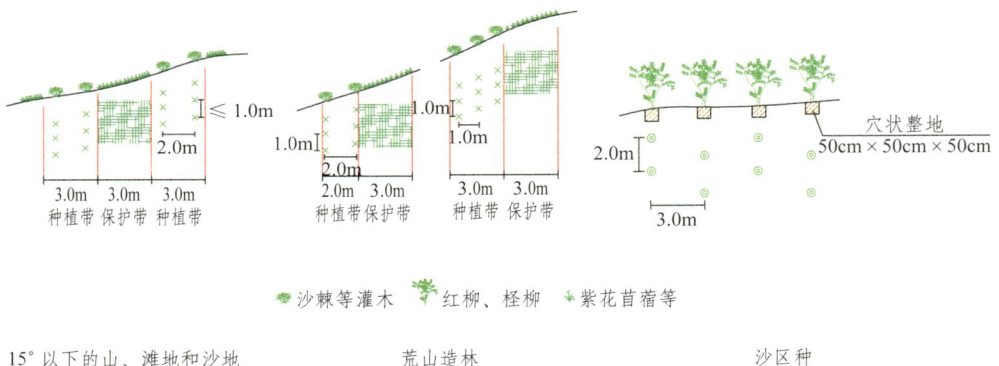

图 122　宁夏毛乌素沙地综合治沙模式

苗率，低于 90% 的抢墒补种。沙柳、桎柳春季插条造林。

5．抚育管理

封育管护，严禁放牧，加强鼠、兔害防治和森林防火。

（三）适宜推广范围

适宜于半干旱中温带宁夏毛乌素沙地造林小区也可在陕北毛乌素沙地小区、宁夏毛乌素沙地小区、科尔沁沙地小区、浑善达克沙地小区推广。

（四）模式成效与评价

盐池县柠条 × 紫花苜蓿林草间作模式，成林后，每 3 年平茬 1 次，每亩收入 120 元，紫花苜蓿每亩每年平均产干草 60kg，按 1.5 元 /kg 计算可增收 90 元，全县每年增收 3735 万元。沙柳、桎柳可作为柳编和造纸的原材料，每亩柳条收入 300 元左右。

通过沙化土地治理，县内 3 条明显的沙带基本消除了明沙丘，生态环境步入良性循环。农业结构进一步优化，带动了林业产业、草畜产业和劳务产业的发展壮大，促进了盐池县经济和社会发展。

● 模式 2　宁夏毛乌素沙地流动沙丘沙柳深栽模式（图 123）

（一）自然地理概况

模式来源于宁夏回族自治区盐池县。模式实施区位于毛乌素沙地南缘，属干旱流动沙区，沙丘高 4～8m．丘间低地地下水埋深 2～3m。年降水量 250～300mm，年水面蒸发高达 2470mm，年均气温 7.2℃，无霜期一般为 120 天，年均风速 2.8m/s，风向多偏西风和西北风。

（二）技术要点

1．树种

选择耐旱、耐瘠薄、耐沙埋、根系深而发达、抗风蚀能力强的沙柳。

2．苗木

选用 3 年生光滑无病害丛健壮的沙柳种条，小头直径 0.5cm 以上，种条长 0.8～1.0m。

3．栽植

春季扦插造林，栽植时铲除迎风坡地表干沙，深挖，在流动沙丘迎风坡中下部挖穴深 0.8～1.0m，株行距 1.0m×1.0m。一般采取穴状簇植，即每穴 4 株，分别插于穴的四角，埋土分两次踏实，表土填入坑底，心土填入坑上。

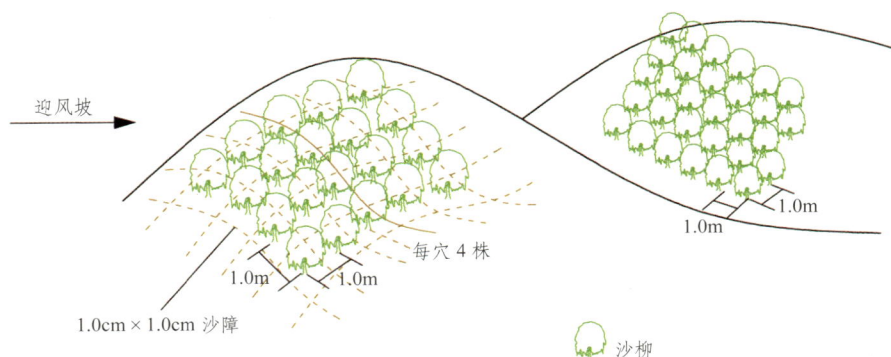

图 123　宁夏毛乌素沙地流动沙丘沙柳深栽模式

4．设置沙障

在迎风坡设置 1.0m×1.0m 方格麦草沙障，稳定沙面，控制就地起沙，为初期栽植的沙柳创造未定的生长发育环境，提高其成活率。麦草方格沙障扎设方法和顺序为先将麦草呈间隔带状横铺在沙面上，草带中心间距 1m，铺设厚度 2～3cm，然后脚踩铁锹背将麦草压入沙内，深度为 10～15cm，并用铁锹雍沙扶直，高 10～12cm，厚约 5cm，使之形成矮草障即成。在沙丘地迎风坡上与主风垂直，先扎设方格沙障主带，后扎设与主带垂直的副带。扎设副带时，注意与主带的衔接处保持完整，不留小缺口，以防止风蚀。

5．抚育管理

一般造林 2～3 年后开始平茬，平茬在立冬到第 2 年土壤解冻前进行，这样不致影响植株生长，可免根茬撕裂，易于施工。以后每隔 3～5 年再平茬。为了避免风蚀起沙，应隔行轮换平茬。经过平茬有利萌发大量枝条，促进生长和更新复壮，提高防沙效益，增加经济收入。

（三）适宜推广范围

适宜于半干旱中温带宁夏毛乌素沙地造林小区，也可在陕西、甘肃、内蒙古等相似立地条件的流动沙丘推广。

（四）模式成效与评价

沙柳根系发达，生长迅速，萌芽力强，喜光、耐旱，抗风蚀、耐沙压，是防风固沙的重要树种。盐池县沙柳分布广泛。采用深栽（80～100cm）造林技术，结合草方格机械固沙，在流动沙丘迎风坡营造沙柳林，造林成活率大幅提高，既能起到防护作用，又可在一定时期内提供柳编材料、饲料、燃料，是一种深受沙区群众欢迎的植被恢复模式。

二十八、半干旱中温带阿尔泰山地丘陵造林小区

● **新疆阿勒泰大果沙棘高产栽培模式**（图 124）

（一）自然地理概况

模式来源于新疆维吾尔自治区青河县。模式实施区地处阿勒泰地区最东边，准噶尔盆地东北边缘，阿尔泰山东南麓。属大陆性北温带干旱气候，高山高寒，四季变化不明显，空气干燥，冬季漫长而寒冷，风势较大，夏季凉爽，年均降水量小，蒸发量大。极端最低气温为−53℃，最高达 36.5℃；年均气温 0℃，年均降水量 161mm，蒸发量达 1495mm；无霜期平均为 103 天。

（二）技术要点

1．品种选择

大果沙棘。选择经过引种实验的大果沙棘优良品种，要求雌株品种单果重量大于 0.6g，盛果期单株产量不少于 5kg，如楚伊、向阳、阿尔泰新闻等良种；雄株选择花期长、花粉量大的品种、如阿列伊等。

2．苗木

选用 1～2 年生扦插苗，苗高 30cm，主干木质化充分，无折断、劈裂、病虫害，根系完整。不建议用 3 年以上大苗。

3．造林

（1）造林地选择

沙棘适应性强，在退耕地、撂荒地、贫瘠的山地、河滩地、沙地、丘陵山地

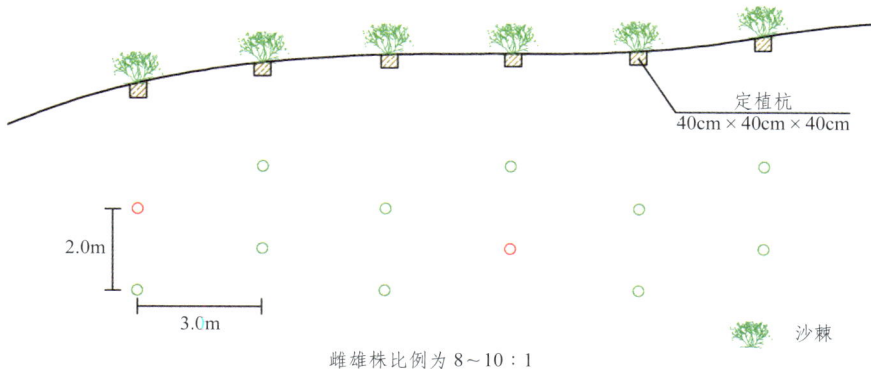

图 124　新疆大果沙棘高产栽培模式

都可以正常生长，适应土壤pH值6.5～8.5，土壤含盐量为0.4%～0.6%。

（2）整地

①带状开沟整地：适合平坦的退耕地、沙漠化土地，保护地表原生植被，减少土壤风蚀，蓄水保墒。整地规格为沟深25cm，宽50cm，沟间带依行距而定。

②条、台田整地：适用盐碱地。沙棘虽有一定抗盐碱能力，但当土壤中含盐量超过0.6%，pH值超过9.0以上时，生长就会受到影响。因此，在盐碱地栽植沙棘必须修筑条、台田，田面宽20～30m，排水沟深0.5～1m。

（3）栽植密度

沙棘纯林株行距2.0m×3.0m，初植密度111株/亩，雌雄株比例8～10：1，即每亩地雌株99～101株，雄株10～12株，雄株均匀配置。

（4）栽植

春季植苗，适时早栽。种植穴规格40cm×40cm×40cm，每株准备腐熟厩肥10kg，与表土充分混合后施入，雌雄株按规定栽植。适当深栽，埋土比原土印深5cm，也可栽后截干。

4．抚育管理

沙棘具有抗旱、耐土壤瘠薄、病虫害发生少的特性，一般生态林可不抚育。经济林应加强管理。

①水肥管理：沙棘结果初期、果实膨大期和果产成熟（期）需大量水分。每年生长季节需灌溉3～4次，土壤水分保持在70%～80%。春季结合降雨追施尿素165kg/hm²，过磷酸钙333kg/hm²。每隔4年施农家肥45000kg/hm²。

②整形修剪：定植到结果前，对单茎植株略加截短，形成多干密植树冠。结实后，剪去过密的枝条、病枝、断枝和枯枝。生长期的剪枝强度不宜过大，避免树势过旺，影响结实。

③病虫害防治：主要防治沙棘猝倒病、干枯病与腐朽病、毛毡病、沙棘锈病等。

（三）适宜推广范围

适宜于半干旱中温带阿尔泰山地丘陵造林小区，可推广至新疆其他高寒地区，黑龙江高寒地区可试验参考。

（四）模式成效与评价

青河县自退耕还林工程实施以来，高度重视生态建设与产业发展和退耕农户脱贫致富相结合，在退耕还林实践中创造了许多切实有效的技术模式，大果沙棘高产栽培种植模式就是其中的代表。大果沙棘栽培模式既能满足当地生态工程建设的需要，又能产生较好的经济效益，增加退耕农户收入。盛果期按照每亩地雌株 100 株，单株产量 5kg，沙棘鲜果 6 元 /kg 计算，每亩地产量至少 500kg，每亩地销售收入 3000 元以上。

二十九、半干旱中温带塔城盆地造林小区

●塔城盆地沙化草地无灌溉造林模式（图 125）

（一）自然地理概况

模式来源于新疆维吾尔自治区裕民县。裕民县位于新疆西北部塔额盆地南缘、准噶尔盆地西缘。裕民县属典型温带大陆性气候，昼夜温差大，日照时间长，年均气温 6.7℃，年均降水量 280mm，积雪深度 34.4cm，平均日照时间 3122.6h，无霜期 156 天。境内高山、丘陵、戈壁、平原、湿地地形复杂，区域气候独特，包括山区、平原、戈壁、湿地等多种气候类型。

（二）技术要点

1．树种

优良乡土树种白榆、沙拐枣、柠条。

2．造林配置

为了提高生态稳定性，增强林木抵抗病虫害的能力，采用带状混交配置。榆树、柠条、沙拐枣比例为 3:3:4，株行距 2.0m×2.0m，2520 株 /hm²。

3．栽植

最佳栽植时机是秋季第一、二场雪之间，裕民县这个时段通常为 3～7 天。种植穴规格 40cm×40cm×40cm，若土壤含水量达不到田间持水量的 60%，必须

混交比例为 3：3：4

原种植穴 40cm×40cm×40cm
埂
0.7m
栽植后修鱼鳞坑

榆树　沙拐枣　柠条

图 125　塔城盆地沙化草地无灌溉造林模式

采用调浆造林，在树穴内灌 3kg 水，拌成泥浆，把树根植入泥浆内，然后填土。栽植后，修筑半径为 70cm 的鱼鳞坑。

4．种草

成林后，在林带间采用三毛草、早熟禾、蒿子、木地虎、黄花苜蓿等牧草种子，拌滑石粉，进行雪面直播种草。

（三）适宜推广范围

适宜于年降水量 ≥ 150mm 且冬季有较稳定积雪的半干旱区沙化草地推广应用，坡度为 5°～20°，土壤无盐渍化或轻度盐渍化。

（四）模式成效与评价

本模式对土壤扰动小，几乎不破坏原有植被，无需要引水灌溉，是典型的低成本、低消耗治沙造林模式。乔、灌、草混交，林草结合，固沙能力强，生态功能稳定，可有效减轻风沙对农牧业生产和人民生活的危害，保障农牧业增产丰收。同时恢复草原放牧功能，提高载畜量，增加牧民经济收入。

2003 年裕民县在齐巴拉坤首次应用无灌溉造林技术实施 400hm^2 工程造林获得成功，为治理风沙恢复草原植被积累了经验。2008 年推广应用 133.3hm^2，2010～2015 年，规划采用无灌溉造林技术治理草原沙化面积 3333.3hm^2（图 126）。

图 126　治理后的乔、灌、草植被

三十、半干旱中温带准噶尔盆地西缘造林小区

● 奎屯河流域生态经济林模式（图 127）

（一）自然地理概况

模式来源于新疆生产建设兵团农七师。模式实施区位于准噶尔盆地西南部的奎屯河流域，南面天山，北接库尔班通古特大沙漠，位于准噶尔盆地西北边缘，

白杨河下游，南濒艾力克湖。造林地以盐碱地和戈壁荒滩地为主，灌排设施不全，电力不通，水源短缺，土地干旱。

（二）技术要点

1．树种

生态树种杨树、榆树、胡杨、白蜡等；生态经济兼用树种为枸杞、文冠果等，经济林树种为苹果、葡萄等。

2．整地

采取洗盐压碱、翻耕暴晒、深挖改良等整地方式。造林地铲车平整，挖掘机开沟，沟上口宽 2m，沟下底宽 1.2m，深 0.4～0.6m，人工整修。

3．造林

杨树、榆树、胡杨等乔木"两沟四行"，被垄 8～12m；枸杞等生态经济兼用林，被垄 20m，株行距 2.0m。

4．灌溉

沟灌与节水灌溉相结合。前期应用节水灌溉技术，提高苗木成活率。林业专用滴灌管，管内压力不低于 15，3.2 以上滴头。后期应用沟灌。

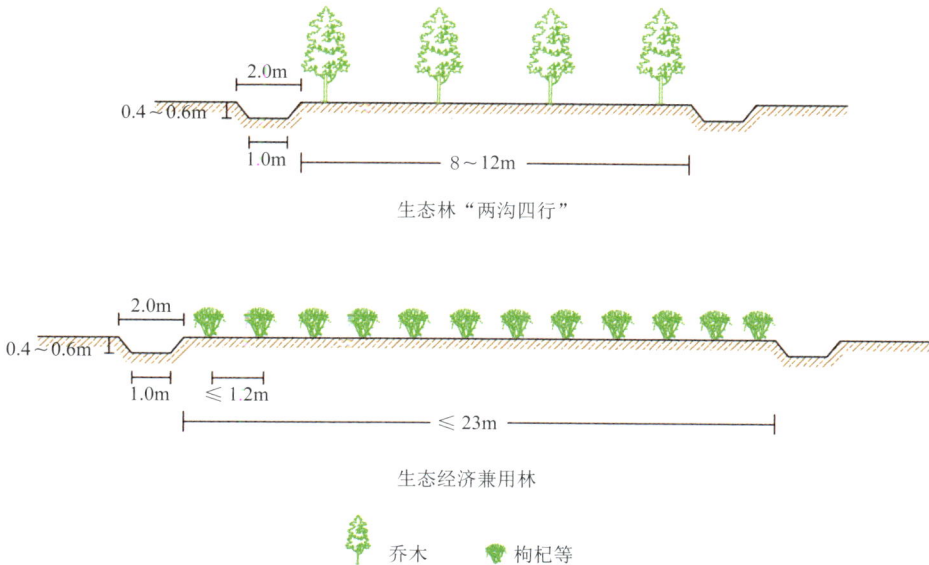

生态林"两沟四行"

生态经济兼用林

乔木　　枸杞等

图 127　奎屯河流域生态经济林模式

5. 施肥

每亩施用 1～3t 牛羊粪等有机肥，生长期每株追施 5～10kg 化肥。

（三）适宜推广范围

适宜于半干旱中温带准噶尔盆地西缘造林小区，也可在相似地区推广。

（四）模式成效与评价

模式有效地改善了农七师的生产生活环境，森林覆盖率由 2.93% 提高到目前的 17.8%，冰雹、大风、沙尘、高温天气明显减少。建成 10 万亩优质枸杞基地，年产枸杞 3 万 t，总产值近 6 亿元。新建葡萄基地 10 万亩，预计年产 10 万 t，总产值近 5 亿元。优化了农业产业结构，提高了团场农业综合生产能力，解决了团场职工就业困难，促进了增收，增强了团场发展后劲，有利于垦区的社会稳定和经济繁荣。

三十一、半干旱中温带西天山造林小区

● 西天山平原丘陵区杨树速生丰产模式（图 128）

（一）自然地理概况

模式来源于新疆维吾尔自治区伊宁县。模式实施区位于山前冲积扇上部和伊犁河谷北岸的三级阶地上，海拔 740～849m，全年风多雨少，干旱缺水，年均气温 9.2℃，大于 0℃ 年积温 3500～3600℃，年均降水量 270～290mm，蒸发量是降水量的 6.5 倍，无霜期 165 天左右，属半干旱荒漠典型的大陆性气候。土壤可分为旱作灰钙土和灌溉灰钙土两种类型，轻质灰黄土、壤质黄灰土、褐灰土、黏质棕红土和壤质红棕土 5 个土种，土层厚度 1～2m，适宜种植多种粮油作物和经济作物。

（二）技术要点

1. 树种

选择速生丰产的杨树新品种 '64# 杨'、'大叶钻天杨'、'法杂杨' 等。

2. 造林地选择

杨树速生丰产林造林地应具备以下条件：①土层厚度 1m 以上；②地下水位 1.5m 左右，不低于 2.5～3m；③土壤养分较高，有机质含量大于 0.4%，含 N 大于 0.03%；④土壤无盐碱或轻度盐碱，含盐量 0.1% 以下。

3. 苗木

1～2 年生优质壮苗，无折断、无劈裂、无机械损伤、无病虫害感染、苗木通直、色泽正常、充分木质化，苗高 2.5m。

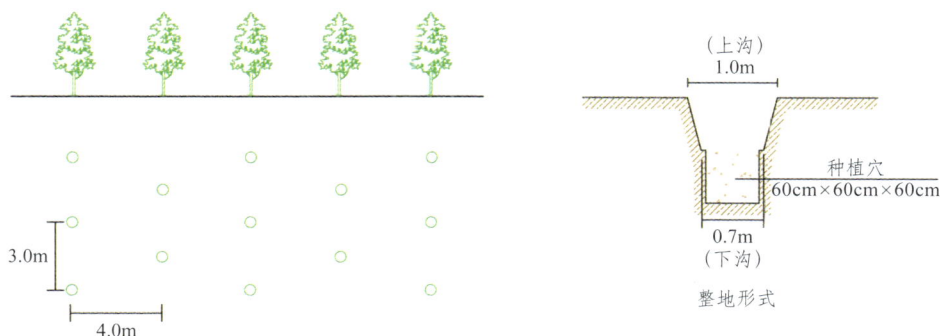

图 128　西天山平原丘陵区杨树造林模式

4．整地

机械深耕整地，深度 40cm 以上，耙平整畦。机械开沟，上口宽 100cm，下口宽 70cm，种植穴规格 60cm×60cm×60cm。可结合深翻整地，或在栽植穴内，施用有机肥。

5．造林

春季土壤解冻后到苗木发芽前栽植，株行距 3.0m×4.0m，初植密度 56 株/亩。

6．抚育管理

（1）浇水：栽植后及时浇透定根水，生长期间灌溉 5 次。

（2）施肥：基肥，栽植时施土杂肥 5～10kg/株，过磷酸钙 0.5kg/株，混合后施入根系周围。追肥，第 2 年 5 月追施复合肥 200～230g/株，第 3 年 5 月追施复合肥 330～400g/株，追肥与灌溉结合进行。

（3）修枝：适时修枝，培育干形圆满的优质良材。造林时修去苗木全部侧枝，造林后 1～3 年，去除竞争枝，保留辅养枝，剪除树干基部萌条，培养直立强壮的主干。修枝强度应保持树体冠高比在 3：4 以上。

7．病虫害防治

主要病虫害有杨树腐烂病、杨梦尼夜蛾、杨二尾舟蛾、青杨天牛、杨扇舟蛾等。积极开展生物防治，保护天敌，对症下药，轮换施药，科学使用化学防治，安全地控制病虫危害。

8．管护

落实管护责任，做到地块落实、任务落实、责任落实、人员落实、措施落实。

（三）适宜推广范围

适宜于半干旱中温带西天山造林小区，也可在相似的丘陵漫岗地区土壤肥沃立地推广。

（四）模式成效与评价

西天山杨树速生丰产用材林每亩年产材量 2m³，按 15 年轮伐期计算，平均每亩年产值 1600 元。通过连片造林，减弱自然灾害对绿洲的侵害，改善当地生态环境，促进当地经济发展。

三十二、半干旱中温带中天山造林小区

● 中天山荒漠地区梭梭无灌溉管件防护模式（图 129）

（一）自然地理概况

模式来源于新疆维吾尔自治区昌吉回族自治州吉木萨尔县。吉木萨尔县位于天山北麓东端，准噶尔盆地东南缘，扼居南北疆与东疆交汇地带。全县地形南高北低，南部是天山博格达峰中段，中部是山前倾斜平原，北部沙漠是古尔邦通古特沙漠一部分。沙丘呈垄状或波状，高 10～30m，形成与风向一致。由于自然因素和人为因素，天然灌木林南线北移，前沿沙丘覆盖度明显降低，不稳定性增加，转化的概率很高，亟待保护。

（二）技术要点

1．树种

梭梭。

2．苗木

1 年生梭梭壮苗，苗高 60cm。

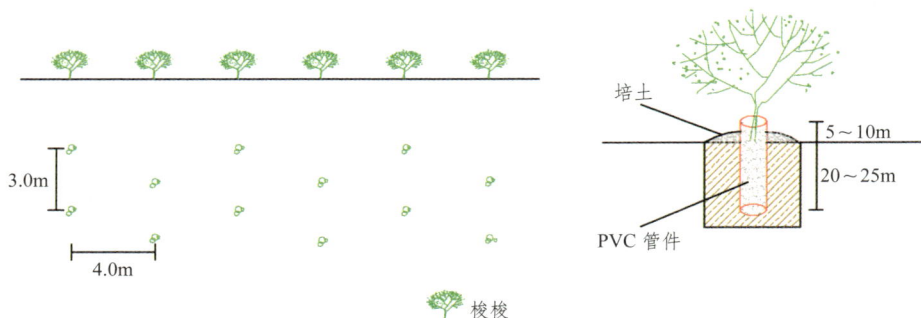

图 129　中天山荒漠地区梭梭无灌溉管件防护模式

3．整地

栽植穴规格30cm×30cm×30cm，株行距3.0m×4.0m，2～3株／穴。

4．栽植

栽植时保证梭梭苗木根系一定要贴在湿沙层上，苗根全部埋入沙中，不得外露。

5．配套工程措施

栽植后，套埋PVC管件。梭梭套在PVC管内，PVC管埋入沙层中20～25cm，管外沙土高于管内，管件周围要培土、踩实、保证管件稳固。

6．抚育管理

定期维护，特别是大风天气后，安排人员检查，将吹倒、吹歪的管件重新插好或扶正，并将管件周围的土踏实。维护时不要动伤幼苗。

（三）适宜推广范围

适宜于半干旱中温带天山八区，也可在地下水位相对较高、或湿沙层相对丰富的荒漠半荒漠地区推广。

（四）模式成效与评价

模式实现了"低投入、低耗水、无灌溉种植方式下"梭梭成活率高、保存率高的突破。2012—2014年该项技术已在吉木萨尔县推广了2万多亩，示范区梭梭造林成活率达到75%以上，保存率达到70%以上，生长量20%以上，种植成本控制在400元／亩。

1．特点

①不需灌溉浇水，可直播也可移栽；②有效降低夏季管件内幼苗茎基部地表温度，夏季地表温度≥75℃时，管件内地表温度≤55℃，内外温度相差20℃以上，保护梭梭幼苗免遭地表高温灼伤。③保温保湿，抵御风沙及小动物啃食等。

2．局限

PVC管件价格和运输成本较高，占造林成本的35%，且不易降解，受风沙影响较大。需研发成本更低、易分解、抗倒伏的新型防护管材。

3．推广的前置条件

风沙移动速率小，地下水位较高或湿沙层丰富的荒漠半荒漠地区。

4．后续保障

①重视管件维护。②维护时，首先将管件扶起，用手抓住管件壁往下按或者用脚轻轻踩，切勿用脚猛踩，保护苗木根系。③四周培土，踩踏紧实，增强管件抗风力（图130）。

采用新技术刚种植的梭梭

生长了一年半的连片梭梭林

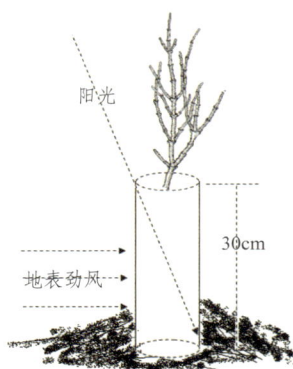

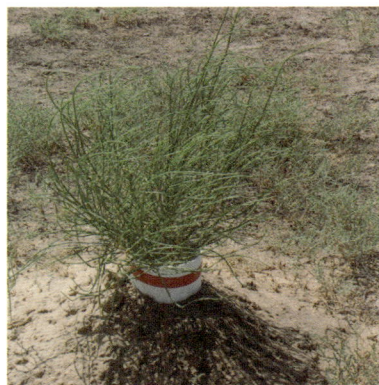

图 130　无灌溉防护管件梭梭造林效果

半干旱高原温带造林亚区

一、半干旱高原温带横断山川滇干旱河谷造林小区

● 横断山干旱河谷剑麻造林模式（图131）

（一）自然地理概况

该模式来源于云南省德钦县。实施区位于滇西北横断山区，地处澜沧江峡谷地带，属青藏高原寒温性山地季风性气候，冬干夏雨，冬季长、夏季短，年均气温 4.7℃，年日照时数 1980.7h，无霜期 129 天。气候干燥，生态十分脆弱，水土流失严重。

（二）技术要点

1．树种

剑麻。

2．苗木

选用 1 年生苗，高度 30cm 以上，存叶 10 片以上。

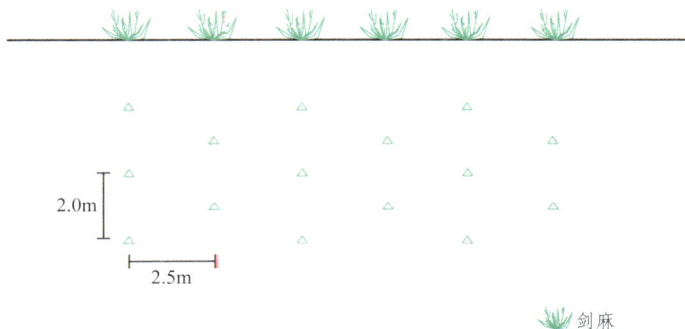

图 131　横断山干旱河谷剑麻造林模式

3. 整地

采用小穴整地。

4. 造林

6～8月雨季造林，栽植密度133株/亩，株行距2.0m×2.5m，"品"字形配置。

5. 抚育管理

造林后至郁闭前，要适时补植、松土、除草，加强病虫害防治。松土时应尽量减少对地表植被的破坏。造林后第2年开始连续抚育3年，抚育时间一般为春、冬季节。

（三）适宜推广范围

在土壤干旱瘠薄，水土流失严重地区，尤其是乔木造林困难的地块，可将剑麻作为先锋植物，待生境条件改善后，再栽植灌木、乔木树种，以促进植被恢复。

适宜于半干旱高原温带横断山云川干旱河谷小区，也可在四川、云南及西藏横断山区类似立地推广。

（四）模式成效与评价

剑麻是多年生热带硬质叶纤维植物，根系发达，叶量大，耐旱耐瘠薄，生命力强，抗污染和净化空气的能力强，经济价值好，适应范围广，其生物生态特性、生长条件与干热河谷气候相适应，是优良的生态经济树种。剑麻与石灰结合对铅、铬等重度污染的土壤具有一定的修复作用。

模式实施区植被迅速恢复，有效地减低了地表径流及泥沙携带量，水分渗入量增加，水源涵养能力增强，遏制了水土流失、泥石流、滑坡等自然灾害的发生，生态环境得到明显改善。特别是在国道214线贯穿区域，随着剑麻造林成效的显现，落石现象明显减少，保障了过往车辆及人员安全。

二、半干旱高原温带雅鲁藏布江中游造林小区

● 模式1 藏南河谷山地乡土树种混交模式（图132）

（一）自然地理概况

模式来源于西藏自治区拉萨市城关区。实施区位于拉萨河南岸，属藏南温带半干旱季风气候区。该区气温低，日较差大，冬春干燥，多大风，年无霜期120天，降雨少，日照长。地形属坡积地和台地，土层薄，肥力低，蓄水保肥能力差。植被类型主要为亚高山灌丛和草甸植被，平均盖度30%，平均高度40cm。

（二）技术要点

1．树种

常绿乔木树种主要为巨柏、测柏、樟子松、青海云杉；落叶树种主要为藏川杨、银白杨、昌都杨、左旋柳、白桦、高山栎、细叶红柳、山荆子、花叶海棠、江孜沙棘、中国沙棘、丁香、沙枣、枸子、小檗、锦鸡儿、醉鱼草、沙生槐、白刺花、柠条等。

2．苗木

常绿苗木 10 年以上，落叶乔灌木 3～5 年，乔木带土球，灌木营养袋。

3．整地

提前一年秋季人工穴状整地，整地规格乔木 80cm×60cm×80cm；灌木 40cm×40cm×40cm，尽量保留原生植被。

4．造林

春季或雨季造林，块状混交，初植密度乔木 110 株 / 亩、灌木 137 株 / 亩。栽植穴回填土低于地表 15cm。

5．配套措施

使用生根粉、固体水、保水剂对苗木和土壤进行处理，提高造林成活率。

6．抚育管理

栽后一次浇足定根水，生长期浇水 2～3 次，全年冬灌 1 次。追肥、抹芽修枝和清穴各 1 次 / 年。

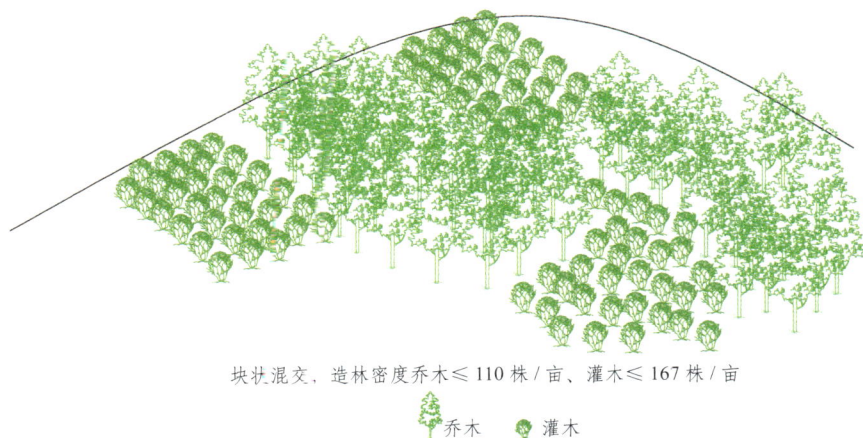

块状混交，造林密度乔木≤110 株 / 亩、灌木≤167 株 / 亩

🌲 乔木　🌳 灌木

图 132　藏南河谷山地乡土树种混交模式

（三）适宜推广范围

适宜于半干旱高原温带雅鲁藏布江中游造林小区，也可在半干旱高原温带藏南高原湖盆造林小区、半干旱高原温带雅鲁藏布江上游造林小区、半干旱高原亚寒带雅鲁藏布江中游造林小区、干旱高原温带雅鲁藏布江上游造林小区推广应用。推广时应依据山麓冲积扇、山坡下部、山腰、山坡上部等立地条件的差异，科学选择搭配树种，保障苗木供应，不可盲目跟风，同质化造林。

（四）模式成效与评价

通过营造人工混交林，植被结构多样化，盖度增加30%以上，物种增加了57种，减弱了地表辐射，提高了固碳释氧、保持水土等生态效益，增加了生物多样性和生态系统的稳定性，同时增加植被季节性景观差异，春花、夏叶、秋果、冬绿，景观格局可观赏性强（图133）。

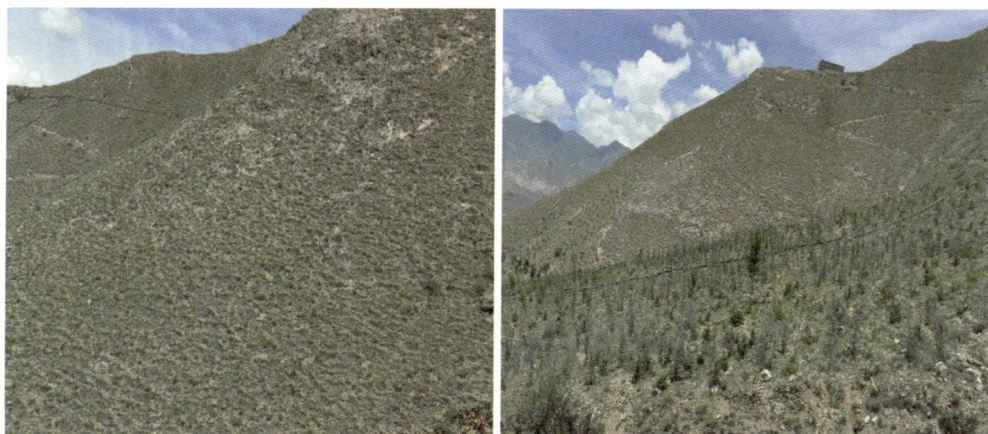

图133　城关区蔡公堂乡次角林村造林前后对比

● 模式2　西藏雅鲁藏布江沿岸治沙护路林模式

（一）自然地理概况

模式来源于西藏自治区扎囊县，实施区位于雅鲁藏布江中游南岸阶地及河漫滩，平均海拔4000m，属高原温凉半干旱大陆性气候，年均气温8.5℃，无霜期138.5天，气候干旱，年降水量373.2mm，年蒸发量2599mm，风大而多。高山寒漠土、草甸土等土壤的粗骨性较强。植被以温性草原植被为主，主要有针茅、白草、固沙草、沙生槐等。由于当地气候干冷多风，降水少，风速大，风蚀强烈，地表沙砾含量高，植被稀疏低矮，再加上雅鲁藏布江沉积泥沙的吹蚀、搬运和堆积作用，以及滥樵、过牧等因素，导致沙化严重。

（二）技术要点

模式区植被为半干旱草原植被。可修涵洞引水灌溉，造林固沙，还可利用洪水浇灌丘间地，恢复天然植被。利用当地和外来乔灌木树种，在丘间地大面积造林种草，包围沙丘，造成前挡后拉之势，进而逐步消平高大沙丘，控制沙丘流动，遏制风沙危害，保障公路安全畅通。

1．引水工程

修涵洞引水到流沙地，造林后浇足浇透定根水，保证苗木成活。

2．整地

整地要求浅沟大穴，大行距、小株距栽植。浅沟以利雨季拦截径流灌沙，大穴既有利于根系发育，又可多吸纳洪水，提高土壤湿度，促进林木生长。

3．造林种草

人工营造红柳、新疆杨、沙棘等多种耐干旱瘠薄的乔灌木树种，播种优良牧草。在洪水年，引洪集流，灌沙淤泥，提高沙地肥力，促进林木生长与植被恢复。种草时需扎设沙障防止风蚀沙埋。

4．围栏封育

围栏封育，保护人工植被不受破坏，使沙生槐、固沙草等天然草灌木逐步恢复。

（三）适宜推广范围

适宜于半干旱高原温带雅鲁藏布江中游造林小区，也可在半干旱高原温带藏南高原湖盆造林小区、半干旱高原温带雅鲁藏布江上游造林小区、半干旱高原亚寒带雅鲁藏布江中游造林小区、干旱高原温带雅鲁藏布江上游造林小区推广。

（四）模式成效与评价

从 1995 年开始造林治沙，首先在丘间地引种乔灌木树种获得成功。至 1999 年底，共植树 7 万余株，治理 1.3 万余亩沙化土地，形成了乔、灌、草结合的大面积防风固沙林，基本控制了流沙前移，减轻了公路沙害。

三、半干旱高原温带祁连山南坡造林小区

● 祁连山河谷山地水源涵养林模式（图 134）

（一）自然地理概况

模式来源于甘肃省民乐县。实施区位于青藏高原东北部边缘的祁连山高山谷地，县域分布有森林、草地和冰川雪山，是甘肃省河西地区及内蒙古自治区阿拉

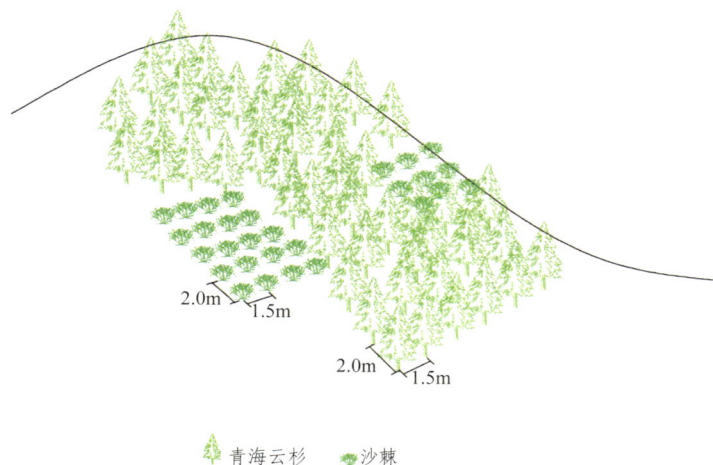

2.0m 1.5m

2.0m 1.5m

🌲青海云杉　🌿沙棘

图134　祁连山河谷山地水源涵养林模式

善地区的主要水源涵养林区，对其下游地区的工农业生产和生态环境建设具有特殊的地位与意义。

　　模式实施区存在的主要生态问题：一是过度开发利用，生态的承载力不堪重负，人均草原占有量不断下降，林草畜矛盾日益突出，草原超载量达到30%～60%，同时无证开矿、以探代采、越界开采、乱倒废渣屡禁不止，对生态环境的破坏也很严重；二是植被退化严重，受超载过牧、气候变暖等因素的影响，祁连山草原"三化"面积已达到45%，虫鼠害危害面积达到25%，约三分之一原始森林受病虫害威胁，林缘不断萎缩，天然植被涵养水源的能力持续下降。雪山冰川加快融化，石羊河、疏勒河来水量逐年减少，祁连山水土流失面积达23%，沙化面积逐年递增，沙尘暴次数、频度、强度呈逐年增加态势。

（二）技术要点

1．树种

选择青海云杉、沙棘。

2．苗木

选用3～4年生的生长健壮、无病虫害、苗根完好的Ⅰ级优质壮苗。

3．整地

造林前1年的雨季或秋季整地。平地、缓坡坑穴整地，小坑穴的穴径和深度分别为40cm、60cm，大坑穴的穴径和深度为1.0m左右。坑外缘用生土围成高20～25cm的半环状土埂，并在其上方两翼各开一道小斜沟集流；陡坡地，沿等

186

高线开挖宽 30cm 的梯形水斗沟以拦蓄径流。整地时均需注意捡除石块杂物，回填虚土，以利保墒。

4．栽植

春季栽植为主，随起随运随栽植，泥浆蘸根，包扎湿草防止日晒失水。容器苗雨季造林。青海云杉、沙棘混交，株行距 1.5m×2.0m。在整地坑、沟内挖 20cm 深栽植穴，投苗栽植，覆土踏实，一次浇足底水，合垄覆盖。

5．抚育管理

松土除草每年应不少于 3 次，松土深度 15cm。幼树稳定生长、高出杂草后，可减少松土除草次数，1 年 1 次，加强保护，严防人畜危害。

（三）适宜推广范围

适宜于半干旱高原温带青藏高原东北边缘造林小区，可适当推广到黄土高原地区的山地水源涵养林和水土保持林营造。

（四）模式成效与评价

该模式已普遍应用于甘肃、青海等山地公益林建设，累计推广数十万亩，取得了显著的生态效益。大面积造林时，应加强管护和抚育管理，防止牲畜破坏。

四、半干旱高原温带柴达木盆地东部风沙造林小区

●模式 1　杨柳插干深栽和编织袋沙障模式（图 135）

（一）自然地理概况

模式来源于青海省乌兰县。实施区位于青海省柴达木盆地东北部，海拔在 2956～3198m，地类为宜林沙荒地，属典型的荒漠半荒漠干寒气候区。年降水量

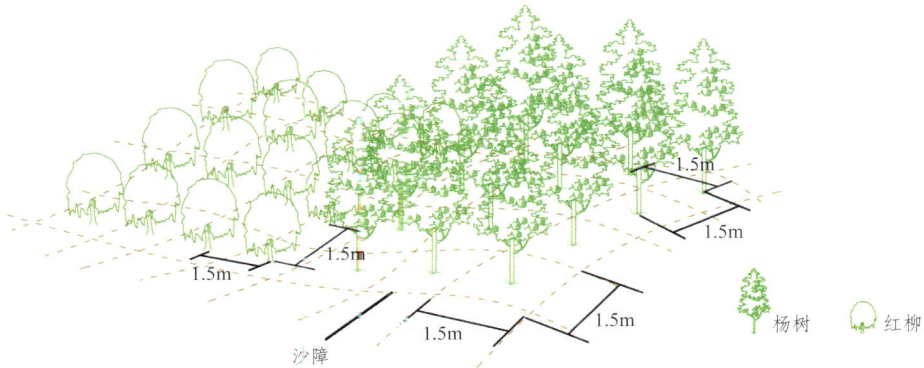

图 135　杨柳插干深栽和编织袋沙障模式

187mm，蒸发量2200mm，为降水量10倍以上。治理前为流动、半固定沙丘。植被有芨芨草、沙蒿、赖草，分布稀少，沙丘流动较快，对下湾水库、都兰湖水库及周边农田，铁路、公路威胁较大，为全县重点沙化土地治理区。

（二）技术要点

1．工程固沙技术

使用抗老化塑料编织袋进行固沙（图136）。沙障设置为半隐蔽式沙障，从敞开的一段灌入现地流沙，灌满以后用尼龙线或铁丝封住敞开口，形成圆柱状，沿线平铺，露出沙表20cm，规格为1.5m×1.5m。沙障的设置与主风方向垂直，在沙丘迎风

图136 现场装沙袋

坡设置。设置时先顺主风方向在沙丘中部划纵轴线为基准，沙障与轴线的夹角在90°～105°。沙障设置在新月形沙丘的迎风坡2/3以下的沙丘面上，根据风向及设计沙障规模，先进行划线，然后顺线道平铺PVC材料。

2．生物措施

选择抗旱、耐寒的灌木及多年生草本、主要为柠条、沙蒿，6～7月在流动沙丘已设置好的PVC方格沙障内，沿方格边缘进行点播或行播柠条、沙蒿。灌木种子在沙障的阻挡和保护下，不宜出现被吹、沙埋等现象，很快发芽生根长出幼苗、幼树，根系及地上部分既起到防风固沙作用，同时也成为很好的生物沙障。

3．青杨、乌柳深栽技术

青杨和乌柳根系发达，萌能力强，生长快、耐旱、耐寒、耐地表高温，抗风蚀，是防风固沙好树种。采用深栽技术，选取10～20年健壮母树枝条截取插干，青杨插干长1.4m，小头直径2.5cm，大头直径3.5cm；乌柳插条长1.2m，大头直径1.5cm，小头直径1cm，生长健壮，无机械损伤，无病虫害。柠条、沙蒿种子净度不低于90%，发芽率不低于70%。将青杨插干在流水中浸泡30～40天，并随时检查，防止霉变，栽植前1～2天用GGR植物生长调节剂6号液100mg/L浓度液浸泡基部30min。乌柳插条需要假植。

造林地主要选择在流动、半流动沙丘的迎风坡及丘间地，地表20～30cm以下具有湿沙层。4月中下旬至5月底，随挖坑随栽植，青杨栽植深度0.8m，上部露0.6m；乌柳栽植深度0.8m，上部露0.4m，沿插干边缘踏实。株行距

1.5m×1.5m，初植密度 296 株／亩，块状混交。

（三）适宜推广范围

适宜于半干旱高原温带柴达木盆地东部风沙造林小区，也可在半干旱高原温带共和盆地风沙造林小区、半干旱高原温带青海湖周边地区、半干旱高原温带青海湖周边造林小区、干旱高原温带柴达木盆地中部风沙造林小区、半干旱高原亚寒带青海江河源造林小区、干旱高原亚寒温带青海昆仑山小区、极干旱高原温带柴达木盆地西部风沙等小区推广。

（四）模式成效与评价

模式的实施使乌兰县林草植被盖度显著增加，有效降低了风速，减少了地表风蚀，长期危害当地群众的风沙得到了一定的遏制，缓解其继续向东蔓延的速度。逐步改善了该县生态环境和城镇居民生产和生活条件。根据气象部门数据显示，乌兰县年均降水量从 2008 年的 226.2mm 提升至 2012 年的 229.8mm；扬沙、沙尘暴、大风、浮尘总天数从 2008 年的 15 天降至 2012 年的 11 天，沙尘天数减少了 4 天（图 137）。

图 137　河南村造林前后对比

沙障袋解决了稳固流沙的难题，并且降低了劳动强度，加快了施工进度，与传统的麦草方格沙障、黏土沙障相比，具有防风固沙作用效果好，操作技术简单，使用期限长，使用寿命长，运输方便等优点，沙障袋首尾相连使流沙稳固在方格内，植物种子成活率高达90%以上。

● 模式2　沙地枸杞生态经济林模式（图138）

（一）自然地理概况

模式来源于青海省德令哈市。实施区位于青藏高原柴达木盆地东北边缘，平均海拔2980m，属典型的荒漠半荒漠干寒气候，年均降水量178mm，蒸发量2500mm，干旱少雨，风沙大，日照长，积温高。植被以旱生荒漠植被为主，主要有盐爪爪、猪毛菜、白刺、沙蒿等，分布不均匀。

（二）技术要点

1．树种

选用枸杞。枸杞根系发达，耐干旱贫瘠、耐盐碱，具有经济效益显著，防护效能持久等特点，是治理沙化土地优良的生态经济兼用树种。

2．整地

采用开沟整地，客土回填技术。沟宽1.0m，深0.7m，沟间距3.0m，人工或机械开挖，种植土回填沟内。

3．栽植

沟内开挖种植穴，人工植苗，使用保水剂，及时灌足定根水。

4．节水滴灌技术

采用节水滴灌技术，每亩用水量为150m³。滴灌系统干管平行道路两侧布

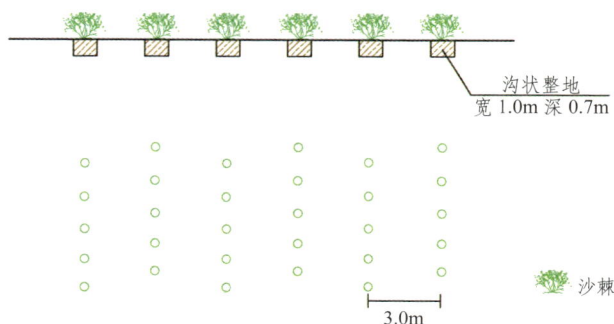

图138　沙地枸杞生态经济林模式

置，支管垂直干管，滴管平行干管。选用压力补偿式滴灌管，确保灌水均匀。

（三）适宜推广范围

适宜于半干旱高原温带柴达木盆地东部风沙造林小区，也可在立地相似的地势平坦，有灌溉水源保障的地区集中推广。

（四）模式成效与评价

截至 2013 年底，德令哈市枸杞种植面积达 10 万亩，干果总产量达 9407.7t，总产值 10.2 亿元。节水滴灌在乔木及枸杞造林应用面积达 60% 以上。实施枸杞生态经济产业模式，明显降低了风沙危害，改善了生态状况，已经成为当地调整农村产业结构，促进藏区经济发展，改善民生的重要途径。该模式是劳动密集型的集约经营模式，可创造大量的就业机会，生态、经济和社会效益突出（图139）。

图 139　德令哈市怀头他拉镇大西滩枸杞林

五、半干旱高原温带共和盆地风沙造林小区

● 模式 1　共和盆地绿洲防护林模式（图 140）

（一）自然地理概况

模式来源于青海省共和县。实施区海拔 2800～2900m，属于高寒干旱沙质草原。年降水量 246.3mm，年蒸发量 1716.7mm，年均气温 2.4℃，极端最高气温 31.3℃，极端最低气温−28.9℃。无霜期平均为 91 天。年均大风日数 51 天，最多可达 97 天，风向主要为西、西北风，平均风速 2.7m/s，最大风速 40m/s。沙珠

玉河自西向东横穿模式区，形成了由沙珠玉河下切侵蚀造成的大小不等的侵蚀面和风力作用形成的风蚀堆积地貌，沙漠化土地主要分布于沙珠玉河南岸。在西北风的作用下，流沙向东南方向侵袭，危害沙珠玉河两岸的农田牧场，土地生产潜力降低、草场可利用面积缩小、交通堵塞、填埋水渠等建筑设施、污染环境、填淤湖泊、威胁龙羊峡库区的安全运行。

（二）技术要点

1. 绿洲外围封沙育林育草带

封禁育林育草，依靠天然下种或根系萌发，辅以封禁管护、人工补种等措施恢复天然植被。

2. 防风阻沙林带

①设置沙障：设置麦草沙障格网，网格规格为 1.0m×2.0m，垂直主风方向为 1.0m，顺主风方向为 2.0m。先将麦草网格线在沙面上铺好，用铁锹从中间插入沙内 15cm，地上露出 15～20cm，草厚度 10cm 左右。

②树种：柠条、花棒、沙棘、柽柳、梭梭、沙拐枣、沙蒿等。

③造林：柽柳扦插造林，株行距 3.0m×3.0m。插条直径大于 1.5cm，长 50cm，枝龄越小越好。沙障内扦插时，插条长 20～30cm。扦插前 1 月用流水浸泡插条，生成不定根。花棒容器苗造林，柠条、沙蒿、梭梭、沙拐枣等在沙障网格内直播造林，5～6 月第一次透雨后抢墒播种。

3. 绿洲内部农田林网

①林网结构：采用疏透通风型林带。主林带间距 150～200m，副林带间距

图 140　共和盆地绿洲防护林模式

400～600m，网格面积90～180亩。主林带宽5.0～8.0m，4～6行乔木或乔灌混交；副林带宽2.0～5.0m，2～4行乔木或乔灌混交。

②树种：乔木主要为青杨、新疆杨、小叶杨、白柳、旱柳等；灌木为沙棘、柠条、柽柳、沙柳、棉柳、黄柳、乌柳等。见表2。

表2 立地类型与造林树种配置

立地条件	可灌溉		无灌溉	
	类型	树种	类型	树种
流动沙丘	—		流沙	柠条、沙蒿、柽柳
丘间低地	平沙地	青杨、小叶杨	平沙地	柠条、沙柳、黄柳、柽柳
	丘间地	柽柳、沙柳、黄柳、沙棘等	丘间地	柠条、沙柳、黄柳、柽柳
河漫滩地	挂淤河滩地	青杨、小叶杨、沙棘、乌柳、柽柳	—	

（三）适宜推广范围

适宜于半干旱高原温带共和盆地风沙造林小区，可在我国西北广大荒漠绿洲地区推广应用。

（四）模式成效与评价

沙珠玉地区沙漠绿洲防护体系，沿主风方向由西向东依次为封沙育草区、固沙造林区和农田林网区三部分，经过长期的防护林建设，根本改善了区域生态环境，植被盖度由原来的10%增加到30%，粮食产量比治理前增加了2倍，有效保护了绿洲免受风沙危害，实现绿洲农林牧业的高产稳产。

●模式2 共和盆地高寒流沙地治理模式（图141）

（一）自然地理概况

模式来源于青海省贵南县。模式实施区地处青藏高原，属植被生长困难的高寒干旱或半干旱气候，具有丰富的沙源，大风天气频繁，风沙活动成为限制该地植被恢复的关键性制约因素。黄沙头是一个呈东西走向绵延十多千米的流动沙带，随着自然演变，沙化加剧，危及黄河，祸及周边。植被主要是耐旱的多年生草类和灌木，主要有芨芨草、冰草、针茅、骆驼蓬、锦鸡儿、沙蒿、白刺等。

（二）技术要点

综合分析当地的立地条件特点和风沙灾害的发生发展规律，从适地适树的原则出发，选择合适的乔灌木造林树种。在此基础上，把工程治沙、生物治沙措施和先进的造林技术有机地结合起来，提高造林的质量和成活率，达到治理沙害、改善生态环境的目的。

1．总体布局

基本原则是低地杨柳高地灌、经济植物栽林下，即将喜湿的杨柳栽于低地，耐旱的灌木栽于沙丘；流沙治理上，采用前挡后拉削丘顶、卵石黏土方格化；造林方法上，采取直播、植苗、深插干，推广容器苗造林。

2．设置沙障

流动沙丘造林需先设置机械沙障，机械沙障所用材料就地取材。一是就近利用河滩地粒径 3～10cm 的河卵石，沙障规格 2.0m×1.0m；二是利用原生黏土，黏土沙障棱高 20cm，格网规格 1.5m×1.5m。沙障网格经过一段时间沙蚀或沙埋后，才可直播造林。

3．造林

①直播：适用于沙障方格内造林。春播或雨季播种，树种主要有柠条、沙蒿、梭梭、沙拐枣等。穴播于沙障方格内来风端的棱边或角内，此处为落沙部位，水分条件较好。小粒种子可撒播、穴播、条播，播深取决于种子大小，覆土厚度 1～6cm。

②容器苗：适用于沙障格内或坡度较缓的没有设置沙障的沙丘背风坡造林。容器育苗时间不超过 2 个月，否则苗根穿透容器底部，不但起苗困难，而且影响成活率。适宜容器苗造林的有甘蒙锦鸡儿、花棒、杨柴、树锦鸡儿等。

③扦插：适用于沙丘背风坡、未设沙障低矮平缓的迎风坡或沙障格内。初

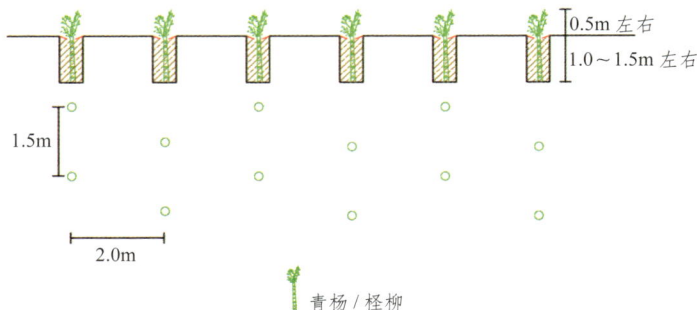

图 141　共和盆地高寒流沙地治理模式

植密度 3.0m×3.0m，柽柳等灌木插条直径 1.5cm，长 50cm；青杨、小叶杨直径 2cm，长 1.0～1.5m。扦插前 1 月流水浸泡，形成白色不定根，即"露白"为好。

④大苗深栽：适用于地势平坦、土壤肥沃的丘间地。选用 3 年生大苗，挖坑深栽 50cm，株行距 3.0m×3.0m，适宜树种有杨树、乌柳、沙柳、柽柳、沙棘等。

⑤经济植物：土壤肥沃的杨柳林下可引种经济植物，如西藏沙棘、麻黄、大黄、甘草等。

（三）适宜推广范围

适宜于半干旱高原温带共和盆地风沙造林小区，也可在青藏高原高寒风沙区推广应用。

（四）模式成效与评价

综合分析树种、立地和造林方式，合理组装配套，把工程治沙、生物治沙和先进造林技术有机结合，提高造林质量和成活率，短期内取得了显著效益，达到治理沙害、改善生态的目的（图 142）。

图 142 黄沙头区治理前后对比

六、半干旱高原温带青海黄河流域造林小区

● 青杨沙棘混交水保林模式（图 143）

（一）自然地理概况

模式来源于青海省化隆县。实施区位于化隆县中西部海拔 2750～3000m 的中高山阴坡、半阴坡，年均气温 2.7℃，≥5℃积温为 1815℃，持续天数为 152 天，无霜期 110 天，作物生长期为 185 天，年降水量 385mm，无灌溉条件，土壤为灰钙土，土层厚度 50cm 以上。植被主要为温带草原植被，主要有芨芨草、针茅、沙蒿、垂穗披碱草、白草、早熟禾等，覆盖度 60% 左右。

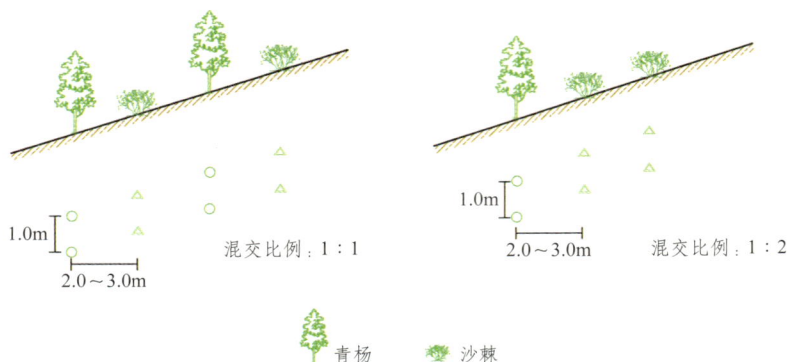

图 143 青杨沙棘混交水保林模式

（二）技术要点

1．树种

青杨、沙棘。

2．苗木

青杨苗木采用 3～4 年生、高 0.6～1m、用清水浸泡 7～10 天的插干（造林效果最好），沙棘采用 1～2 年生、高 30～60cm 实生苗。

3．整地

采用水平沟或小反坡方式，整地时间一定要在秋季集中降水前，一般为 9～10 月。

4．造林

初植密度为每亩 222～333 株，便于快速郁闭成林，乔灌混交比例为 1∶1 或 1∶2。

（三）适宜推广范围

适宜于半干旱暖温带青海黄河谷地造林小区、半干旱高原温带湟水河流域小区、半干旱高原温带黄河流域造林小区等小区推广。

（四）模式成效与评价

利用该模式造林，当年成活率在 80% 以上，第 3 年部分沙棘郁闭成林，第 5 年沙棘全部郁闭成林。沙棘郁闭成林后可有效保护青杨，同时沙棘的根瘤菌可为青杨提供养分，促进乔木生长；乔灌混交林成林后可有效拦截降水并进行涵养，减少水土流失效果明显。

该模式成林快、林木生长旺盛，保持水土流失效果好，造林成效易巩固，沙棘成林后牲畜、人为活动较难造成破坏，且沙棘根蘖性极强，自然繁殖、扩展能力好。一定程度上受降水、土壤的制约，因此在推广时需通过前期整地汇集林木成活和生长必需的降水（图144）。

图144　化隆县扎巴镇山地造林前后对比

七、半干旱高原温带湟水流域造林小区

● 模式1　黄土丘陵干旱浅山汇集径流模式（图145）

（一）自然地理概况

模式来源于青海省平安县。实施区地处干旱黄土丘陵沟壑区，海拔2060～2600m，年均气温4.5℃，年均降水量310mm，降雨主要集中在7～9月。土壤主要有栗钙土、灰钙土，土层厚度1m以上，无石砾层。天然分布的植被以小叶锦鸡儿、针茅、冰草、披碱草、蒿类为主，盖度30%～50%。坡大沟深、干旱少雨、降水集中、春旱严重、水土流失剧烈，是这一地区的主要特点。

集水坡面

截水沟

1.0～1.2m

0.6～0.8m

2.0～4.0m

2.0～3.0m

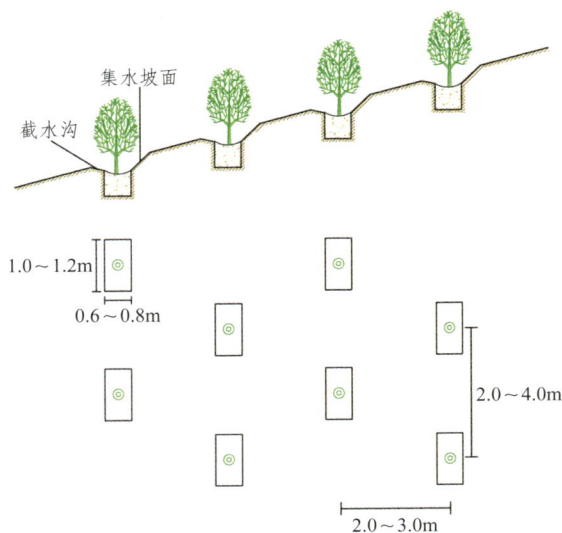

图145　黄土丘陵干旱浅山汇集径流模式

（二）技术要点

1．树种、草种

青杨、白榆、柠条、沙棘、山杏、沙枣、紫花苜蓿、披碱草、老芒麦等。

2．造林配置

阳坡营造柠条、沙棘纯林，沙棘与白榆、山杏、沙枣混交林；半阴半阳坡营造沙棘纯林，沙棘与山杏、沙枣混交林；阴坡营造沙棘纯林，沙棘与山杏、沙枣、青杨、白榆混交林。

3．整地

坡度25°以上，采取鱼鳞坑、水平沟整地方式，坡度25°以下，采取水平沟、反坡梯田、大坑或全面整地。

4．林带配置

营造窄林带、宽草带的林草间作模式，乔灌结合、林草结合，林与草行距2.0～3.0m。

（三）适宜推广范围

适宜于半干旱高原温带湟水流域造林小区，也可在半干旱暖温带青海黄河谷地造林小区、半干旱高原温带共和盆地风沙造林小区、半干旱高原温带祁连山南坡造林小区、半干旱高原温带青海萱河流域造林小区推广。

（四）模式成效与评价

平安县干旱浅山旱作造林模式，既有效改善了区域生态环境，又为发展农区畜牧业创造了物质条件，缓解了林牧矛盾，具有良好的生态、社会和经济效益（图146）。

图146　平安县洪水泉回族乡硝水泉村造林前后对比

● 模式2　湟水上游针阔混交水保林模式（图147）

（一）自然地理概况

模式来源于青海省湟中县。实施区位于青海省东部湟水上游农业区，地处黄土高原向青藏高原过渡地带，属黄土丘陵沟壑区。属高原内陆干旱气候，年降水量 390mm，年蒸发量 900～1000mm，无霜期 110～150 天。土壤为栗钙土。立地条件差，植树成活率低，绿化难度大。治理前植被主要为草本植物，以禾本科、菊科、蕨类植物为主，灌木有天然锦鸡儿、沙棘、柠条等。干旱、风沙等自然灾害危害大，水土流失严重。

（二）技术要点

1．树种

青海云杉、油松、青杨、山杏。

2．苗木

针叶树种采用土球苗，阔叶树种采用裸根苗。青海云杉苗高 60～80cm，土球直径 20～30cm；油松苗高 80cm，土球直径 30cm；青杨苗直径 3cm 以上；山杏采用 2 年生裸根苗。

3．整地

鱼鳞坑整地。栽植穴规格青海云杉为 50cm×50cm×40cm，青杨为 50cm×50cm×60cm，油松为 50cm×50cm×40cm，山杏为 40cm×40cm×40cm。

4．造林

春季造林，以 4～5 月为宜。边整地边栽植。1∶1 行间混交。阳坡栽植油松 × 山杏混交林，阴坡栽植青海云杉 × 青杨混交林。株行距 2.0m×2.0m，"井"字形排列。

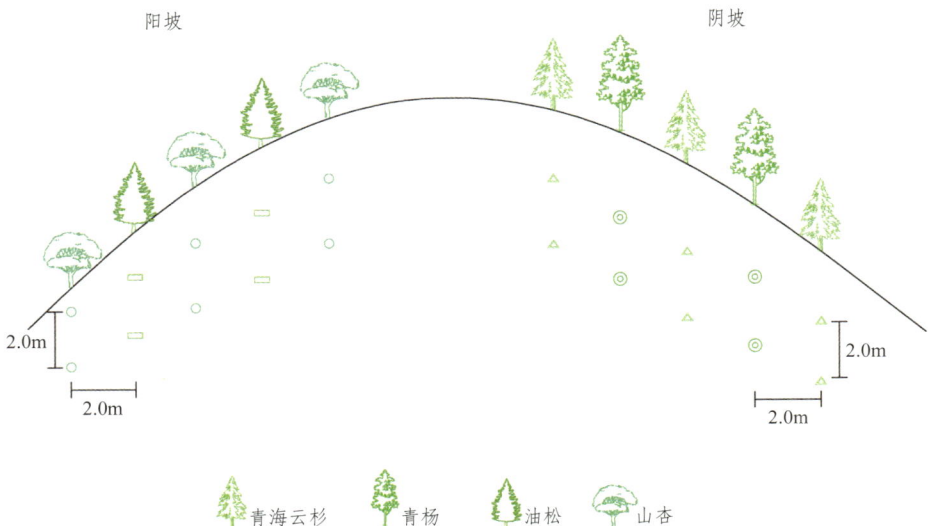

图 147　湟水上游针阔混交水保林模式

5．抚育管理

栽后及时浇水，防治病虫鼠害，加强管护。

（三）适宜推广范围

适宜于半干旱高原温带湟水流域造林小区，也可在半干旱暖温带青海黄河谷地造林小区、半干旱高原温带祁连山南坡造林小区、半干旱高原温带青海黄河流域造林小区推广。

（四）模式成效与评价

选择抗旱能力强的青海云杉、山杏等作为造林的主要树种，针阔混交，充分利用地力和空间，提早郁闭，控制水土流失，改善生态环境（图148）。

图148　湟中县鲁沙尔镇造林前后对比

八、半干旱高原温带青藏高原东北边缘造林小区

●拉脊山封山育林模式

（一）自然地理概况

模式来源于青海省拉脊山 - 青沙山天然次生林区，属黄土高原向青藏高原的过渡地带，是湟水流域水源涵养区，海拔2300～3700m。气候寒冷湿润，年均气温2.4～5℃，年降水量450～600mm，生长期60～120天。主要土壤类型有黑钙土、灰褐土、山地草甸土和高山草甸土。植被类型有天然次生林、高山灌丛、草地，植被盖度85%以上。

（二）技术要点

1．封山育林

（1）全面封育

有天然下种或萌生能力较强的林地，实施全面封禁，设置网围栏、防护墙、防护沟等，禁止人畜危害。

（2）封播结合

在集中连片的远山区，结合封育进行人工模拟飞播造林。播前进行割灌留乔，降低盖度在 60% 以下。春季撒播，树种以青海云杉、桦树、沙棘为主。

2．封造结合

在海拔 3200m 以下灌丛地、草地，通过人工补植补栽，栽乔保灌，调整树种组成，改善植被类型。

①树种：主要乔木树种为青海云杉、祁连圆柏、油松、华北落叶松、山杨、青杨、波氏杨、白桦等。

②整地：带状或穴状整地，随整随造。

③造林：春季土壤解冻后。青海云杉、华北落叶松初植密度 333 株 / 亩，桦树、山杨初植密度 220 株 / 亩。盖度大于 40% 的灌丛地隔带割灌，土壤、水分条件好的地块缝植造林。

3．人工促进天然更新

有天然母树的地段，人工移栽幼苗；盖度大于 70% 的地块割灌抚育，通风透光，加快幼苗幼树生长。

4．加强管护

成立专门的管护队伍，建设管护设施，禁止人畜危害，加强病、虫、鼠害防治。

（三）适宜推广范围

适宜于半干旱高原温带青藏高原东北边缘造林小区，也可在祁连山、天山、昆仑山等高寒湿润山区的天然次生林区推广。

（四）模式成效与评价

该模式营造恢复水源涵养林 578 万亩，成林 344 万亩，成林率 59%，提高了流域水源涵养能力，部分干涸的河流恢复径流，水质改善。湟中县拉脊山北麓全封闭示范区研究表明，封育区退化灌木林疏林群落结构得到优化，植被种类、种群密度、生物量、盖度、植株高度等方面改善显著。

九、半干旱高原温带青海湖周边造林小区

● 模式1　青海湖周边流动、半流动沙地乌柳截干深栽模式（图 149）

（一）自然地理概况

模式来源于青海省海晏县。实施区位于青海湖东北岸，海拔 3196～3596m，

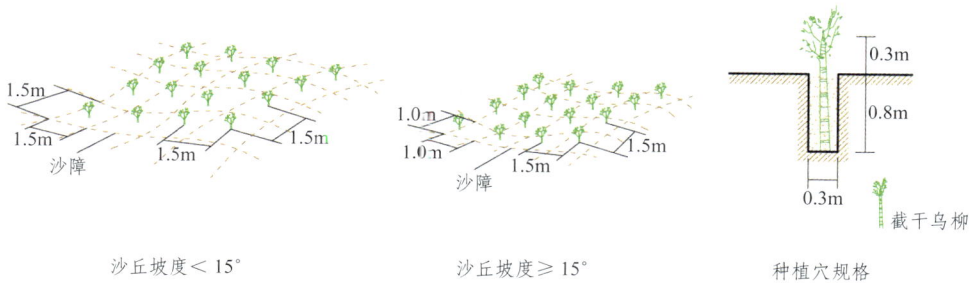

1.5m
1.5m
1.5m
沙障
沙丘坡度＜15°

1.0m
1.0m
1.5m
1.5m
沙障
沙丘坡度≥15°

0.3m
0.8m
0.3m
截干乌柳
种植穴规格

图149　青海湖周边流动、半流动沙地乌柳截干深栽模式

属于高原亚干旱气候，年平均降水量250mm左右，年平均蒸发量1500mm，土壤类型以风沙土为主。本区植被稀疏低矮，种类少，覆盖度10%～25%，灌木种类有天然生长的小叶锦鸡儿、沙蒿等，沙丘地带多呈带状分布，草本主要有芨芨草、针茅、冰草等。

（二）深栽固沙造林技术要点

在流动、半流动沙地采用工程固沙造林技术模式，流动沙地治理一般选用2～3m以下的沙山，当年治理可固定。在设置好的沙障内进行造林，造林苗木选用治沙优良乡土树种乌柳截干。沙丘坡度小于15°的草格沙障设置为1.5m×1.5m，大于15°规格为1.0m×1.0m；工程固沙配套造林治沙，可加快治理区的林草植被恢复，促进沙区原生植物的生长，达到工程和生物措施结合的治理目标。

1．设置沙障

材料为麦秆，制作沙障时先在沙丘上划线，将材料均匀横铺在线道上，用平头锹沿划线方向压在平铺的草条中间用力下压，至沙层10～15cm深，然后两侧培土踩实。沙障主带与主风方向垂直，在迎风面沙丘脊线以下设置。

2．树种

乌柳。

3．插干采集

4月初，选择生长健壮、无病虫害的3～4年生乌柳母树侧枝砍取插干，小头直径≥1.5cm、长度1.1m。

4．插干处理

插干流水浸泡20天，再使用GGR 6号20～50mg/L溶液浸泡1～2h后栽植。

5．栽植

4月上旬至5月上旬，在1.5m×1.5m规格草格沙障内进行深栽。植穴直径30cm，深80cm，地上部分留30cm。沙地蒸发量大，提前整地会使其内水分蒸发，采取整地与造林同步进行的方式。

（三）适宜推广范围

适宜于半干旱高原温带青海湖周边造林小区，也可在半干旱高原温带共和盆地风沙造林小区、半干旱高原温带柴达木盆地东部风沙造林小区、半干旱高原亚寒带青海江河源等小区推广。

（四）模式成效与评价

多年的实践证明，工程沙障固定流沙可短时间内将流动沙丘完全固定，但如果不采取生物措施，固定的沙丘有可能在2～3年内重新活化，而生物固定流沙，在初期效果不明显，有时甚至难以实现。该模式治理效果明显，为防沙治沙工作积累了成功的经验，也为同类型的沙漠化治理树立了典型和样板（图150）。

图150　克土沙区下斜玛现治理成效

● 模式2　中国沙棘营养土坨造林模式（图151）

（一）自然地理概况

该模式来源于青海省海晏县。实施区位于青海省东北部，海晏县克土沙区下斜玛，青海湖东北岸，属高原干旱气候，年均降水量250mm左右，年均蒸发量1500mm。位于青海省海晏县克土沙区下斜玛，治理前植被稀疏低矮，种类少，灌木有天然生长的小叶锦鸡儿、沙蒿等，沙丘地带多呈带状分布，草本主要有芨芨草、针茅、冰草等。植被平均盖度约10%，土地沙化严重，对当地居民生产生活造成严重影响。

（二）技术要点

1．树种

选择耐干旱、固沙能力强的中国沙棘。

2．苗木

2 年生播种苗，苗高 25～40cm，地径大于 0.35cm，顶芽饱满，侧根发达，木质化程度高，无病虫害的优质苗木。

3．整地

栽植穴深 35cm，上口直径 30cm。

4．造林

人工植苗，株行距 1.5m×1.5m。针对沙化土地肥力低下，造林前将土、水、羊板粪、化肥合拌，按 1∶1∶0.5∶0.03 的比例，配制成泥状营养土，将沙棘苗根部包裹成土坨，土坨的大小为 12～15cm。栽植时，将沙棘营养土坨放入植苗坑内，苗根放在坑中心垂直于地面，填土高度 30cm，留 5cm 蓄水坑，后覆土踩实，禁牧管护。

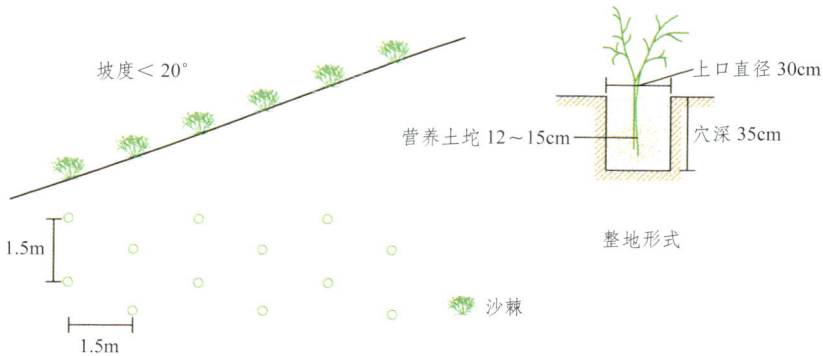

图 151　中国沙棘营养土坨造林模式

（三）适宜推广范围

适宜于半干旱高原温带青海湖周边造林小区，也可在其他半流动沙丘、流动沙丘推广。不适于 20° 以上的流动沙地及风蚀严重的流动沙丘造林。

（四）模式成效与评价

该模式可增加土壤养分，减少蒸发，土坨有压沙阻沙作用，可阻止大风扬沙。通过对丘间洼地的治理，固定、半固定土地面积不断增加，流动沙丘减少，提高了植被盖度，遏制了沙化蔓延。为确保成效，应加强对新造林地的抚育管护，尤其是风蚀严重地段要在翌年春季进行培土，防治苗木因风蚀露根失水死亡（图152）。

图152 克土沙区下斜玛治理前后对比

半干旱高原亚寒带造林亚区

半干旱高原亚寒带青海江河源造林小区

● 三江源区高寒草原草甸"黑土型"退化草场综合治理模式

（一）自然地理概况

模式来源于青海省三江源区。平均海拔 3500～4500m。多年年均降水量 274.6～746.9mm。年降水量的分布由东南向西北渐次减少。青海三江源地区地处青藏高原腹地，为长江、黄河、澜沧江的发源地，每年向下游供水 600 亿 m^3，被誉为"中华水塔"。是全球生物多样性最集中的地区，也是我国影响范围最大的生态功能区，生态区位极其重要。对世界气候有着重要的影响。

自 20 世纪 90 年代以来，由于气候变化、过度放牧和鼠害等因素，三江源自然保护区 2700 多万亩高寒草甸退化成裸露的"黑土滩"，其面积呈逐渐扩大趋势，严重威胁着当地脆弱的生态环境。

（二）技术要点

依据地形条件以及工程治理的需要，将黑土滩退化草地划分为 3 种立地类型，即：Ⅰ滩地，坡度为 0°～7°；Ⅱ缓坡地，坡度为 7°～25°；Ⅲ陡坡地，坡度 ≥ 25°（表 3）。

表 3　黑土滩退化草地评价指标、类型及等级划分

退化类型	退化等级	秃斑地比例（%）	可食牧草比例（%）
Ⅰ滩地（0°～7°）	Ⅰ-1 轻度	40～60	15～20
	Ⅰ-2 中度	60～80	5～15
	Ⅰ-3 重度	≥ 80	≤ 5

（续）

退化类型	退化等级	秃斑地比例（%）	可食牧草比例（%）
Ⅱ缓坡地（7°～25°）	Ⅱ-1 轻度	40～60	15～20
	Ⅱ-2 中度	60～80	5～15
	Ⅱ-3 重度	≥80	≤5
Ⅲ陡坡地（≥25°）	Ⅲ-1 轻度	40～60	15～20
	Ⅲ-2 中度	60～80	5～15
	Ⅲ-3 重度	≥80	≤5

1．人工种草

（1）类型划分

根据黑土滩的立地类型和植被恢复后的利用目标，将黑土滩人工草地分为3种类型。

①刈用型：刈用型黑土滩人工草地，以刈割利用为目的，选择植株高大、产量高、牧草营养丰富的一年生或多年生牧草草种，在坡度小于7°的黑土滩退化草地上利用综合农艺技术措施建植的人工草地。

②放牧型：以家畜放牧利用为目的，选择适口性好、耐牧性强的草种，通过人工措施在坡度小于25°的滩地和缓坡地黑土滩退化草地上建植及改良的草地。

③生态型：以水土保持、防风固沙、涵养水源为恢复目的，选择适应能力强、易形成草皮、水土保持能力强的多年生草种，通过人工措施在黑土滩退化草地上建植及改良的草地。

（2）适宜草种

①刈用型：垂穗披碱草、青牧1号老芒麦、同德老芒麦、青海中华羊茅、青引1号燕麦、青引2号燕麦等。

②放牧型：上繁草为垂穗披碱草、青牧1号老芒麦、同德老芒麦、青海中华羊茅等；下繁草为青海草地早熟禾、青海扁茎早熟禾、青海冷地早熟禾、波伐早熟禾、西北羊茅、毛稃羊茅、同德小花碱茅等。

③生态型：上繁草为垂穗披碱草、麦宾草等，下繁草为青海草地早熟禾、青海扁茎早熟禾、同德小花碱茅、赖草、梭罗草、疏花针茅等。

（3）播种措施

①刈用型：条播，灭鼠—翻耕—耙磨—施肥—机械播种—镇压；撒播，灭

鼠—翻耕—施肥—耙磨—撒播—覆土—镇压。

②放牧型：灭鼠—翻耕—耙磨—施肥—撒播（条播）—覆土—镇压。

③生态型：条播：灭鼠—浅耕—轻耙—施肥—机械播种—覆土—镇压；撒播，灭鼠—浅耕—轻耙—施肥—撒播大粒种子—覆土—撒播小粒种子—镇压。

2．退化草地综合治理

通过野外调查和相关技术的集成，在"黑土滩"退化草地分类（表3）、在分级标准的基础上并结合以往成功的治理经验，将"黑土滩"退化草地的治理归结为3种模式，相关治理措施如下。

（1）人工改建

①立地选择：适用于坡度小于7°的重度"黑土滩"退化草地。这类"黑土滩"退化草地土壤肥力很差，但地势相对平坦，适于机械作业。

②治理措施：此类退化草地，通过机械作业种植适宜的草种可使其快速恢复生产和生态功能。

（2）半人工补播

①立地选择：适用于坡度小于7°的中、轻度"黑土滩"退化草地和坡度在7°～25°之间的中度和重度"黑土难"退化草地。

②治理措施：这类退化草地可在不破坏或尽量少破坏原生植被的前提下，选择适宜的草种，通过机械耙磨或人工补播措施建立半人工草地。

（3）封育自然恢复

①立地选择：适用于坡度在7°～25°之间的轻度"黑土滩"退化草地和坡度大于25°的所有类型的"黑土滩"退化草地。

②治理措施：这类"黑土滩"退化草地坡度陡，治理难度大，可通过10年以上的长期封育使之逐渐恢复其植被。

（三）适宜推广范围

适宜于半干旱高原亚寒带青每江河源造林小区，也可在青藏高原地区相似的"黑土型"退化草场治理推广。

（四）模式成效与评价

人工种草，根据立地条件和利用目标，分为3种类型：刈用型形成植株高大、产量高、牧草营养丰富、适口性好的草地；放牧型能快速形成植物群落稳定、耐牧耐践踏、草质柔软、适口性好、持久性强、产量较高、饲草品质好、利用年限长的草地；生态型能快速形成水土保持能力强、适口性较差，植物群落稳定的草地。通过分类经营，充分发挥其综合效益。

据监测，退化草地综合治理措施实施后，"黑土滩"项目区植被覆盖率从2005 年以前的 20% 提高到 2015 年的 80% 以上，平均亩产鲜草由治理前的 50kg提高到 350kg，比治理前增产 6 倍，牧草平均高度达到 50cm，有效提高了草地水源涵养能力。

通过"黑土滩"治理，牧民对开展科学种草、合理利用草场和保护草原的意识明显提高，生态、经济和社会效益明显提高。目前，青海三江源自然保护区"黑土滩"治理项目完成投资 7400 多万元,75 万多亩"黑土滩"面积得到有效治理，变成片片绿洲，重新焕发勃勃生机，为恢复高寒退化草地的生态功能提供了技术支撑和示范样板。

第二章

干旱造林区

干旱暖温带造林亚区

一、干旱暖温带塔里木盆地沙漠绿洲造林小区

● 模式1 塔里木盆地荒漠区引洪落种恢复柽柳模式

（一）自然地理概况

模式来源于新疆维吾尔自治区伽师县。项目区位于新疆维吾尔自治区西南部，喀什噶尔冲积平原中下游，天山南麓，塔里木盆地西缘。伽师县为克孜勒河沉积、洪积扇尾部组成的冲积平原，地势西高东低，北高南低。地形可分为风成沙包、盐土荒漠和现代河流淤积绿洲3种。排孜阿瓦提河、克孜勒河、台勒维切克河横贯境内。境内平均海拔1190m。全县地形为东西走向的开形盆地，地形坡降明显变缓，形成由西南向东北微倾的地势，地面坡度为1/3000～1/1000。属暖温带大陆性干旱气候，降水稀少，气候干燥，昼夜温差大。

（二）技术要点

在干旱缺水、风沙、盐碱危害严重的塔里木盆地西部，治沙造林难度大，针对当地特点，伽师县总结出荒漠区引洪落种恢复柽柳治沙模式。选择地下水位相对较高的区域，造林后无需长年灌溉，有条件时可进行补充灌溉，不会增加地表水资源消耗量或与农业争水。选择适生树种柽柳，耐干旱、盐碱。采用引洪落种的方式恢复和发展柽柳，不进行整地或者局部整地，修建临时性的简易引洪设施，大幅度降低治理成本，采用较低的植被盖度，既可起到治沙的效果，又不会造成地下水位降低。

引洪落种恢复柽柳的方法有以下两种。

1. 引洪灌溉自然落种法

根据柽柳种子成熟期与洪水期基本同步的特点，在有种源的疏林地、灌丛区有计划、有组织地进行开沟引洪天然落种的办法恢复柽柳林。选择较大面积、地势较为平坦、无茂盛杂草的地块。以地形堵坝拦洪，开渠引洪灌溉。缺点是出苗

率低、不均匀、不稳定。

2．引洪灌溉人工落种法

此种方法是在水源较紧缺情况下采取的引洪造林法。

（1）采种

伽师县有 12 个柽柳品种，在春、夏、秋 3 个季节均有不同耐盐柽柳品种成熟的种子，采种的时候，采收枝条下部较饱满的种子。种子随采随用，如需跨年度使用，可将种子阴干式晒干，放在阴凉、通风处保存，以备来年使用。

（2）地块选择

选择地下水位不高、草根不多的地方恢复柽柳。

（3）整地

地块选择好后，将其分成 100～200 亩若干块，平整，打埂，每隔 5～6m 开沟，沟深 50cm，宽 80cm，为提高工效、降低造林成本，实行机械化作业，每台拖拉机每小时可开沟 30 亩。在开沟时，避开重碱盐区。

（4）人工落种

开沟后，引洪水灌溉，到沟内水不流动时，进行人工沟内落种，在落种后 5 天内即可出苗，出苗均匀，落种较早的当年可长到 50～80cm。落种 1 个月后进行检查出苗情况，苗稀少，可采用二次灌水复种出苗。

（5）抚育管理

当年生长出来的苗较嫩，禁止牛、羊放牧，设置围栏或专人负责管护。

（三）适宜推广范围

适宜于干旱暖温带塔里木盆地北部沙漠绿洲小区，也可在塔里木盆地西部半固定沙地或戈壁荒滩推广。要求地势较为平坦，具备引洪条件，地下水位在 3m 以内，沙地或戈壁砾石皆可，土壤含盐量低于 0.3%。

（四）模式成效与评价

塔里木盆地西部降水稀少，蒸发强烈，多大风沙尘天气，年降水量低于 100mm，无常年地表径流，沙漠和低山丘陵区水资源极度匮乏，造林治沙难度大。伽师县经过多年研究、实践，总结出了伽师县荒漠区引洪落种恢复柽柳植被治沙模式，模式成本低、效果好，两次荣获国家科学进步二等奖。1999 年《盐碱地沙地引洪峰灌溉大面积恢复红柳技术》获联合国环境规划署"土地退化和荒漠化控制成功业绩奖"。

该模式克服塔里木盆地西部降水量极低（不足 60mm），盐碱严重的难题，模式利用洪水，只需头年进行引洪，水资源消耗极低。不进行整地或者进行小范围的整地，投入低，治沙和治理盐碱效果明显。造林后无需单独管理，管护成本极低。伽师县自20世纪80年代开始，开展百万亩荒漠区引洪落种恢复柽柳植被治沙工程，在具备引洪的区域通过引洪落种的方式累计新增柽柳面积100余万亩，有效遏制了生态环境恶化的趋势（图153）。

图153　治理后柽柳林

● **模式2　阿克苏地区核桃栽培模式**（图154）

（一）自然地理概况

模式来源于新疆阿克苏地区。项目区属暖温带大陆性荒漠气候，年均降水量46.7mm，年蒸发量1887mm，是降水量的40倍。年均气温10.4～11℃，极端最低气温－25℃，极端最高气温39.4℃。10℃以上积温4024～4248℃，多年平均无霜期205～211天。全年太阳总辐射量573.21～606.68kJ/cm²。日照时数2570～2778h，日照率58%～62%，光能利用率0.5%。境内地形平坦，排灌方便。土壤主要有棕漠土、沙质土、绿洲土、盐碱土等土类。

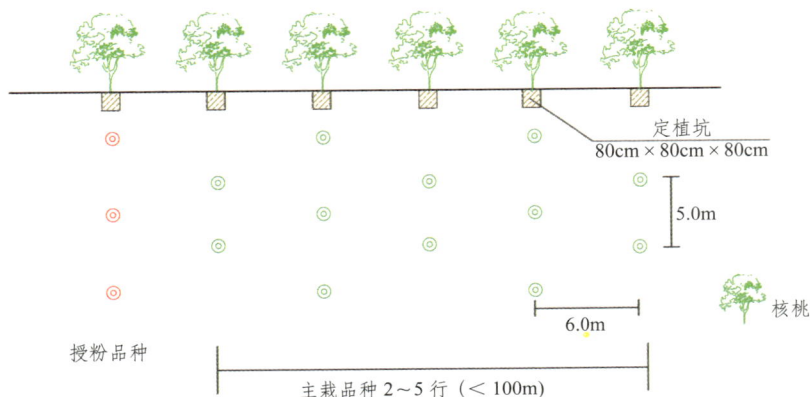

图154　阿克苏地区核桃栽培模式

214

（二）技术要点

该区域日照充足，热量资源丰富，昼夜温差大，无霜期长，有利于核桃的生长发育，提高果品质量。发展核桃有利于实现产业化经营。核桃株行距5.0m×6.0m的栽培模式为该区退耕还林最佳栽培模式，既满足了前期间作物生长需求，又符合核桃生长习性，便于后期核桃管理，减少核桃病虫害发生。在栽培过程中要注意树种选择和品种搭配，整形修剪，调整树势，增加产量。

1．品种

以"温185"、"新新2号"、"寄早丰"、"扎343"等作为推广品种。

2．建园

推行矮化密植栽培。以秋季9～11月或春季萌芽前定植最为适宜，选择单一主栽品种嫁接苗，株行距5.0m×6.0m，按2～5行主栽品种配置1行授粉品种，原则上主栽品种与授粉品种最大距离不得超过100m。大坑穴整地，规格为80cm×80cm×80cm。栽植前先垫30cm土肥，然后再填20cm土，栽下树后再填30cm土，然后浇足定根水，并用杂草覆盖树盘。栽后及时定干，防干旱死苗。秋栽核桃浇完越冬水后，入冬前对新定植苗木要进行埋土防寒处理。

3．抚育管理

（1）灌水

3～4月灌一次萌芽水，果实开花后灌一次肥水，6、7月各灌一次肥水，果实采收后结合秋施基肥灌水一次，土壤上冻前灌一次越冬水。

（2）施肥

分为基肥、追肥。基肥于核桃采收后的9月中旬至10月初开沟施，施后立即灌水。追肥每年进行2～3次，第1次于花前或展叶初期，以速效N为主，占全年总量的50%；第2次在5月底至6月初以N为主，占全年总量的30%。

（3）去雄、疏果与整形

发芽前15～20天摘除雄花芽，去雄量为果树总雄花量的90%～95%。采用主枝开心形整形，具有成熟早、操作容易、树冠小、早实丰产等特点。适时采收，严禁早采。

（三）适宜推广范围

适宜于干旱暖温带塔里木盆地北部沙漠绿洲小区，可在南疆大部分地区推广应用。

（四）模式成效与评价

阿克苏地区发展核桃木本粮油产业，在有效抵抗自然灾害的同时，方便了农民机械化间作其他品种，弥补了核桃结果前经济收入下降的问题。截至 2012 年底，地区核桃栽培面积 162.4 万亩，果品产量 110.5 万 t。林果业总产值 77 亿元，农民人均林果纯收入 2457 元，占农民人均纯收入的 29.72%。

核桃基地的规模化生产起到了良好的科技示范带动作用，辐射带动了周边农户管理果园的积极性和主动性，有力地促进了地区农业产业结构调整并将逐步增强全县农村经济实力，带来农民的大幅度增收，为地区农村全面迈向小康社会做出了积极的贡献。

● 模式 3　库尔勒市城市外围荒山多功能景观林模式（图 155）

（一）自然地理概况

模式来源于新疆维吾尔自治区库尔勒市。项目区位于库尔勒城市外围库鲁克山前大片戈壁和荒山荒坡。干旱少雨，植被稀少，大风季节飞沙扬尘，生态环境极为恶劣，给城区居民的生产、生活带来极大不便。

（二）技术要点

库尔勒市外围的库鲁克山前大片戈壁荒漠既是广阔的土地资源，也是影响库尔勒市生态稳定和安全的潜在威胁，利用滴灌节水技术，外围种植胡杨、柽柳等生态防护树种，内部种植枣等，道路两侧种植侧柏、刺槐，合理混交，形成特色

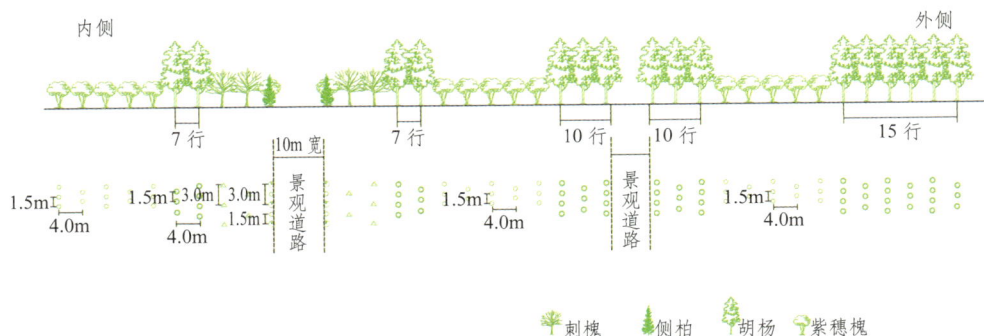

图 155　库尔勒市外围荒山多功能景观林模式

注：①景观道路两侧各种植 1 行侧柏、中间间隔花灌木（紫穗槐）、2 行刺槐、7 行胡杨；②管理道路两侧各种植 10 行胡杨；③外围西侧防护林种植 10 行胡杨，外围北侧、南侧和东侧种植 15 行胡杨，部分土质差地块内部种植紫穗槐。

人工林景观。

1．树种

胡杨、柽柳、侧柏、刺槐、枣等树种。

2．林种

胡杨、柽柳乡土树种营造乔灌混交林，枣经济林，侧柏、刺槐景观林。

3．整地

机械平整土地，坡度小于5%，穴状整地，胡杨、柽柳、枣整地规格为30cm×30cm×30cm，侧柏、刺槐整地规格为40cm×40cm×40cm。

4．栽植

春秋两季栽植，以春季为主。株行距1.5m×4.0m。苗木运至植苗地使用稀释1%的保水剂浸泡根系，或用旱地龙产品1000～2000倍稀释液进行浸根处理0.5～1h。在盐碱较重地块每穴施用10～15g旱地龙。

5．灌溉

全部采用以色列节水滴灌设备，绿化所在荒山土壤保水保肥能力差，而且土壤富含盐碱，苗木遭受盐分胁迫，需要加大灌溉量。苗木栽植后要及时灌水，3000～3750m³/（hm²·a）。每年5月施用滴灌专用肥，每亩10kg。

6．病虫害防治

定期观测，及时掌握病虫害，实行综合防治。

（三）适宜推广范围

适宜于干旱暖温带塔里木盆地北部沙漠绿洲小区，也可在塔里木盆地、准噶尔盆地及河西走廊等城市周边的干旱浅山戈壁区推广。

（四）模式成效与评价

库尔勒市于2009年在城市周边建设集绿化、美化和环境保护于一体的绿化林地1万亩，选择乡土生态树种和特色林果树种，合理布局，对新营造的绿化林地安装滴灌设施，实施滴灌工程，采用高效节水滴灌技术，造林成活率达85%以上，保存率达80%以上，完成1万亩戈壁荒漠区生态防护林建设工程。

库尔勒市生态多功能景观林工程，进一步优化了库尔勒城区社会经济环境，在防沙治沙、美化城市景观环境、提供休憩空间、提高居民生活质量、改善城市投资环境和促进旅游业发展等方面为环塔克拉玛干大沙漠区域城市树立了样板示范和辐射带动作用（图156）。

图 156　库尔勒市生态多功能景观林

二、干旱暖温带天山南坡山地丘陵造林小区

●塔里木盆地西北缘绿洲外围防风固沙林模式

（一）自然地理概况

模式来源于新疆维吾尔自治区阿图什市。项目区位于新疆维吾尔自治区西部，地处天山南麓、塔里木盆地西缘，是克孜勒苏柯尔克孜自治州的政治、经济和文化中心。阿图什市总体地形呈北高南低，由东北向西南倾斜，海拔 1200～4500m。属暖温带大陆性干旱气候，年均气温 12.9℃，年均日照时数 2745h，年降水量 78mm，年蒸发量 3218mm（约为降水量的 40 倍）。阿图什市境内主要有恰克玛克河、布谷孜河及哈拉峻盆地诸河流，多年平均总径流量为 4.25 亿 m^3。

（二）技术要点

通过科学、合理的规划配置，以"一主一辅，两个兼顾"（即以生态防护为主，兼顾林果产业发展；以生态景观为辅，兼顾城市绿化建设）为原则，在阿图什市北山上建立含防风固沙林、水土保持林、护路林、特色林果的复合型生态经济防护林体系，使林业生态产业化、林业"多业一体化"紧密结合，充分贯彻"生态立区"理念，达到"资源开发可持续、生态环境可持续"的发展目标。

1．布局

（1）外围生态防护区

位于项目区北侧、东侧外围，地势起伏、坡度大、土壤条件较差，以建设生态防护林为目标。

（2）林业生态试验示范区

位于项目区中、西部，紧邻城市，地形平坦，建设生态经济型防护林、生态休闲林，配套灌溉、道路等附属设施。

（3）主干防护林区

建设生态经济型防护林，配套灌溉、道路等附属设施及林产品交易区。

（4）G314 国道绿化区

沿 G314 国道两侧营造 50m 宽的绿化景观带。

2．树种

采用胡杨、大果沙枣、尖果沙枣、山杏、大叶白蜡、榆树等多种乔木。

3．林种

营造防风固沙林。

4．造林

穴状整地，规格 60cm×60cm×60cm。上述树种混交比例为 3∶2∶1∶2∶1∶1，株行距 3m×2m，或 1.5m×4m。"品"字型栽植。

5．抚育管理

采用管道灌溉与滴灌相结合的灌溉方式，每年每亩灌水定额 200m³。重点预防蚧类害虫。

（三）适宜推广范围

模式适宜于干旱暖温带天山南坡山地丘陵造林小区，可在南疆城市经济圈沙化土地治理推广。要求降水量＞50mm，可补充灌溉。土壤 pH 值 7.0～8.1，沙壤土、戈壁、沙石和碎石堆土壤。

（四）模式成效与评价

在绿洲边缘营造防风阻沙林带，可阻抑该区域流沙扩展和风沙危害。科学规划配置防风固沙林、水土保持林、护路林复合型生态防护林体系，大力开展节水灌溉基本建设，采取工程节水、特色林果和生态节水相结合的措施，可有效缓解用水压力。在树种搭配上注重景观效果，建设阿图什北山防护林绿色生态屏障，有效地改善了阿图什市的生态环境，更好为城市经济圈服务。

模式局限是节水滴灌设施建设投资高，后期管护成本高，需要资金的持续投入（图157）。

图 157　阿图什北山防护林绿色生态屏障

干旱中温带造林亚区

一、干旱中温带乌兰察布高平原造林小区

● 模式1　内蒙古集二铁路沿线沙害综合治理模式（图158）

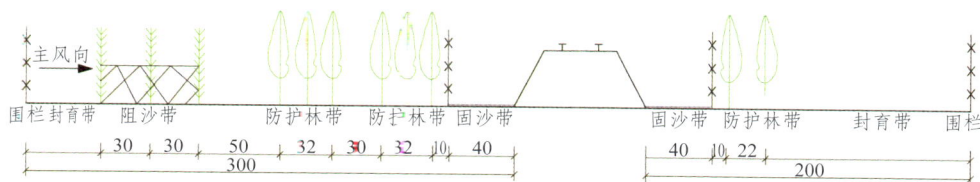

1. 严重沙害地段治理体系

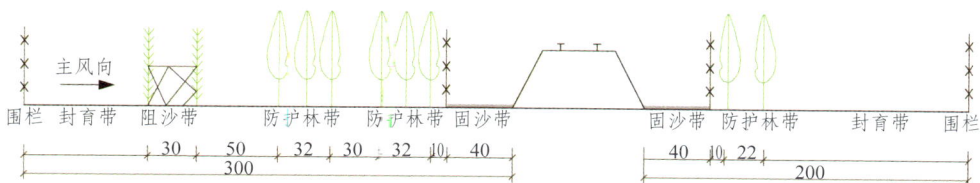

2. 较严重沙害地段治理体系

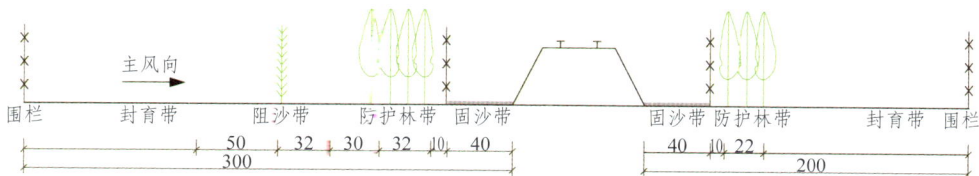

3. 一般沙害地段治理体系

图158　内蒙古集二铁路沿线沙害综合治理模式

221

（一）自然地理概况

模式来源于内蒙古自治区集二铁路（以下简称"集二线"）。集二线地处内蒙古自治区中部的乌兰察布盟和锡林郭勒盟境内，跨越了两个自然地带和 3 个地貌类型。即从南端的半干旱草原地带到北部的荒漠草原地带；从阴山东麓的乌兰察布丘陵，穿过连绵起伏的内蒙古高原直到二连盆地。海拔高度在 900～1500m 之间。

集二线自 1955 年 12 月 1 日建成运营以来，由于所处环境等因素不断遭受风沙危害，特别是近年来，受自然气候和周围环境的影响，草地急剧荒漠化，沿线植被覆盖率逐年降低，生态环境极其脆弱，沙尘暴频繁发生，线路沙害日趋严重。

（二）技术要点

沙害不仅严重扰乱了正常的运输秩序，威胁行车安全，对国际客货运输造成不良影响。而且对线桥、机车、水电等设备造成严重破坏。同时严重影响了二连国际口岸站"大进大出"的运输目标。给过往国际国内旅客造成不良影响，也给沿线职工的正常工作和生活带来不便。2001 年用于集二线沙害抢险和防治工程费用达 2000 万元多。对集二线沙害的综合治理，已成为当务之急。

1．沙害区段划分

根据线路沙害及地形地貌，集二线沙害分为以下 5 个区段。

（1）k102+000～k136+000

该区段沿线地貌为连绵起伏的高原和丘陵，线路两侧多为农田，冬春季在季风作用下，沙粒和土被吹到线路上造成沙害。线路两侧有防护林带，林带下部稀疏，不能完全阻挡风沙流。为一般沙害区段。

（2）k136+000～k251+000

该区段从农区、半农半牧区过渡到牧区，线路沙害是由农区、半农半牧区盲目开垦和过度放牧以及连年干旱造成草原荒漠化，多为一般沙害区段，局部沙害较严重。

（3）k251+000～k275+000

该区段线路两侧地势平坦，沙源广袤，线路处于浑善达克沙地腹地，风沙流强劲。由于过度放牧以及连年干旱造成草原荒漠化，为严重沙害地段。

（4）k275+000～k335+600

该区段线路两侧地势平坦，线路沙害由大范围的荒漠草原造成的，为较严重沙害地段，局部沙害严重。

（5）k55+000～k75+000

该区段线路两侧为火山喷出岩，沙害是由远方的荒地和农田的沙土吹至线路所造成的。为零星沙害地段，多为一般沙害区段。

2．集二线沙害综合治理体系

根据集二线沙害分布及沙害等级，制定了相应的治理措施，并建立了相应的综合治理防护体系。

集二线沙害综合治理采取清、固、阻、封、造相结合的综合治理措施。固定线路两侧流沙，阻挡远方风沙流向线路侵袭，恢复天然植被，植树造林，增加植被盖度，改善生态环境。

（1）工程措施

①清沙：清除线路积沙是保证铁路运输畅通和行车安全的必要手段。在其他工程措施和生物措施实施前，或在实施过程中防护林带没有形成防护能力前，要及时清除线路积沙，才能保证铁路运输畅通和行车安全。

②固沙：固沙的目的是固定地表面流沙，增加地面粗糙度，降低地面风速，减少气流中的输沙量。具体措施是设置草方格沙障和沙夹石或黏土覆盖。

③阻沙：在铁路两侧适当距离设置人工障碍物，以阻止和延缓风沙的前移速度，使沙粒在障碍物前后堆积，以避免线路遭到沙埋。阻沙措施采用高立式沙障，高立式沙障迎风侧距线路100～200m，背风侧50～100m。积沙后在沙堤顶部和背风坡脚设置草方格沙障，增加沙堤本身的稳定性。

（2）生物措施

①围栏封育：设置网围栏封闭线路两侧200～300m范围的沙地，实行禁牧，为自然植被提供休养生息正常繁育生长的条件，充分发挥自然植被的固沙作用。同时保护其他治沙设施不遭受破坏。在封育范围内，雨前适时播种沙生植物种，增加植被覆盖度。草方格内播种成活率较高。

②治沙造林：树种选择根系发达、耐干旱、耐风蚀、固沙能力强的乡土树种，如柠条、沙棘、山杏、蒙古扁桃、沙枣、榆树、樟子松。其中灌木占树木总量的75%。防护林结构采用窄带多带式结构，带状混交，使乔灌植物防护效益互补。

③配套措施：集二线沙害治理灌溉方式采用滴灌技术。通过多级管路将水输送到植物根部，以固定的小流量向植物灌溉，并根据不同树种需水量，设计滴水量。滴灌技术的应用，提高了水的利用率，节水50%。

（三）适宜推广范围

适宜于在干旱中温带乌兰察布高平原造林小区受风沙危害的铁路推广。

（四）模式成效与评价

集二线沙害综合治理从 2002 年 10 月开始至 2007 年 4 月，已治理沙害 124km，其中利用滴灌技术营造防护林 91km，建成荒漠草原乔、灌、草结合，封育带、阻沙带、固沙带、防护林带组成的"四带一体"防护体系，达到了绿色通道示范线标准。集二线沙害综合治理工程，取得了良好的生态效益和经济效益。造林成活率滴灌地段达到了 90% 以上，高立式沙障和草方格沙障阻沙固沙效果明显有效。封育带、防护林带自然植被恢复显著，生长良好，治理前，2001 年植被盖度为 0.45%～11.7%，平均为 3.52%；治理后，2006 年调查时，植被盖度增加到 11.6%～69.8%，平均为 32.7%。

经过沙害综合治理，治理工程范围内未发生影响行车的沙害，保证了铁路运输畅通和安全。已初步形成了"四带一体"的铁路防沙治沙体系。林带错落有致，苍翠欲滴，铁路两侧绿草如荫，站区实现园林化，在集二线上形成了一道绚丽的风景线，对自治区经济建设具有重要意义，对保护铁路运输安全，为全区生态建设和绿色通道建设做出了贡献。

集二线沙害综合治理，需要当地政府支持和配合，为保障治沙工程的成果，在集二线沙害综合治理范围内禁止放牧。将集二线生态治理工程纳入当地政府生态建设的总体规划，统一协调部署，实施综合治理。

● 模式 2　乌兰察布市后山地区退耕地灌草间作模式

（一）自然地理概况

模式来源于内蒙古乌兰察布市的后山地区，该地区气候主要受蒙古高压控制，大陆性气候非常明显，年降水量 250～300mm，年均气温 0～8℃。主要特征为水分不足、热量欠高、多风、灾害频繁。再加上人为活动违背自然和经济规律，对草原进行大面积掠夺式的垦荒种粮和过度放牧，出现了草原植被退化、土地沙漠化。

（二）技术要点

通过采用先进的技术和合理的经营，在退耕地建立以灌木为主、灌草相结合的恢复保护性和生产性兼顾的人工生物群落，在最短的时间内恢复生态环境，遏制土地沙化和沙尘暴，同时生产出优质饲草饲料，发展畜牧业。

1．配置

灌草间作（灌草草场）有以下配置方式。

（1）灌草两行一带

栽植两行灌木，播种一带牧草。带间距4～8m，带间播种牧草，适用于条件好的退耕地，建成封闭式打草草场。

（2）灌木两行一带

栽植两行间距4～8m灌木，中间保留4～8m荒草带。用于风蚀沙化严重，有沙石的地段，建成开放式牧场。

（3）灌草网格化种植

灌木带宽10～15m，每个网栅规格50m×100m，网格内种植牧草。

2．树种和草种

灌木主要是柠条，此外，还可根据立地条件选择沙棘、山杏、杨柴、华北驼绒藜、黄柳、沙柳等树种。草种除沙打旺外，还有草木犀、苜蓿，还应考虑冰草、老芒麦、披碱草、新麦草等。播种尽量采用多草种混播。

3．整地

在退耕熟地，一般采用随整地随造林。整地深度20cm以上，翻耕后进行耙耱。

4．造林

柠条在雨季前6月中下旬机械条播，株距0.5～1.0m，行距1～2m。播种量0.4～1.0kg/亩，播后镇压。沙棘、山杏、杨柴在早春植苗造林，或低温贮藏等雨造林。杨柴也可雨季播种造林。

5．抚育管理

造林后3～5年开始平茬，间隔期3～5年。为保持防护作用，采用分年度隔行或隔带平茬。牧草每年刈割作饲草，牧草生长周期（5～8年）过后，根据情况采用人工种草更新或依靠自然恢复。也可以在自然植被恢复的基础上，进行人工补播，最终过渡成自然植被。

（三）适宜推广范围

适宜在干旱中温带乌兰察布高平原造林小区及锡林郭勒高原区、科尔沁草原和鄂尔多斯高原等地的草原退耕地以及沙化草场推广应用。

（四）模式成效与评价

该模式对加快草原区退耕地和退化草原生态环境治理、促进当地经济发展帮助农民脱贫致富，起到了十分重要的作用。

二、干旱中温带内蒙古河套平原造林小区

●模式1　内蒙古河套灌区防护、用材兼用型农田防护林模式

（一）自然地理概况

模式区来源于内蒙古自治区河套灌区。属大陆性气候，热量丰富，雨量不足，地势平坦，土壤深厚肥沃，由于有黄河水的灌溉，这里地下水位较高，水分较充足，适合树木生长。

（二）技术要点

利用平原区优越的自然条件，把《杨树人工速生丰产用材林技术标准》中的集约经营措施，移植到农田防护林营造中，取得防护、用材双重效益，以提高农田防护林的经营水平。

1．林带设计

林带采用窄林带、小网格设计。一般主林带间距200～300m，副林带间距300～400m。主林带一般4～6行，副林带2～4行。主林带与主害风方向垂直，副林带与主林带垂直。

结合灌区渠系道路设计林网，林随渠走，干、支、斗以上的渠道，每侧营造2～3行树，农田地埂小毛渠每侧栽一行树，网眼面积一般在100～200亩。

2．树种

选择生长速度快、抗逆性强，尤以抗光肩星天牛，且在当地表现好的优良杨树品种，河套灌区主要有小美旱杨和新疆杨，伴生树种有紫穗槐、枸杞等。

3．苗木

杨树采用三根二干苗或四根三干苗，胸径在2.5～4cm以上，苗高2.5m以上的大苗。

4．整地

整地时间在造林前一年夏、秋季进行。采用大坑整地，坑长、宽、深均为0.8～1.0m，回填表土0.2～0.4m，要留灌水坑、沟或畦子。

5．造林密度

乔木株行距为2m×3m或3m×3m；灌木一般为1m×2m、1m×3m或1.5m×3m。

6．混交方式

一般以杨树纯林为主，也可在林带的一侧或两侧栽植灌木（枸杞、紫穗槐），形成混交防护林带，效果更佳。

7．栽植

栽前全株苗木在淡水中浸泡2～4天，黄灌区采用"冬贮苗木、等水造林"技术。栽植时要深栽、栽直、不窝根、分层填土、分层踏实。栽后应及时灌透水，覆土保墒。栽前强度修枝、截头，栽后苗干要涂白。

8．抚育管理

栽后进行灌溉、施肥、中耕除草、修枝等抚育措施。松土除草进行3年5次，当年灌水3～4次，以后根据条件每年灌水1～2次。注意防治病虫害，防治的重点是白杨透翅蛾、青杨天牛等，造林前要剪除虫瘿枝条，成虫期可用马拉硫磷、杀螟松防治，或喷25%可湿性滴滴涕。

（三）适宜推广范围

适宜于在干旱中温带内蒙古河套平原造林小区推广。

（四）模式成效与评价

通过营造防护、用材兼用型农田防护林，解决了"让栽不让砍"的现实问题，缓解了林农矛盾，农民从造林中得到实惠，调动了农民植树造林的积极性，取得了良好的生态、经济和社会效益。

●模式2　内蒙古河套灌区"冬贮苗木、等水造林"模式

（一）自然地理概况

模式来源于内蒙古自治区巴彦淖尔市的临河区。该地区位于内蒙古西部，黄河北岸，阴山南麓，河套平原中部。为黄河冲积平原，地面开阔平坦，地势从西南向东北微度倾斜。地下水资源丰富，地下水埋深平均为1.6～2.2m。地下水多为淡水，适宜灌溉。

气候属于中温带半干旱大陆性气候，云雾少、降水量少、风大、气候干燥，年降水量138.8mm，平均气温6.8℃，昼夜温差大，日照时间长，年日照时间为3229.9h，是我国日照时数最多的地区之一。光、热、水同期，无霜期为130天左右，适宜于农作物和牧草生长。

（二）技术要点

黄河来水灌溉和造林有一个月的时间差，即造林是在4月上中旬，小麦播种是在5月上中旬，此时黄河水引来。如果早于河水到来之前造林，在多风、少雨、空气湿度低、蒸发量大的河套地区，新栽幼树将因得不到及时浇水而失去水分平衡，造林成活率不高。采用"冬贮苗、晚栽植、浇渠水、保成活"的

227

造林方法可有效解决这个问题。该方法的基本技术思路是给苗木创造一个低温（＜5℃）、高湿（30%）的贮藏环境，以有效抑制苗木萌芽或霉烂，一直将造林季节推迟到5月上中旬，为等水造林赢得时间。

1. 苗窖准备

在造林地附近选湿润蔽阴、交通方便、东西走向的渠道（或低洼、无碱、蔽阴的地段）。要求窖址为黏土，顺渠底挖深50cm的窖，窖的长、宽按3000~5000株/窖而定。

2. 苗木分级入窖

按苗木不同品种、不同苗龄、不同规格于11月上旬起出，分别贮入不同的苗窖。

3. 贮苗

将苗木倾斜放入窖内，每次放苗厚度20~30cm。用湿土埋实不留空隙，不露枝梢，一般以埋苗2层为宜，两层相互搭压2/3，最后用土全部盖住苗木。11月中下旬封冻前，用厚度不小于60cm的湿黏土封窖。

4. 苗窖检查

第2年3、4月气温回升，期间一般要检查3次。发现窖内温度高于5℃或窖顶覆土开始消通，要在窖顶加土或盖麦秸等遮荫措施控制温度回升。

5. 出窖造林

应同开渠灌水时间同步。一般在5月10~15日，做到边出窖、边造林、边浇水，大体在灌水前的1~5天造林。

（三）适宜推广范围

适宜于干旱中温带内蒙古河套平原造林小区巴彦淖尔市和鄂尔多斯市的黄河灌区造林推广。

（四）模式成效与评价

采用"冬贮苗木、等水造林"大大提高了造林成活率。一般情况下，在灌水渠上可提高成活率20%，片林可提高15%。在黄河灌区的造林推广中，造林成活率均达到了90%以上，最高达97%。

● 模式3　内蒙古河套灌区盐碱地开沟起垄造林模式（图159）

（一）自然地理概况

模式来源于内蒙古自治区巴彦淖尔市临河区。模式实施区地处河套平原腹

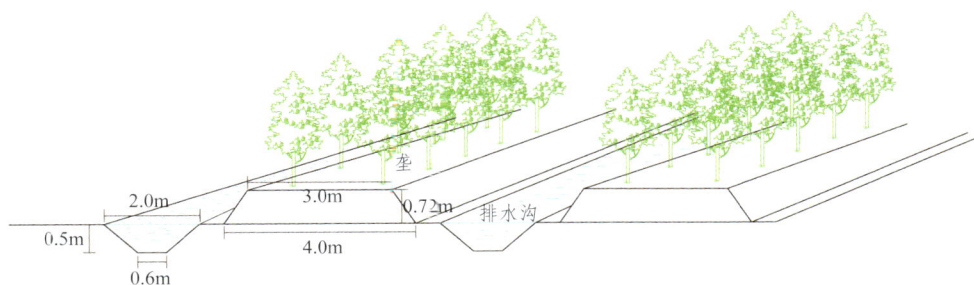

图 159　内蒙古河套灌区盐碱地开沟起垄造林模式

部，属典型中温带半干旱大陆性气候，年均气温 8.5℃，年降水量 202.7mm，年蒸发量为年降水量的 7 倍以上。地势低洼，地下水位较高，土壤次生盐渍化严重。植被以菊科、禾本科、藜科、豆科等草本植物为主。造林成活率低，造林模式单一。

（二）技术要点

采取工程、生物及其他配套措施相结合的方法，进行综合治理。工程措施突出淋与导，即通过灌溉淋碱、洗盐和工程疏导，促进排水畅通；生物措施就是通过栽植抗盐碱树木进行生物排碱，改良土壤；采用其他技术措施如施用有改碱能力的肥料等，促进盐碱土的改造。

1. 树种

选择耐盐碱的乡土树种小美旱杨。

2. 苗木

选用胸径大于 2.5cm，三根三干以上的小美旱杨树大苗。

3. 开沟起垄

开沟起垄，排水淋碱。隔 5m 挖 1 条排水沟，沟上口宽 2m，深 1.2m，下底宽 0.6m，所挖土方放置在下底宽为 4m 的地上做垄，将土方按标准整理成上底为 0.3m，下底 4m，高 0.72m 的造林垄，亩土方 173m³。整地时间为当年春季。

4. 造林

春季造林，株行距 2m×2m。栽植前对苗木进行修枝打杈，视当地来水时间和栽植数量确定栽植时间。栽时在起垄的腰上距地 0.4m 处挖植树坑，浇第一水前一周进行栽植，严格按"分级、线齐、坑深、捣实、干正、顶平"的十二字方针栽植，确保造林质量。

5．抚育管理

栽后及时浇水，造林后 3 个月内及时除草，并注意病虫害的防治。成林后进行中耕除草和修枝。避免牛羊等牲畜破坏。

（三）适宜推广范围

适宜于在干旱中温带内蒙古河套平原造林小区常年积水不易使树木成活的重盐碱地推广。治理区需地势平坦、造林地块集中，否则机械很难开展作业，同时建设排、灌系统。无灌溉条件、排水不畅的盐碱地不适合此模式。

（四）模式成效与评价

通过盐碱地高垄造林，造林成活率明显提高，提高了河套地区的森林覆被率，促进了林业生产的发展，对改善当地生态环境和人民的生产生活水平有积极的推动作用（图 160）。

图 160　临河区干召庙镇民乐村治理前后对比

三、干旱中温带阴山西段山地造林小区

● 内蒙古退化草地雨季柠条造林模式（图 161）

（一）自然地理概况

模式来源于内蒙古自治区乌拉特中旗位于巴彦淖尔市，模式实施区位于巴彦淖尔市东北部，属温带干旱气候，年均气温 6.8℃，≥ 10℃积温 3021.1℃，年均降水量 250.6mm，年均蒸发量 2953mm，干旱少雨、无霜期短。治理前该区植被退化，草场沙化，对当地群众及周边牧场构成严重威胁。

（二）技术要点

针对模式实施区春旱严重，降水量少而集中，雨热同期，春季造林成活率不

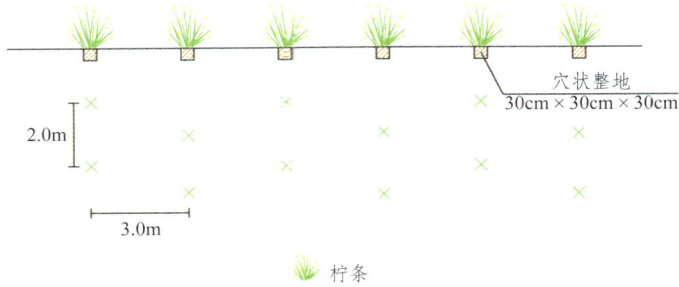

穴状整地
30cm×30cm×30cm

2.0m

3.0m

柠条

图 161　内蒙古退化草地雨季柠条造林模式

高，造林成本高等问题，采取雨季人工点播和栽植容器苗的方式，营造牧场防风固沙林，尽快恢复植被，控制草地沙化和水土流失，减少自然灾害。

1．树种

选择耐干旱、耐贫瘠、防风固沙、水土保持能力极强的柠条。

2．整地

雨季前采用机械穴状整地，规格 30cm×30cm×30cm。

3．造林

（1）人工播种

一般在 6～8 月雨季来临前播种，太晚不利于苗木越冬。选用柠条 I、II 级种子，株行距 2.0m×3.0m。播种造林前，利用种子包衣剂对柠条种子进行包衣处理，减少动物刨食。播种时将种子置于穴中，覆土厚度 2～3cm，播种后稍镇压。

（2）容器苗造林

采用柠条容器苗造林时，将容器内苗木和土一块儿取出，置于坑中央，覆土至原容器苗土层以上 1～2cm，踏实后进行人工浇水，灌溉时从穴的边缘进行浇水，以免将种子冲出或苗木冲埋。

4．抚育管理

播种造林完成后围栏封育，避免牲畜的啃食破坏。幼苗期及时进行除草，根据旱情进行浇水，发生病虫害及时进行防治。3～4 年后进行第 1 次平茬。以后定期平茬，促进生长并获取燃料和肥料。平茬宜在"立冬"后进行。

（三）适宜推广范围

适宜在干旱中温带阴山西段山地造林小区内蒙古退化草地植被恢复和黄土高原北部风沙地带防风固沙和水土保持造林应用。

（四）模式成效与评价

通过柠条穴状整地造林，使该地区沙化、退化土地得到不同程度的治理，林草盖度不断提高，周边生态环境得到改善，农田、牧场得到保护，促进农牧业的健康发展。

模式后期抚育管理简便，一次投入，多年受益。造林前三年，由于柠条林处于幼苗阶段，生态效益和防护效果不明显，3年后苗木生长速度逐年加快，生态效益开始彰显。牧区高平原区水源不足，降水量有限，浇水困难，造林成本高是模式最大的局限性（图162）。

图162　巴彦淖尔市同和太种畜场退化草地治理前后对比

四、干旱中温带鄂尔多斯高原造林小区

● 模式1　内蒙古库布齐沙漠分区综合治理模式

（一）自然地理概况

模式来源于内蒙古自治区库布齐沙漠。模式实施区位于鄂尔多斯高原北部，西、北、东均以黄河为界。沙带东西长约400km，东部宽15～20km，西部宽50km，面积约1.863万km²。该沙漠中、东部和西部各具特色：中、东部雨量较多；西部热量丰富。中、东部有发源于高原脊线北侧的季节性沟川10余条，纵流其间，并具有沟长、夏汛冬枯、含沙量大等特点。库布齐沙漠东部水分条件较好，属半干旱区；西部降水少，跨入了干旱区。

（二）技术要点与成效评价

鄂尔多斯市造林总场在沙漠治理过程中，逐渐认识到原有的传统治理模式具有一定的成功性和进步性，但仍然存在着不同程度的不足和缺点。为了更系统地综合治理库布齐沙漠，在认真总结已有治理模式的基础上又提出了先进的分区整治的综合治理模式。

1. 南围北封"锁边林"治理

所谓"南围北封锁边林治理"是指对库布齐沙漠南北边缘立地条件较好地段进行防护林营造。锁边林位于库布齐沙漠的南北边缘。北缘是库布齐沙漠与黄河冲积平原的接壤地带,地形平坦,沙丘低矮稀疏,水分条件优越;南缘是库布齐沙漠与丘陵梁地过渡地带,沙丘平缓,土壤水分条件相对优越,覆沙梁地土质较好。采取先易后难,由近及远的治理原则,从中小型流动沙丘的治理入手,利用"前挡后拉"乔灌树种防风固沙技术,在沙丘迎风坡 1/2 或 1/3 以下及丘间低地,设置沙蒿、沙柳沙障,并在沙障中栽植柠条,扦插沙柳,播种沙蒿,背风坡脚采用"高秆造林"技术栽植杨柳树种,形成乔、灌结合,带片混交的合理布局,治理效果明显。采用"封沙育林育草技术"、"飞机播种造林技术"、"乔灌草相结合的防风固沙造林技术",形成防风固沙"锁边林"林带。

2. 沟川、道路"切隔"治理

所谓沟川是指穿越库布齐沙漠的十大季节性河流,当地人称为"十大孔兑"。道路是指横穿库布齐沙漠的穿沙公路和铁路。"切隔"是指道路的护路林、河川的护堤护岸林,把库布齐沙漠分割包围,分而治之。能够建立稳定植被的主要原因就在于公路与道路、河川局部区域的水分能够在时空上进行再分配。

例如,亿利集团实施的"南北五纵、东西两横"工程,"南北五纵"是按照"南北走向,以路划区、分割治理"的方略,修建了 5 条全长 230km 的纵向穿沙公路,实现了"分而治之",而且路修到哪里,绿化跟到哪里,并逐步延伸。"东西两横"工程是在库布齐沙漠的北缘和黄河的南缘,实施了东西全长 200km 的防沙护河生态工程,通过这一工程的实施,锁住了沙漠的北缘,遏制了大面积的荒漠化,保护了母亲河。另外一横工程是在大漠腹地和七星湖为轴线,大规模地在库布齐沙漠的深处实施了全长约 10km、宽 5km 左右的沙旱生林草和甘草的复合生态工程,实现了"锁住四周、渗透腹部"的战略目标。

护路林主要是利用道路硬化面将降水分流于公路两侧植树带内,集水效益使植树带的土壤水分条件得以改善,同时利用机械沙障固定沙面,减少风蚀沙埋对于固沙植被的危害,从而达到改地适树的目的。

3. 丘间湿滩治理

"丘间湿滩"是指库布齐沙漠腹部的下湿滩地。通过人工造林,带、网、片配置,乔、灌、草结合所建立的一种绿岛或绿洲模式。分布在库布齐沙漠腹地的下湿滩地面积小则几百亩,大则上万亩。这种下湿滩地为周围高大沙山的汇水区域，地下水位较高，一般在 1~3m，可满足乔灌木树种生长的需求。

4. 引洪治沙淤澄造田

"十大孔兑"经常发生山洪灾害，洪水挟带大量泥沙输入黄河，泄入下游沿河平原区，造成严重危害和损失。为此开展了专项的引洪淤澄治沙技术，在沙漠腹部地带利用"十大孔兑"的洪水淤沙造田达 4.8 万亩，使风沙土成为中壤土和轻壤土，土壤有机质含量由 0.3%~0.4% 提高到 0.8%~1.2%。引洪治沙淤澄造田的技术已日臻完善，经济效益和社会效益显著。目前，引洪治沙淤澄的土地已变成高产稳产耕地及林业育苗基地，实施引洪治沙淤澄造田工程，每年可减少侵入黄河的泥沙量达 2000 万 t。

（三）适宜推广范围

适宜在干旱中温带鄂尔多斯高原造林小区库布齐沙漠治理中推广。

● 模式 2 内蒙古库布齐防沙穿越公路治理模式

（一）自然地理概况

模式来源于内蒙古自治区杭锦旗。模式实施区位于杭锦旗境内的穿沙公路两侧，该地区地处库木齐沙漠的西部。年平均气温 5.3~7.2℃，年降水量 200mm，蒸发量 2500~2700mm，年均风速 3.2~4.5m/s，穿沙公路贯穿库布齐沙漠 6 个苏木，全线长 100km，沙漠以流动沙丘为多，自然条件极为恶劣。

（二）技术要点

根据穿沙公路各段的沙丘类型与流沙活动程度，分高大流动沙丘、半固定沙丘、固定沙丘 3 种类型进行治理。

1. 高大流动沙丘治理

先用机械沙障固定流沙，然后栽植灌木进一步进行治理。

（1）布设沙障

机械沙障分为平铺式、直立式 2 种。平铺式沙障根据设置形式及结构，可分为全面平铺和带状平铺式 2 种，所用材料就地取用。主要采用当地的沙柳、农作物秸秆等。直立式沙障又分为低立式、高立式 2 种。低立式沙障主要采用当地的柴草及农作物秸秆，布设时先将沙障材料与沙障线大致垂直平整地平铺在沙障线上，然后沿沙障线用锹将柴草从中部压入沙中 5~10cm，两侧再用沙壅起即可，一般障高 15~20cm。高立式沙障主要采用长 70~80cm 以上的沙柳等材料，沿规划线挖 20~30cm 深的沟，把沙障材料均匀地插放于沟中，稍端朝上，障材下部应比上部稍密，在沙障基部用杂草（沙蒿等）填缝，两侧培沙，扶正踏实，培沙高度 10cm 左右。

沙障的插设季节以秋末冬初沙层湿润时为宜，这时开沟省力，插后障基较稳固。高立式沙障的障间距应为障高的 10 倍左右，在坡度较大的沙丘应以顶底相照为原则。沙障一般设置在沙丘迎风坡的中下部，行列式设置，走向与主风方向垂直，在风向多变沙区，需全面方格式设置。

（2）沙障间造林

①树种：主要采用花棒、沙拐枣、小叶锦鸡儿、杨柴、沙蒿等。

②苗木：花棒、沙拐枣、杨柴、小叶锦鸡儿。1 年生，色泽正常、无损伤的Ⅱ级以上实生苗。

③造林：植苗造林。在沙区水分条件好的地段也可采用插干造林和压条造林的方法。春秋季造林，春季一般在 4 月，秋季在 10 月。造林密度须根据树种、地下水位、降水量等因素综合确定。水分条件好的地段密些，否则要稀。在有明显主害风方向的沙区，林分的行向应与主害风方向大致垂直。

④栽植：栽植坑的大小以能使根系舒展为准，采用"两埋两踩一培土"的方法栽植。

⑤抚育管理：造林后的 3～5 年内防止人畜破坏。

2．半固定沙丘

通过栽植生物沙障进行治理。

①树种：生物沙障主要选用杨柴、沙柳、黄柳等萌蘖能力强、经济价值较高的优良沙生灌木。

②苗木：2～4 年生，充分木质化，无损伤的Ⅰ级枝条，要求长 50～55cm。

③沙障设置：沙障规格 4.0m×4.0m。活沙障的设置，主要通过扦插造林完成。10 月中下旬就近选取枝干木质化程度较好的灌木枝条作插条，注意保持湿润，尽可能做到随采条随造林。划好网格线，沿网格线挖栽植沟。沟深：杨柴为 60cm，沙柳为 80cm。

④栽植：采用"两埋两踩一培土"的方法栽植，即将插条按 5cm 左右株距直立于栽植沟内，回填湿沙，填至一半时踩实 1 次，填满湿沙后踩实 1 次，最后再培 10cm 左右的湿沙。造林后保留地上部分 20～30cm，剪掉其余部分，使呈疏透度为 0.2～0.3 的方格式紧密沙障。剪掉的部分要铺设于沙障两侧。翌春，插条成活，萌发枝条，沙地渐趋固定。

⑤抚育管理：造林后的 3～5 年内严禁人畜破坏。

3．固定沙丘

以灌木为主、乔木为辅，并以团块状混交为主的多种混交方式造林。灌木树种主要选用沙柳、柠条、枸杞等，乔木有杨、柳、榆等。

（三）适宜推广范围

本模式适合于风沙危害严重的沙区公路和铁路两侧的治理，以及沙地的治理，尤其适合在易受风蚀沙埋，幼苗难以存活生长的严重风蚀沙区应用。建议在科尔沁沙地、毛乌素沙地、浑善达克沙地、库木齐沙漠、乌兰布和沙漠、腾格里沙漠东缘等地推广应用。

（四）模式成效与评价

机械措施与生物措施相结合，充分发挥了固、阻、输的作用，在改变微地形、增加地表粗糙度、防止风蚀、保证林木存活、保障穿沙公路畅通中发挥了重大作用。模式可根据不同沙丘类型进行分解独立应用。沙柳等灌木要每4年进行一次隔行平茬复壮，既保证了地面植被覆盖度，又保证了沙柳正常更新生长（图163）。

图 163　库布齐防沙穿越公路

● 模式 3　内蒙古矿区矿渣山体绿化治理模式（图 164）

（一）自然地理概况

模式来源于内蒙古自治区乌海市。气候属典型的大陆气候，年均降水量159.8mm，平均蒸发量3289mm；年平均风速2.9m/s。乌海市地处黄河上游，是

图 164　内蒙古矿区矿渣山体绿化治理模式

"宁蒙陕甘"经济区的结合部和沿黄经济带的中心区域。乌海市矿产资源丰富，矿区由于多年的采矿挖掘堆积，逐渐形成人造山，垂直高度可达 100m，严重影响当地的生态环境。

（二）技术要点

矿渣堆积的山体绿化需要完成土地整理、砌筑护坡、覆土平整、修建供水设施等项目后，再进行绿化，绿化主要以种植草本植物为主。

1．树种

矿区种植的树（草）种主要有花棒、沙拐枣、沙木蓼、梭梭、杨柴、沙打旺、沙蒿等耐旱耐贫瘠树种、草种。采用"灌草结合，以灌为主"的造林方式。灌草比例为 4∶1。

2．苗木

宜选择主干分枝均匀，生长苗壮，无严重病虫危害，1 年生以上实生苗，地径 0.5cm，苗高 > 30cm，主根长度 > 30cm，根幅 > 25cm。籽种选择一级种子。

3．整地

一般应在造林前一个月整好地；整地规格应根据苗木品种、苗龄合理确定。在石质、土壤贫瘠的场地种植植被，要进行换土，回填时切记回填白干土，最好是表层的熟土。

4．造林

春季 3～4 月造林，也可雨季造林。株行距 2m×2m，3 株／穴。采用 1 年生 I 级苗木造林，灌木种植密度为 2m×2m，3 株／穴。草籽以撒播为主，播种量为 5kg/ 亩，I 级种子。采用人工撒播。播前最好用防鼠药剂处理。播深 3～5cm，播后覆土镇压。

5．抚育管理

造林后，及时进行浇水、松土、除草、平茬等。

237

（三）适宜推广范围

适宜在干旱中温带鄂尔多斯高原造林小区乌海市及周边煤矿采空区（沉陷区）和排土场两种特殊的立地条件下推广。

（四）模式成效与评价

通过治理，不但改善了矿区生态环境，使矿产资源的开发、利用得到了有效的保护，而且积极改善了矿业的投资环境，合理的利用资源优势，符合乌海市以矿业开发和矿产品加工为基础产业的高载能工矿城市的市情和矿情特点。同时也是改善乌海市生态状况的重大举措，具有重要的社会效益。需细致整地，并进行土地整理，换土回填时切记回填白干土，适时抚育（图165）。

图 165　矿区治理前后对比

五、干旱中温带乌兰布和沙漠造林小区

●模式 1　内蒙古磴口县乌兰布和沙漠梭梭冷藏苗避风造林技术模式

（一）自然地理概况

模式来源于内蒙古自治区磴口县。位于内蒙古河套平原与乌兰布和沙漠的结合部，属中温带大陆性季风气候，气候干旱少雨，风大沙多，灾害性天气多。年均降水量142.7mm，沙区不足100mm，年蒸发量为2372.1mm。

治理前，原有的防护林带被破坏，乌兰布和沿黄河北岸锁边林带形成大的缺口。流沙在强风力作用下，每年以8～10m的速度东移，直接向黄河输沙段长度约20km，每年向黄河输沙量达7700万t多，河床平均每年抬高10cm左右，致使河床高出磴口县城所在地巴音高勒2～3m，严重威胁三盛公水利枢纽、京兰铁路、京藏高速公路、110国道的安全运行。

（二）技术要点

1．树种

梭梭。

2．苗木

梭梭苗为 1 年生Ⅰ、Ⅱ级苗。

3．设置沙障

一般不用整地，风蚀严重地段可用柴草、黏土沙障整地。造林前一年秋季在裸沙地段设置沙障，规格为 1.2m×1.2m，由主、副带组成，主带与主风方向垂直，沙障带宽 7～10m，露出 15～20cm。

4．苗木冷藏

（1）苗木入库

因梭梭出圃早，在每年 3 月 20 日前苗木未萌动时起苗，出圃后即入冷库。

①冷库底面先铺 5～10cm 黄沙，将黄沙拌水至潮润，湿度一般掌握在用手轻捏即成团，手松开黄沙也随之散开为宜，水分不可过大，避免底部有沤根现象。

②苗木入库后根部对齐平放，一层苗木一层湿沙将苗木根部埋住踏实，湿沙厚度以不露根为宜，宽度不超过根部原土痕，高度不超过 1.5m，苗垛顶部盖湿草帘。

③苗垛之间留有宽为 30cm 的通道，便于通行，利于制冷。还需准备适量温度计，分别放在不同的部位，用于观察各处温度。

（2）温、湿度控制

采用循序渐进降温方式进行控温。苗木初入库温度控制在 0～2℃之间，每天降 1℃，最终控制在−7～−2℃为宜。随着气温的回升，后期温度逐渐提升，6月下旬可控制在−3～0℃之间，湿度控制在 80%。

（3）苗木出库

5 月中旬至 6 月中旬苗木可陆续出库造林。在栽植前一天把苗木取出，移到过渡性空间内进行缓苗（醒苗），使苗木从低温状态渐入正常温度状态，避免由于升温过快而造成对苗木的伤害，一般放置 12h 后可出库造林。一次拉运苗木不要过多，够栽 2 天为宜。

5．栽前处理

苗木到达造林地时应有遮荫措施，在湿沙中假植不宜超过 3 天，在水中浸泡

3h 左右栽植最好，栽植时要进行剪根处理。

6. 栽植

栽植采用坐水栽植、窄缝造林法。株行距 2m×2m，每穴 2 株。栽植前用锹先铲沙坑，去掉干沙层，形成直径 30cm、深 10～15cm 的浅坑，再用水管浇透沙坑，待水下渗后用锹垂直向下压开窄缝将经过处理后的苗木植入穴中，根茎部位要低于穴平面 5～8cm，踏实后再浇足座苗水，使沙与插条充分接触，待水下渗后覆干沙保墒。

7. 抚育管理

造林后要进行禁牧，防止人畜破坏。同时做好病虫鼠兔害防治。当年保证浇水 3～4 次，后两年浇水 1～2 次，每次每株浇水不少于 30kg，以后不用浇水。依据地形开通作业道。

（三）适宜推广范围

适宜于干旱中温带乌兰布和沙漠造林小区内蒙古河套地区及有地下水源的沙区。

（四）模式成效与评价

通过造林，增加了沙区内的林草植被盖度，有效降低了风速，减少了乌兰布和沙区风沙危害，遏止了沙漠的蔓延和沙尘暴的发生，改善了当地及周边地区的生态环境，提高农牧民的生产生活条件，优化产业结构，增强了全县人民治沙、致富的信心，增加了广大农牧民的科技意识，为乌兰布和沙漠的治理和全县生态环境建设提供了新的思路。

乌兰布和沙区春季风大、沙多，沙丘移动性大，并持续低温，春季新栽幼苗极易受风沙打、沙埋、霜冻等灾害。春季采用柴草网格压沙造林，虽然成活率高，但成本也高，冷藏苗避风造林新技术较好解决了这两个难题。冷藏苗避风造林技术主要是利用低温保鲜技术，让苗木处于休眠状态。将每年开春时出圃的沙生灌木进行冷藏保鲜，延缓苗木发芽期，等到气温高、风沙少、降水增多的夏季出库进行栽植，从而为苗木生长提供最佳生长环境。

冷藏苗避风造林新技术具有三大优点：一是延长造林时间，每年的造林时间可从过去的 3～4 月延续到 6 月底，秋季补植也可采用冷藏苗木；二是降低造林成本，冷藏苗避风造林新技术选在风沙少的夏季进行，不用进行柴草压沙，而冷藏一株苗木的成本只比春苗的费用多 4 分钱，栽植一亩林可节省费用 245 元；三是成活率高，夏季气温高，地温高，便于苗木发芽，采用冷藏苗避风造林新技术苗木成活率比春季压沙植树的成活率高出 20 个百分点，达到 98%（图166）。

图166　磴口县刘拐沙头治理前后对比

● **模式2　内蒙古河套灌区外围沙化土地梭梭大苗深栽造林模式**（图167）

（一）自然地理概况

模式来源于内蒙古自治区磴口县。位于内蒙古河套平原与乌兰布和沙漠的结合部，属中温带大陆性季风气候，气候干旱少雨，风大沙多，灾害性天气多。全县年均降水量142.7mm，乌兰布和沙区不足100mm，沙区年蒸发量为2372.1mm。植被以灌木为主，大部分属人工栽植，也有少部分天然灌木林分布。治理前模式实施区自然状况恶劣，沙土裸露，气候干燥少雨，植物稀少，生态环境恶化严重。

（二）技术要点

1．树种

梭梭。

2．苗木

选用2年生Ⅰ、Ⅱ级梭梭苗，地径0.4～0.8cm，根长40cm以上。

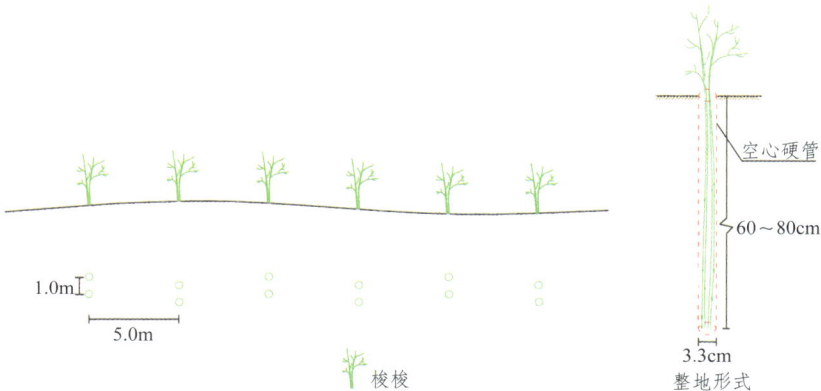

图167　内蒙古河套灌区外围沙化土地梭梭大苗深栽造林模式

3．搭设沙障

一般不用整地，风蚀特别强烈地段可用柴草搭设沙障。

4．高压冲孔造林

春季造林，株行距 1.0m×5.0m。打单管井，进行水质检测，并配备相应水泵、水管，一个单管井可控制造林地面积在 1000 亩左右。利用水管冲孔的办法进行栽植，在水管的出水口处连接一段长 1m 左右，直径 3.3cm 的空心硬管（塑料管或铁管），利用水的压力进行冲孔，浇透底水，同时起到挖坑的作用。打孔深度 60~80cm，每孔两株，将插条放入孔内，插条要插到孔底土中，以防"吊死"插条，再用管在插条周围浇水，使沙与插条充分接触。

5．抚育管理

造林后要采取禁牧手段，防止人畜破坏。同时做好病虫及鼠兔害防治。根据实际情况在第 1 年 6、7 月各浇水 1 次，第 2 年后可不浇水。

（三）适宜推广范围

适宜于在干旱中温带乌兰布和沙漠造林小区有地下水源的沙漠地区推广，地下水严重匮乏地区不适用此模式。

（四）模式成效与评价

沙区造林可增加乌兰布和沙区内的林草植被盖度，有效降低风速，减少乌兰布和沙区和周边地区的风沙，遏止沙漠的蔓延和沙尘暴的发生，改善当地及周边地区的生态环境和农牧民的生产生活条件。灌木大苗深栽技术打破了 2 年生梭梭苗造林成活率低的难题，打组合井为苗木创造了坐水栽植和后期抚育浇水的条件，避免了仅依靠自然降水苗木在存活及生长关键期浇水无保障的盲目性，提高了造林成活率。此外，利用此模式造林，株距小、行距大，有利于机械开沟接种肉苁蓉，发展林下经济。治沙、致富共赢，为乌兰布和沙漠的治理和当地生态环境建设提供新的思路（图 168）。

图 168 磴口县乌兰布和农场治理前后对比

● 模式 3　内蒙古乌兰布和沙漠工程固沙造林模式（图 169）

（一）自然地理概况

模式位于内蒙古自治区乌兰布和沙漠。模式实施区年均气温 7.6℃，≥ 10℃ 年积温 3100℃，年降水量 200mm，年蒸发量 3380mm，全年八级以上大风日 28～70 天，风沙是该区的主要自然灾害。植被主要以芦草、沙米为主，盖度极低，平均 1.5% 左右。

（二）技术要点

1．沙障设置

造林当年或前一年度，采取沙障固沙，沙障材料为尼龙网片或麦秸、芦苇等，沙障规格为 1m×1m。尼龙沙障地上高度 15～20cm，入土 5～10cm，草沙障地面高度 5～10cm，入土 5～15cm。尼龙沙障，人工将 30～40cm 长的细竹竿插按 1m×1m 矩形形状插入沙土中，深度 10cm，将尼龙网片裁剪成宽 20～30cm 的带状，用铁丝固定在竹竿上，形成网状沙障。

2．树种

选择耐干旱、抗病虫害的梭梭、杨柴、花棒等。

3．造林密度

株行距 2.0m×3.0m，一穴二株，栽植密度为 222 株／亩。

4．栽植

春季机械人工结合造林，将苗木栽植在沙障正中位置。栽前修剪苗根，进行浸水、蘸泥浆等抗旱处理，窄缝造林，坐水栽植。栽后做好鼠兔害防治和禁牧工作，加强巡护，防止人畜破坏沙障。

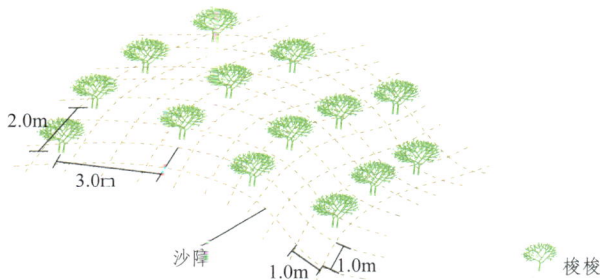

图 169　内蒙古乌兰布和沙漠工程固沙造林模式

（三）适宜推广范围

适宜于沿黄沙区的公益林建设和林业沙产业发展，通过造林绿化和生态经济林建设，可扩大林草植被范围，改善生态状况，遏制扩张势头，保护沙区周边的城镇、厂矿、农田和草场。

（四）模式成效与评价

模式实施区土地广阔，地势平坦，地下水资源丰富，加之引黄灌溉方便，为沙漠植被恢复提供了水资源保障，适宜发展井灌林业。在建设生态公益林的基础上，可发展葡萄等沙区经济林果，通过生态经济型造林模式，可解决造林绿化和后期管护的经费投入，增加群众收益（图170）。

图170　巴彦淖尔市乌拉特后旗呼和温都尔镇西补隆村治理前后对比

六、干旱中温带贺兰山西麓山地造林小区

● 内蒙古贺兰山山地水源涵养林区封山育林技术模式

（一）自然地理概况

模式来源于内蒙古自治区贺兰山国家级自然保护区。山体为南北走向，最高海拔 3556.1m。以贺兰山分水岭为界，西为内蒙古，东为宁夏。贺兰山为典型的中山地貌，是内蒙古境内海拔最高的山地。其气候随海拔高度不同差异较大，总体特点是寒冷、干燥、雨少、大风多、积雪深。内陆山地气候特征明显，年均气温−0.8℃，≥10℃年积温 478.6℃，无霜期 122 天，年均日照时数 3039.8h，年均降水量 400mm，平均风速 7.7m/s。

贺兰山地处温带干旱、半干旱地区草原与荒漠的接壤和过渡地带，是荒漠草原与荒漠之间的分界线。地苔性土壤垂直带谱自上而下主要有山地草甸土、山地灰褐土、山地灰钙土、山地粗骨土。植被类型为草原荒漠，植被分布属温带落叶阔叶林地带，是我国西北干旱风沙地区典型的温带山地森林生态系统，并以其独特的生态条件孕育了丰富的动植物类群。野生动植物资源丰富，是我国西北地区干旱、半干旱地带的一座种质资源库，是多种植物区系成分的汇集地。

（二）技术要点

春季 4 月初开始进行封育区地点踏查选点，确定围栏封育地点、四至界限。5 月底至 6 月上旬，组织实施。

1. 封育范围

包括有林地、疏林地、灌木林地，封育区设于贺兰山中部。

2. 封育措施

（1）按山系固定专人进行封育管护。

（2）实行全面禁牧和牧户搬迁，对破坏严重的地区设围栏封死。

（3）必要的地方采取人工促进更新措施，尽快恢复植被。

（4）对高山带阴坡山地灰褐土立地区域云杉纯林，在全面封山的基础上，采用野生苗移植等措施扩大成林面积。

3. 管护措施

模式区内配置护林人员，强化管理。建立动、植物监测样地，对模式区植被覆盖率、野生动物、幼树更新等情况进行全面监测。加强森林防火、林政资源管

理、社会宣传教育工作，促进自然保护区生态环境的自然恢复，确保森林资源的可持续发展。

（三）适宜推广范围

适宜在干旱中温带贺兰山西麓山地造林小区推广。

（四）模式成效与评价

实行退牧还林、封育保护明显促进植物生长，动植物种群增加，种群更新速度明显加快，特别是植被盖度显著增加，使贺兰山自然保护区的水源涵养、防风固沙、水土保护功能不断增强。只要控制人为及家畜放牧的持续破坏，创造利于灌草恢复生长的条件，贺兰山自然保护区植被覆盖率将会继续增加，其水土保持、涵养水源作用将日益突出，贺兰山全部绿起来是完全有希望的。

退牧还林（草）是顺应时代要求的必然选择。退牧还林（草）保护了贺兰山特殊的生态环境，生态移民改变贫困落后面貌、帮助群众致富达小康，抓住国家实施西部大开发的大好机遇，及时调整地区产业结构，优化社会经济结构，实现各行业规模集约化经营，形成自然生态平衡的良性经济大循环。

七、干旱中温带阿拉善高原东部荒漠造林小区

● 模式1 内蒙古河套平原西部沙化草地封禁保护模式

（一）自然地理概况

模式来源于内蒙古自治区乌拉特后旗。模式实施区位于河套平原西部沙化草场，南靠阴山，北接中蒙边境，海拔900~1500m，属典型的中温带大陆气候，气候干燥，冬季寒冷漫长，年均降水量200mm，年平均蒸发量2132.4mm。土壤多为冲积土、风沙土。模式实施区干旱多风、沙暴频繁、降水少、蒸发大、植被稀少、草场退化、水土流失和风沙危害严重。

（二）技术要点

根据当地的生态状况，应加强天然植被的保护与恢复，同时积极营造以防风固沙、保持水土为主的防护林体系。通过封育，保护好天然草场和人工草场，培育高产、稳产的天然草地、半人工草地和人工草地，解决好牲畜冬、春饲料紧缺和植被保护的矛盾。

1．封育地选择

选择主要铁路、公路两侧，大型水利设施周围，草场退化及水土流失和风沙危害严重的地区进行封育。

2．封育措施

（1）划分封育区

根据封育目的划分出普通封育区、重点封育区和核心封育区。

（2）封育方法

可采用全封、半封或季节封方法实施。普通封育区可全封也可半封，或季节封，一般靠自然能力进行恢复，重点封育区则以全封为主。封育期视植被的恢复状况而定，一般为 3～5 年。

（3）人工复壮措施

封育的同时采用人工措施促进复壮，如雨季直播柠条、紫穗槐、杨柴等，或进行人工施肥。核心区则必须全部封死，严禁人畜进入，主要布设在重要设施的周围、铁路两侧、严重风蚀区和受风沙威胁的居民点周围。

封育类型为灌草型，封育树种为柠条、霸王、白刺、冬青等。由于封育区地处荒漠戈壁，现有植被生长缓慢，植被恢复困难，采用全封方式，辅以人工春季抢墒播种或雨季直播措施，主要补播多年生优良牧草和灌木，如沙打旺、紫穗槐、草木犀、甘草、沙葱、野麦草、冰草、早熟禾、紫花苜蓿、沙蒿、柠条、花棒等。

3．固定围栏

封育区需进行固定围栏，网片选用镀锌钢丝网片，经线 $\phi2.5$mm，纬线 $\phi2.8$mm，规格为 7-90-30。安装网片时网片绑紧绷实，做到坚固平稳、整齐，最上层用刺丝封顶。立柱选用水泥立柱，规格为 12cm×12cm×12cm，内置 4 根 $\phi4$mm 钢筋，8 根 8＃铅丝固定，水泥标号 425＃以上，混凝土强度 200＃以上，每隔 10m 设置一根立柱，埋深 65cm，每隔 200m 设中柱一根，埋深 80cm。中柱用 6mm 热轧等边角钢立柱，规格为 7cm×7cm×200cm 和 2.3cm 的钢管斜柱，规格为 6cm×6cm×200cm，进行制作（图 171）。

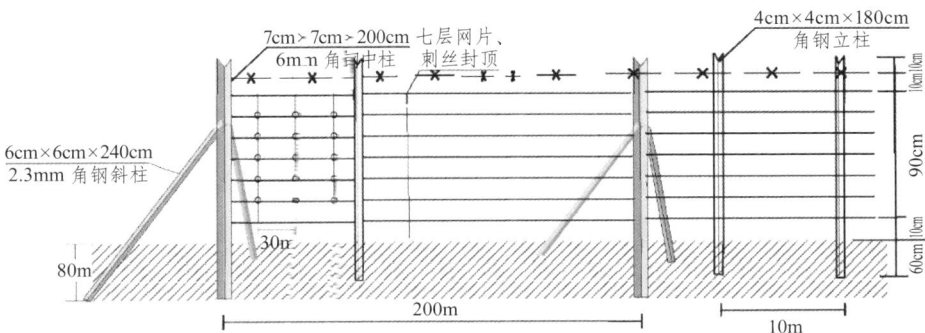

图 171　网围栏示意图

在每块封育区周界明显处设立固定标牌一座。正面写明建设项目、建设单位、建设日期。反面写明项目法人、项目地点、封禁年限、封禁措施等情况。牌面规格为长150cm，高100cm，离地高度90cm，牌面框架为2.3cm的钢管，用2mm的铁皮焊接，支撑腿为2.3cm的钢管，埋深60cm（图172）。

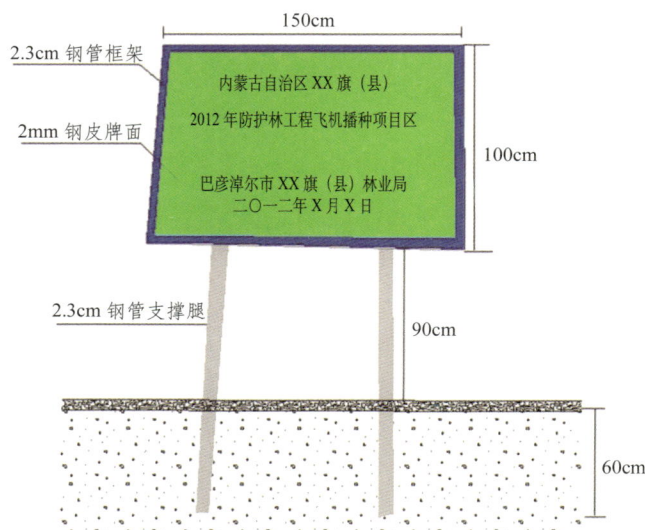

图172　封育固定标牌

4. 管护措施

根据播区情况制定封育管护制度，每5000亩安排护林员1名，并签订管护合同，落实管护责任。

由于部分地段植株间隙大，在封禁期内靠自然繁衍很难达到灌木林地标准，需要在植株稀疏地段进行人工补播。封育区补播树种为柠条、梭梭、白刺，亩用种量为1.5kg。由于当地自然条件恶劣，补播次数以2～3次为宜。封山（沙）育林需要定期检查封育区的火灾、病虫害和人为破坏隐患，积极做好预测和预防，在火险等级高的地段开设防火隔离带。

（三）适宜推广范围

适宜于干旱中温带阿拉善高原东部荒漠造林小区乌拉特高平原区降水量＜250mm，覆盖度≤35%，且分布有一定数量的幼树、幼苗或根桩，地势较为平坦、造林地块集中连片区域推广。

（四）模式成效与评价

通过封育保护和人工改良后，恢复和增加了植被，提高了草地载畜量，改善了生态环境，是一种投入少、见效快的好办法，具有非常明显的生态效益、经济效益和社会效益。适宜在降水量＜250mm，覆盖度≤35%，且分布有一定数量的幼树、幼苗或根桩，地势较为平坦、造林地块集中连片的区域推广（图173）。

图173　乌拉特后旗潮格温都尔镇巴音努如嘎查治理前后对比

● 模式2　内蒙古阿拉善左旗沙漠种子大粒化飞播造林模式

（一）自然地理概况

模式来源于内蒙古自治区阿拉善左旗。模式实施区位于腾格里沙漠，位于阿拉善高原东部，海拔1320～1375m。腾格里沙漠属典型干旱大陆性季风气候，干旱少雨，年均气温7.3℃，有效积温2900℃。年均无霜期137天，年均日照时数2881h，年均风速3.2m/s，年均大风日数28天，年均降水量200.8mm左右，年蒸发量2835mm。土壤为流动风沙土。主要植物种以籽蒿、沙米等为主，播区植被盖度5%～9%，主要为稀疏的白刺及沙米、沙竹等一年生速生草本，对沙化土地的扩张蔓延不能形成有效的遏止。

（二）技术要点

1．树、草种

选择沙拐枣、花棒。针对沙拐枣种子随风漂移聚堆，播区种子受鼠兔危害程度高，飞播成林效果差等问题，选择沙生灌木沙拐枣、花棒种子进行大粒化处理，以提高飞播成效。

2．大粒化处理

将小粒种子或表面性状不规则的种子，通过制丸机使包衣剂包敷在种子表面，在不改变原种子生物学特性的基础上，形成具有一定尺寸、一定强度的球形

249

颗粒，达到小粒种子大粒化，不规则种子成形化的要求。

采用黏合剂、有机和无机微肥、保水剂、无机矿物资源和植物纤维素等材料对种子进行大粒化处理，增加种子飞播后的稳定性，当遇到大约 10mm 的降水时，大粒化种子吸水膨胀，快速发芽，从而提高种子的发芽率和存活率。

3．抚育管理

在飞播造林作业的同时进行围栏设施建设，必须进行严格的封育保护，封育管护期限 5 年。避免牲畜对飞播植物造成危害，确保飞播成效。播区由属地林工站进行管理，并制定封育管护制度，落实管护机构和管护人员。

（三）适宜推广范围

适宜于干旱中温带阿拉善高原东部荒漠造林小区及其他类似荒漠区域流动、半流动沙地及其他退化土地的飞播及人工直播造林。要求造林地块地势平缓，天然植被状况相对较好，沙丘坡度小于 7° 为宜。

（四）模式成效与评价

传统飞播用大粒化种衣剂主要是增加种子的重量，防止飞播后种子的随风漂移，没有解决大粒化后破损与发芽的矛盾，同时包衣成分相对单一，不能给飞播后的植物提供生长微环境，存在飞播后植物发芽率和成活率低等问题。因此，如何解决飞播时种子的漂移和在有限的降雨条件下实现种子的发芽，已成为飞播能否成功的关键所在。为此，中国科学院兰州化学物理研究所和阿拉善盟林业治沙研究所针对目前沙漠飞播用种子存在的不足，历时 3 年研究种子大粒化新技术，已获得突破性进展。

目前应用大粒化新技术混播可节约种子 50%。经大粒化处理的种子质量增加到原来的 2～3 倍，表面光洁度增加，减少风阻，飞播后通过自由落体运动可深入沙土 10～20mm，解决种子随风漂移问题，同时外覆无机矿物，鸟、鼠不食用，因此，标准地调查大粒化处理的种子基本没有受害。夏季 5 月底至 6 月初进行飞机播种作业，播区进行严格的封育保护，禁止牲畜危害。

对照未处理的播区，大粒化种子萌芽率和成活率均较对照提高 30%，有苗面积率提高 8%。大粒化飞播仅节省种子费一项就达 10 元 / 亩，刨除大粒化成本 2.25 元 / 亩，每亩节约成本 7.75 元，这对扩大宜播面积，特别是解决低矮密集型沙丘立地条件下飞播固沙具有特别重要的意义。通过大粒化种子飞播造林，提高了腾格里沙漠植被盖度，遏制了沙化蔓延，改善了生态环境，保护了农田和草场，有效促进农牧业发展（图 174）。

图 174　大粒化飞播造林前后对比

● 模式 3　内蒙古东部梭梭行带式造林与接种肉苁蓉模式（图 175）

（一）自然地理概况

模式来源于内蒙古自治区阿拉善左旗。位于阿拉善高原东部，腾格里沙漠北缘，地势平坦，海拔 1140～1346m。属典型大陆性季风气候，干旱少雨，年均降水量 120mm，年均蒸发量 2867mm，年均气温 8.2℃，年均日照时数 3200h，无霜期 150 天以上，全年风沙日 100 天。模式实施区由于过牧及樵采，天然植被生长衰退，退化严重，生态防护效能下降，导致林地退化沙化，大量的固定和半固定沙丘活化，荒漠化蔓延加速，当地牧民成为生态难民。

（二）技术要点

梭梭是生长于北方沙漠地区的一种耐寒抗旱的灌木；肉苁蓉属多年寄生型肉质草本植物，专门寄生于梭梭、柽柳根部，是我国传统名贵药材。阿拉善左旗天然梭梭林分布范围广，保存面积大，具备发展梭梭肉苁蓉产业得天独厚的优势。

1. 苗木

选择 1 年生国标 Ⅰ、Ⅱ 级梭梭苗木。

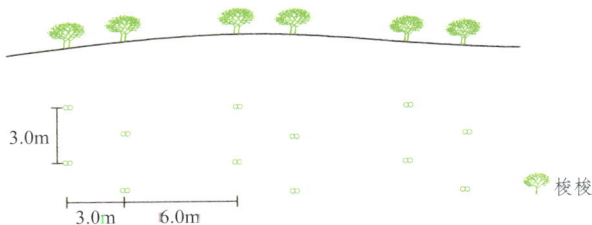

图 175　梭梭两行一带造林模式

2. 整地

采用机械穴状整地，整地规格 0.4m×0.4m。开沟器开沟，深度 60cm。时间为当年春季 3 月上旬。

3. 造林

初植密度 50 穴/亩，每穴 2 株，采用 3.0m×3.0m×6.0m "两行一带" 造林模式，机械拉水灌溉，随造随灌，当年补水 2 次。栽植前用湿土压苗根，修剪根系，短截过长的主根和侧根，用 ABT 生根粉浸根 6h 以上，随栽随取。

4. 抚育管理

造林后适时适量灌水，第一水随栽随灌，一定要灌透，第 1 年灌水 3 次，第 2 年补水 1 次，此后依靠自然降水生长。管护人员随时检查，发现有裂缝、被风刮出根系的苗木要及时培土，以保证苗木的正常生长。专人进行病虫害及鼠兔危害监测，及时防治。大面积集中造林时，每隔 500~800m 设计防火道和作业道。

5. 接种

造林 2 年后可接种肉苁蓉，接种肉苁蓉需要挖接种穴，放入肉苁蓉种子后回填。接种 3 年后，根据要求可行采挖。

（三）适宜推广范围

适宜于在干旱中温带阿拉善高原东部荒漠造林小区固定、半固定沙地推广，在较平坦的流动沙丘、沙地、丘间低地、弱中度盐渍化、石砾沙质土，地下水位 3m 以上均能生长。可推广到青海柴达木盆地和甘肃河西沙地，不适宜石砾质土或土质黏重的地区。

（四）模式成效与评价

营造梭梭防风固沙林，提高了植被盖度，遏制了沙化蔓延，改善生态条件。同时，通过接种肉苁蓉，又可增加农牧民实际收入，据调查测算，人工梭梭林接种肉苁蓉生产成本 50~100 元/亩，收入可达 1000~2000 元/亩，生态效益、社会效益和经济效益显著。

通过人工种植梭梭为肉苁蓉后续接种奠定基础，通过接种肉苁蓉产生的经济收入，激发农牧民创业和投身生态建设的积极性，以生态治理为基础创造林业产业发展的条件，以林业产业发展推动生态建设，提高林业科技成果生产力，调整农牧区产业结构。目前，阿拉善左旗百万亩梭梭肉苁蓉产业基地已在腾格里沙漠东缘实施，阿拉善左旗将利用 5 年左右的时间，结合锁边围城工程，通过人工种植梭梭接种肉苁蓉等方式，建设 100 万亩梭梭肉苁蓉产业基地（图176）。

图176　阿拉善左旗诺尔公苏木苏海图嘎查造林前后对比

八、干旱中温带额济纳西部荒漠造林小区

● 额济纳西部荒漠区封禁保护模式

（一）自然地理概况

模式来源于内蒙古自治区额济纳旗。模式实施区大地貌属高原荒漠戈壁，小地貌有干燥剥蚀丘陵与中低山地。沙漠戈壁的低洼处多有盐沼分布。区域海拔850～1500m，年均气温8.0～8.8℃，≥10℃有效积温3200～3656.8℃，年降水量40～50mm，年蒸发量3200～3800mm，大于8级以上大风58天。土壤有灰钙土、灰棕漠土、风沙土等，局部有盐碱土、草甸土。植被属荒漠类型，植被稀疏，植物种类少，主要建群种以红沙、霸王、珍珠等为主。区域内植被极为脆弱，一旦遭受干扰退化消失，极难自然恢复。

（二）技术要点

总的思路应是采取建立封禁保护区、自然保护区等方式加强保护力度，采取封禁措施，禁止牧业等一切人为活动，依靠系统自然恢复。春季4月初开始进行封育区地点踏查选点，确定围栏封育地点、四至界限。架设网围栏5月底至6月上旬，组织实施。

1. 移民

逐步将封禁区内的牧民全部移出，建立比较完整的沙化土地封禁保护区。本着从实际出发，先易后难、先急后缓的原则，采取有力措施。

2. **重点地段设置围栏网**

为防止牲畜入内，重点地段需设置围栏网。在交通路口、人员活动频繁处设置管护站，安排专人管护。设置界桩、界碑、标牌，主要路口设立指示性标牌，明确封禁区范围。

3．加强与政府的协调

搞好社区共管，加强巡护、检查，做好联防工作。

4．人为更新与恢复植被

在植被盖度较低的地方，通过人工补播等方式促进植被的恢复与更新。

5．设立固定监测点

在封禁区设立多个固定监测点，定期对封禁保护区内沙丘移动、植被盖度、种类、人工促进更新状况进行监测，每年监测 1 次，及时了解、掌握封禁保护效果及保护区内植被的消长变化情况。

（三）适宜推广范围

适宜在干旱中温带额济纳西部荒漠造林小区推广。

（四）模式成效与评价

通过封禁保护，禁止一切破坏植被的生产建设活动和放牧等人为破坏，可遏制生态继续恶化的趋势，促进封禁保护区内植被的自然恢复和地表结皮的形成，保护沙区生态。

九、干旱中温带河西走廊绿洲造林小区

● 模式 1　河西走廊绿洲乔灌草混交模式（图 177）

（一）自然地理概况

模式来源于甘肃省临泽县。模式实施区位于临泽县西部西平滩，海拔 1390~1400m，年均降水量 97~110mm，年均气温 6.5~7.5℃，10℃以上年积温 3085℃，无霜期 152~168 天。干燥度 5.8%，属典型的温带干旱、半干旱荒漠气候类型。天然植被较少，表层土壤疏松，属盐化草甸土和草甸盐土，植物以芦草为主，同生有冰草、芨芨草等。土壤有机质含量低（1.3%），耕作层厚度 18~20cm，需开挖建成排碱渠措施。

（二）技术要点

本区地势平坦，地下水丰富，以泉水灌溉为主，林地面积较少，沟渠纵横交错，盐分含量高，湿度大，草荒严重，宜耕期短。因此，采取开挖排碱渠，改善立地条件，继而植树种草，推广林草间作。

1．树（草）种

本模式区立地条件较差，土壤盐渍化严重，树（草）种一般以耐盐碱、耐瘠薄、耐干旱的乡土适生树种沙枣、红柳、沙棘为主，草种以紫花苜蓿为主。

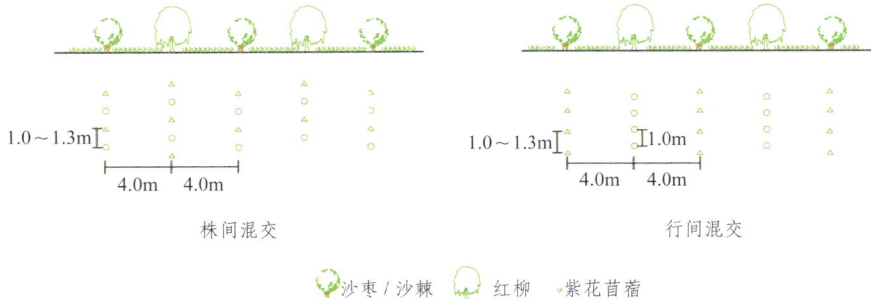

1.0~1.3m

4.0m　4.0m

株间混交

1.0~1.3m　1.0m

4.0m　4.0m

行间混交

沙枣/沙棘　红柳　紫花苜蓿

图 177　河西走廊绿洲乔灌草混交模式

2．苗木

选用红柳、沙枣、沙棘 1~2 年生实生裸根苗。

3．整地

采用水平沟与穴状结合整地，沟深 40cm，宽 40cm，沟内开挖植树穴，开沟时需将熟土翻入沟内，同时在同一块地地头处开挖同规格垂直于植树沟的引水沟，便于进行灌水。

4．混交林配置

本模式区大部分造林地段较为贫瘠，进行混交可以利用树种间良好的种间互助关系，提高林地利用率，改良土壤，促进植物生长。实际生产以行间混交和株间混交为主，混交比例 1∶1，如 1 株红柳与 1 株沙枣，或行状混交，即一行红柳与一行沙枣交替栽植。

5．造林密度

红柳、沙棘株行距 1.0m×4.0m，沙枣株行距 1.0~1.3m×4.0m，初植密度为 145~160 株/亩。

6．栽植

春季人工植苗，一般以 3~4 月为宜，坐水栽植，苗木放正，分层放土，踏实，不窝根，覆心土至根径以上 3cm 左右。栽植后及时浇水保苗。牧草播种以春播为主，播种时采用条播法，行距一般为 15~20cm，播种后，按照定额灌水一次。

7．抚育管理

种植当年灌水 5 次，从第 2 年开始，每年灌水 3 次。每次刈割后要结合灌水每亩施过磷酸钙 10~20kg 或磷二铵 4~6kg。造林后加强抚育管理，及时浇水、除草、修枝，对成活率、保存率不合格的地块，及时进行补植，并注意防治病虫害。

（三）适宜推广范围

本模式适宜在干旱中温带河西走廊绿洲造林小区河西流域冲积区和盐渍化草甸区进行大面积推广。

（四）模式成效与评价

通过退耕还林工程的实施，改善了当地的生态环境，增强了全社会生态保护意识，拓宽了农民的增收渠道，增加了农民收入，改善了农民生产生活条件，促进了农村产业结构调整。其次，栽植的红柳、沙棘等树种具有多种用途，除可提供大量薪材、饲料和肥料外，还具有固 N 改土，提高土壤肥力，改良盐渍化土壤的作用；同时一部分土质较好的耕地退耕栽植的杨树 15 年后成材，可产生较高的经济效益；林间种植的牧草，当年即可刈割 1～2 茬，以后每年刈割 3～4 茬，从而实现近期以草养畜增收，远期以林致富。

● 模式 2　甘肃省河西走廊绿洲边缘流沙治理造林模式（图 178）

（一）自然地理概况

模式来源于甘肃省临泽县。模式实施区位于临泽县平川，地处河西走廊中部，巴丹吉林沙漠西南缘，属典型温带干旱荒漠气候区，年均降水量 112mm，年均蒸发量 2390mm，年 8 级以上大风日数 40～50 天，无霜期 168 天。该区天然植被稀少，人为破坏严重，沙丘活化，农田风蚀，弃耕地广泛发育着新月形沙丘、沙丘链、灌丛沙堆及风蚀地；土壤表层疏松，土壤有机质含量低。

（二）技术要点

针对绿洲北部沙漠步步逼近和流沙侵入的现状，以绿洲为中心，建立"阻、

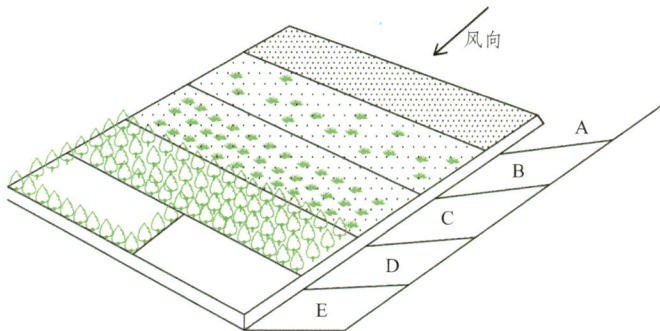

A. 沙漠　B. 天然荒漠植被　C. 风沙育草带　D. 防护林　E. 农田林网

图 178　甘肃省河西走廊绿洲边缘流沙治理造林模式

固、封"相结合的防沙阻沙防护林带，在绿洲边缘形成"条条分割，块块包围"的完备防护体系。

1. 外围封沙育草带

通过围封，促进以沙蒿、沙米、五星蒿、沙拐枣、绵蓬、骆驼刺和猪毛菜等为主的天然植被恢复。冬季有农田灌溉余水时引入沙地，可加速植被的恢复。

2. 绿洲边缘防风固沙片林

在绿洲边缘的丘间低地及流动沙丘上，先设置黏土、芦苇或其他材料的沙障，在沙障的保护下营造固沙灌木林，带宽 10~50m 不等，多采用紧密结构，株行距 1m×2m。树种以梭梭、怪柳、柠条、花棒等为主。

3. 绿洲边缘干渠防沙林带

利用绿洲北部流动沙丘之间狭长的丘间低地和可以利用农田灌溉余水浇灌的有利条件，营造防沙林带。树种以二白杨、沙枣等为主。

4. 绿洲内部农田防护林网

林网规格为 300m×500m，主林带 4 行，副林带 2 行，株行距 1.5m×2m。树种以二白杨、箭杆杨、旱柳、白榆为主。

（三）适宜推广范围

适宜在干旱中温带河西走廊绿洲造林小区绿洲外围沙化治理及绿洲内部构建农田防护林网，尤其适宜绿洲有灌溉余水区造林，通过封育、防护林带、农田林网，形成多层防护带，降低风速，减少风沙危害。

（四）模式成效与评价

通过治理，模式实施区新发展绿洲面积 4 万余亩，林地面积增加 7 倍，乔木林面积增加迅速，增长近 30 倍。流沙面积急剧减少近 5/6，受风蚀影响的耕地大幅缩小，生态环境有明显改善，粮食产量显著提高，人均收入增加了 1.5 倍（图 179）。

图 179　临泽县平川镇治理前后对比

十、干旱中温带敦煌绿洲造林小区

● 甘肃省敦煌绿洲风沙治理模式

（一）自然地理概况

模式来源于甘肃省瓜州县。模式实施区属干旱荒漠气候，降水量稀少，年降水量只有 36.5mm，且集中于秋季，年蒸发量高达 3317mm，气候极端干旱。大风频繁，最大风速达 34.5m/s（12 级），瓜州素有"世界风库"之称。东南 4000m 处是长岭沙漠。在全年主风的吹袭下，以年均 22m 的速度前移，形成长约 3000m、宽 220m 的风沙线，危害当地居民的生产、生活。

（二）技术要点

在摸清风沙活动规律的基础上，通过设置半隐蔽式方格状柴草沙障、营造以柽柳为主的固沙林，生物固沙、封沙育草和保护天然植被相结合，可有效地防止风沙危害，改善当地的生态环境。

1．工程固沙

采取设置半隐蔽式柴草方格沙障的方法，其规格为 1.0m×1.0m，材料采用当地资源丰富的罗布麻。要求根部向下栽 20～30cm，高出沙面 10cm，扶正踏实。

2．生物治沙

（1）造林地选择

主要是在水分条件好的丘间低地营造带状、斑块状的灌木固沙林。

（2）树种

选择梭梭、柽柳、沙拐枣等。

（3）造林

株行距 1.0m×1.5m。在地势较高的丘间低地以梭梭、柽柳株间混交；低洼丘间低地、积水线以上沙丘下部栽梭梭，积水线以下栽柽柳；积水较深的丘间低地待夏季地表水全部渗入土壤内后直播柽柳；沙丘中上部，等到水分条件改善后种草或栽植灌木，进一步固定沙丘。

3．配套措施

封沙育草，保护天然植被，并撒播一定数量的碱蓬、沙蒿等草籽，促进植被繁衍。

（三）适宜推广范围

本模式适宜在干旱中温带敦煌绿洲外围荒漠区及条件类似区域推广。

（四）模式成效与评价

本模式操作简单、投资小、防护效益大。实施后，流沙地面积和受风蚀影响的耕地较治理前明显减少，农民收入有所增加，不仅改善了环境，还促进区域经济发展，生态、社会和经济效益明显。

十一、干旱中温带河西走廊北部荒漠造林小区

● 甘肃省固定、半固定沙地梭梭人工嫁接肉苁蓉模式

（一）自然地理概况

模式来源于甘肃省古浪县。位于河西走廊东端，乌鞘岭北麓，腾格里沙漠南缘，县域内地势南高北低，海拔在 1550～3469m，平均海拔 2500m。古浪属祁连山高寒亚干旱区和河西冷温干旱区。年均气温 4.9℃，年均降水量 300mm、年均蒸发量 2500mm 以上，日照时数 2852.3h，无霜期 142 天左右。

（二）技术要点

1. 肉苁蓉寄主栽培

（1）寄主选择

沙漠地区沙旱生、盐生木本植物一般均能作为肉苁蓉寄主植物，但肉苁蓉在生长过程中要消耗寄主植物的养分、水分，因此以选用大灌木白梭梭、红柳、碱蓬、驼绒藜为宜。

（2）造林地选择

肉苁蓉对土壤要求不高，以中性或偏碱性(土壤 pH 值为 7.5～9)、灌排良好、通透性强的沙质土、轻盐碱土为宜（土壤含盐量小于 1%），可利用弃耕退耕地、沙荒地、轻盐碱地种植。

（3）寄主造林

①苗木：选用无病虫害、无损伤，根系完整的白梭梭 1 年生Ⅰ、Ⅱ级播种苗苗木造林，苗高 0.3m 以上，地径 0.3cm 以上。

②整地：全面整地，作畦整平。以 0.017hm² 为一个小区，平整高差＜5cm，做好隔水埂，灌足底水以备栽植苗木。

③造林：春秋两季人工植苗造林，春季造林在土壤解冻后，树木发叶前进行；秋季造林在树木落叶后，土壤封冻前进行。根据立地条件不同，白梭梭造林密度采用株行距为 0.5m×2m、1.0m×2.5m、1.0m×3.0m。

④造林后管理：植苗造林后立即灌一次透水。以后可视土壤含水量进行灌

溉，一般每年灌水 2~3 次。

2．肉苁蓉种子调制

（1）种子采收

每年 5~6 月肉苁蓉开花后 40~45 天，种子成熟后即可采收。

（2）种子调制

当种子变黑，花穗下部有少量种子开始散落时，将肉苁蓉的地上部分剪回，摊放在室内，每天翻动 1~2 次。待阴干后取出种子，清除杂质，用布袋包装，保存在低温（2~8℃）、干燥处。

（3）接种纸膜制作

如用接种纸膜接种，首先要制作接种纸膜。裁剪长 27~29cm，宽 8~10cm 的报纸和卫生纸，在报纸上均匀地涂上肉苁蓉种子诱导剂，再在诱导剂上刷上有 180~200 粒肉苁蓉种子，上覆绵软易腐解的卫生纸即可。待接种纸阴干后，每 100 张一捆，存放在通风、干燥、清洁的库房，库房温度不超过 25℃。隔年贮藏，温度不超过 20℃，相对湿度 45%~70%。

3．肉苁蓉接种

（1）接种方式

寄主与肉苁蓉同时种植、寄主定植成活后接种肉苁蓉两种方式。

（2）接种时间

造林当年 10~11 月或次年 5 月中旬前完成。

（3）接种方法

①接种纸膜接种：在生长整齐、成行的红柳、梭梭、碱蓬人工林，沿种植行两侧，在距植株 30~50cm 处开沟，沟深 60~80cm，沟宽 30~40cm，按每株 1 至 2 张将接种纸膜放入沟底，放置接种纸膜时，要将覆卫生纸一面朝上。放入接种纸膜后覆土，覆土时不宜填满，应留有 5~10cm 沟，以便浇灌和存储雨水。

②点播接种：

A．种子处理：播种时要测定种子发芽率，对种子活力进行评价，当种子活力符合播种要求时，播种前用 0.1%~0.3% 高锰酸钾溶液浸种 20~30 分钟，捞出后与沙土混合拌匀。

B．播种：在距植株 30~50cm 处的两侧开沟，沟深 60cm，沟宽 30~40cm，每公顷下种量 100g，覆沙回填，覆土回填时不宜填满，应留有 5~10cm 的坑，以便浇灌和存储雨水。

（4）接种密度：在接种沟或接种穴底部，每株放置接种纸1～2张或每公顷下种100g（每隔10～15cm下种10粒）。

4．田间管理

（1）防风、培土

沙漠地区风沙大，寄主植物根部常被风沙吹刮裸露，要及时培土或用树枝围在寄主根附近防风。

（2）浇水、施肥

根据寄主植物生长情况浇水施肥，以提高寄主的生长能力和肉苁蓉生长所需的水分和养分。在肉苁蓉生长期，一般5月下旬灌一次水，7月中下旬再灌一次水即可，9月底禁止灌水，以防肉苁蓉受冻。施肥以农家肥为主，禁施化肥，以保证肉苁蓉品质。

（3）中耕除草

在6～8月除草3～4次。

（4）人工授粉

肉苁蓉5月开花，如生产肉苁蓉种子，要进行人工授粉。

5．病虫害防治

①梭梭白粉病每年7～8月发生，为害嫩叶。用25%粉锈宁4000倍液喷雾防治。

②梭梭根腐病多发生于苗期，为害根部。造林时应选择排水良好的沙土地种植，加强松土。发生时用50%多菌灵灌根。

③种蝇发生在肉苁蓉出土开花季节，幼虫危害嫩茎，钻隧道蛀入地下茎基部。发生时可用90%敌百虫800倍液或40%乐果乳油1000倍液地上部喷雾或浇灌根部。

④野兔、大沙鼠啃食梭梭枝条、根系并啃食生长的肉苁蓉，发生时用磷化锌或大隆毒饵于洞口外诱杀。

6．肉苁蓉采收

（1）采收时间

春秋两季均可，春季3月下旬至4月上旬。

（2）采收工具

铁锹，坎土曼，小铲，不锈钢小刀。

（3）采收方法

在接种区外侧0.5m处（距寄主植物基干部1m处）向接种区剖挖。先用锄头（挖上层土）和铁锹（深挖）挖一个宽 0.3m、深 0.7m 的坑，再用小铲逐步向接种区缓挖。等挖到肉苁蓉肉质茎时，用手轻剖，先找到寄生点（即芦头）处，此时把接种点上方以及四周（不包括下方）方圆直径 0.5m 的土取走。在去土的过程中可及时采收符合规格的肉苁蓉。在采收时要固定好芦头，如果在轻微晃动可脱离芦头的，可用手采；与芦头相连较为牢固要用不锈钢小刀在连接处割取，但要避免伤上芦头和寄主根，采大留小，在保护好寄生点的前提下把肉苁蓉采挖出来，为增加肉苁蓉产量，采收时可在寄生部位以上 5~8cm 处留部分可萌发新枝的肉苁蓉。肉苁蓉采挖后，采挖地块立即回填土。采挖应选择人工采挖，同时要求分段分期采挖。

7. 肉苁蓉加工

（1）整枝晒干

先将顶头已变黑的肉苁蓉用开水汤头，或除变色头，然后将鲜肉苁蓉直接摆放在清洁的水泥地面上或其他非金属器具上在阳光下晒干，每天翻动 2~3 次，防止霉变，待肉苁蓉完全干燥（含水率 10% 以下）后，分级包装，收集存放。

（2）切片

将采挖出的肉苁蓉清除泥土，清洗干净后，用不锈钢刀或者切片机切成 4~8mm 厚的切片，自然晒干或阴干或烘干后（含水量在 10% 以下），筛出土和杂物，即可收集存放。

（三）适宜推广范围

模式适宜在干旱中温带河西走廊北部荒漠造林小区分布有固定、半固定沙地的县市区推广。

（四）模式成效与评价

模式的推广增加了农牧民经济收入，增强了农牧民栽植、补植、保护梭梭林的积极性。但要注意，由于采挖肉苁蓉会造成一定程度的地表植被破坏，因此在采收时一定要尽量减少采挖面，采后及时回填踏实。

十二、干旱中温带宁夏河套平原造林小区

● 模式 1 宁夏引黄灌区农田防护林综合配置造林模式（图 180）

（一）自然地理概况

模式来源于宁夏回族自治区青铜峡市，地处宁夏平原引黄灌区中部，地处东经 105°21′~106°21′、北纬 37°36′~38°15′ 之间。属中温带大陆性气

候，冬无严寒，夏无酷暑，四季分明，昼夜温差大，全年日照2955h，年均气温8.3～8.6℃，无霜期176天，年降水量260.7mm。灌区土壤肥沃，以灌淤土、浅色草甸土为主。低洼地为盐碱土、沼泽土等。主要自然灾害是春季刮大风后，常伴有沙暴、降温、霜冻等灾害天气，给农业生产造成很大威胁。

（二）技术要点

随着二代林网树木的生长，原先设计的每两档条田配置一条林带的造林模式已表现出较大弊端，主要表现在：一是农沟上的林带由于栽植在农沟边坡，容易倾斜或倒伏，林相不齐；二是林带阴面粮食作物在5～10m范围内减产

公路

农田

⊙ 行道树河北杨（槐）　⊙ 杜梨　　沙枣　　❋ 榆树　　⊛ 刺槐

公路边主林带模式1

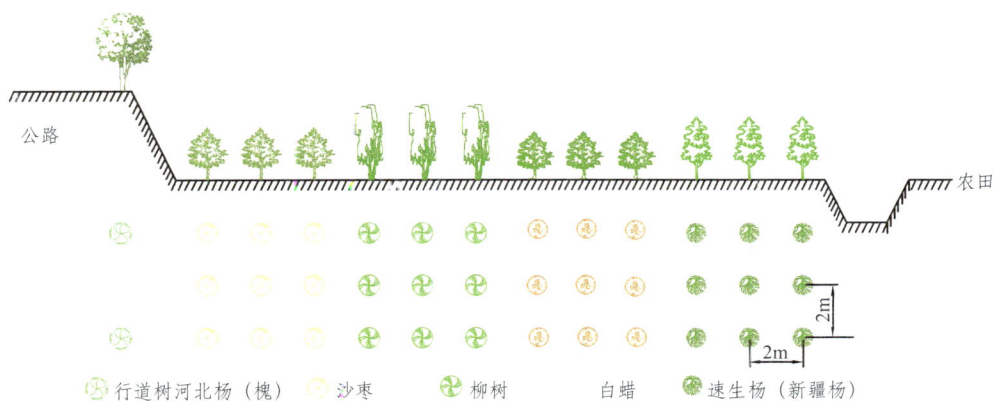

公路

农田

⊙ 行道树河北杨（槐）　　沙枣　　❀ 柳树　　白蜡　　❀ 速生杨（新疆杨）

公路边低洼地主林带模式2

图180　宁夏引黄灌区农田防护林综合配置模式（一）

速生杨(新疆杨) 刺槐（白蜡）

干支沟边林带模式 3

速生杨(新疆杨) 刺槐（白蜡） 紫穗槐

干支渠边林带模式 4

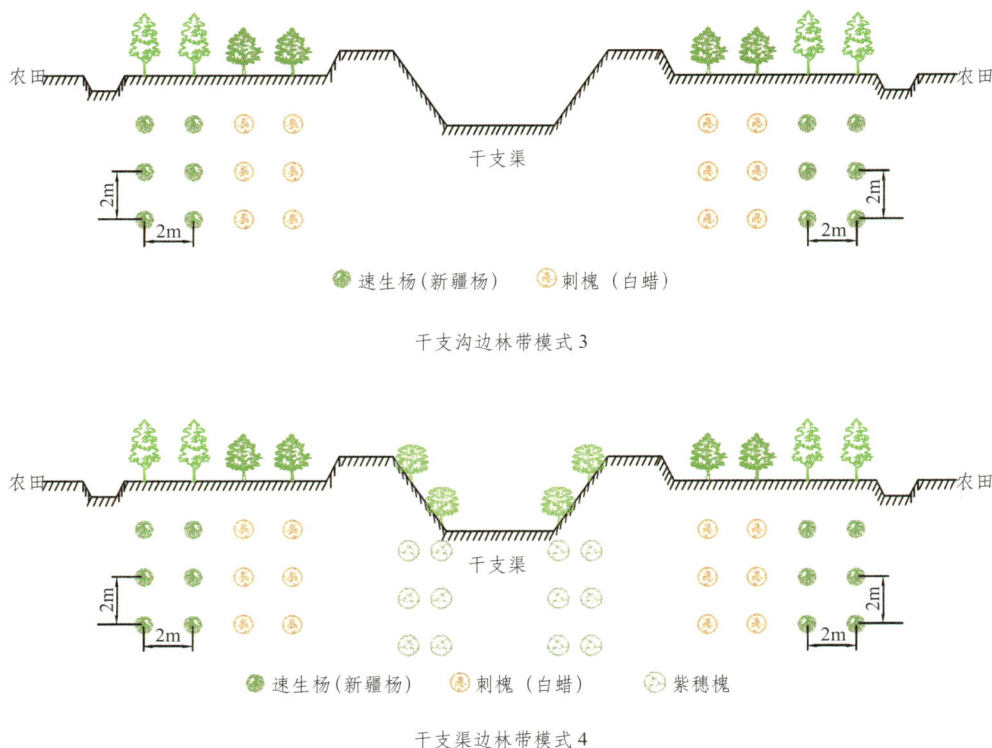

图 180 宁夏引黄灌区农田防护林综合配置模式（二）

50%～70%，降低了粮食产量；三是由于管护困难，部分树木受天牛危害生长衰弱，林带残缺不全，经济效益低；四是在农田水利建设中限制了机械清淤和沟道整治；五是随着农村节水灌溉工程的推广，在渠道两侧栽植树木影响 U 型板渠道行水安全。这些问题严重影响了农民营林护林的积极性，对农田林网的持续健康发展造成了不利影响。

为克服上述问题，从 2010 年秋季开始，青铜峡市率先在全区开始大网格、宽林带的农田林网建设新模式，即所有农沟、农渠、农路不栽树，围绕干支级沟渠路栽树。在国道、省道、高速公路、县级公路、干渠、干沟、铁路两侧设计主林带，在乡村道路、支渠、支沟两侧设计副林带。

1. 林带设计

主林带采取长方形网格，林带方向尽可能与主害风方向垂直，风偏角的变化

264

不得超过 45℃；副林带方向一般与主林带垂直。一般主林带间距不低于 400m；副林带间距不低于 200m。确保农田防护林用地面积不低于区域面积的 10%。林网控制农田面积 ≥ 90%。主林带宽度一般为 30～50m，植树 11～18 行；副林带宽度一般为 5～10m，植株 3～6 行。林带成型后，疏透度可稳定在 0.35 左右，达到最佳防护效应。

2．树种

选择生长快、观赏性高、抗逆性强、易于繁育的优良乡土树种。主林带选择新疆杨、刺槐、白蜡、柳树、榆树、杜梨、沙枣、紫穗槐等。在立地条件好的副林带优先选择以速生杨和速生柳为主的速生树种，不仅成活率高，还可利用采伐萌蘖恢复林网，也可适当配植经济林。低洼盐碱重地段及稻作区和稻旱轮作区以白蜡、柳树、沙枣、紫穗槐和怪柳等为主，新耕灌区以刺槐、榆树、杜梨、沙枣等为主，干路行道树以槐、河北杨、松树为主，在主干沟内侧边坡种植 2～3 行紫穗槐、怪柳等灌木进行生物护坡。

3．苗木

造林用苗全部推行良种壮苗造林，使用区级一级苗：苗干通直无机械损伤和病虫害，苗木截干高度 2.8～3m，胸径达到 3cm 以上，苗木主侧根齐全没有失水，有苗木检验合格证和产地检疫证。造林良种率 ≥ 85%。

4．整地

整地工作需在造林前一年或提前一个季度进行，机械和人工结合，按灌溉区系整成水平条田状。在林带内部每隔 10～15m 加筑高 15cm、顶宽 20cm 的小畦田埂，便于灌水。在稻作区和稻旱轮作区林带外缘开挖 50cm×50cm 排水沟，降低水位，确保排灌畅通，并且保护林带地界免受农民侵占。在低洼且盐碱程度高地段将林带适当垫高，低洼盐碱重的地段不低于 1.5m，稻作区不低于 0.8m，稻旱轮作区不低于 0.5m，避免林带长期浸水。

5．造林时间

造林季节为春、夏、秋三季。春季造林土壤化冻时即可开始，一般在 3 月下旬至 4 月下旬。夏季造林适用于个别萌芽迟的树种或提前装入营养钵的大苗。秋季造林待苗木落叶或地上部分降低（停止）生理活动后开始，一般在 10 月下旬至 11 月上旬进行。

6．林带配置

以改善生态环境和保护农田为主体，以培育防护林为主要任务，其森林组成和林分结构应以混交型为主。在主林带树种配置上，实行行间或块状混交造林，林带呈疏透型林相；在副林带树种配置上，实行行间或带状混交造林，林带呈疏透型林相。

7. 造林密度

主林带栽植株行距为 2m×3m，初植密度 1665 株 /hm²；副林带栽植株行距为 2m×2m，初植密度 2500 株 /hm²。

8. 栽植

根据立地条件和选定树种的繁殖特性及经营条件，主要采用人工植苗造林形式。栽植前泡水 24h，使苗木充分吸水。在栽植技术上根据苗木品种及规格适当深栽，栽后踩实，要灌足头水及二水，确保苗木成活。

9. 抚育管理

前二年每年中耕除草 2 次，以后每年 1 次，深 5~10cm，并进行培土。每年在生长季节追施肥料尿素和磷肥各 0.1kg/ 株。依据植物生理需水状况和天气降水情况分别于 4~8 月，每月至少灌一次大水，最后灌足冬水。在树木生长旺盛期短截竞争枝，落叶后至萌芽前剪去竞争枝、过密枝、病虫害枝，有利于树木增高增粗生长。一旦发现病虫鼠兔害，及时防治。防治以防为主、防治并举。严格种苗的病虫检疫，杜绝病虫源带入造林地。每年春秋季树干涂红刷白各一次。

（三）适宜推广范围

适宜于在干旱中温带宁夏河套平原造林小区沙坡头区、中宁县、利通区、青铜峡市、永宁县、灵武市、贺兰县、平罗县、惠农区等黄河两岸的灌区推广。

（四）模式成效与评价

1. 生态效益

农田防护林可有效庇护周边网格内农田，减轻风沙、霜冻、干热风等自然灾害，对保障项目区周边农业生产，减少因某些自然灾害对农作物的影响，增加农民收入具有积极作用。有关研究表明，每公顷防护林可保护 10hm² 农田，减少自然灾害造成的农业损失 30% 左右，粮食和经济作物产量可提高 10% 以上。同时也可为现有各种野生动植物提供良好的栖息繁衍场所，保护区域生物多样性。

2. 社会效益

大网格、宽林带农田防护林营建模式，增加了支沟、支路数量，拉大了林网间距，加大了林带宽度，彻底消除了二代林网建设存在的弊端，农村大环境开阔整洁，农民满意，干部高兴，有利于全社会生态文明建设和经济社会的可持续发展。

3. 经济效益

据有关部门测算，这种大网格宽林带建设减轻了林带胁地问题，每公顷耕地减少遮阴胁地面积约 0.01hm²，每公顷耕地每年增产约 60kg，每年每公顷增收约 110 元，全市每年增收约 266 万元，农民每年人均增收 19.7 元。另外，副林带建设也为林木速生创造了良好条件，按种植速生杨 8 年一个轮伐期计算，每公顷林地生产木材 250.5m³，每立方米木材单价按 600 元计，每公顷林地木材产值 15.03 万元，按 10% 的林地面积分摊，每公顷耕地木材产值 1.5 万元，每公顷耕地年均木材产值 1879 元。由此可见，项目建设提高了土地单位面积产出率，促进农村经济发展。

加快引黄灌区"大网格、宽林带"高标准农田防护林体系建设，彻底消除了二代林网建设存在的弊端，使全市农村田园可视度更开阔，乡村道路更宽广畅通，防护林带更具规模气势，是适应现代农业发展需求，减少自然灾害，提高农业综合生产能力的有效手段，也是发展现代林业，改善农村生产生活条件的重要举措，必将促进全市社会主义新农村建设和经济快速发展，对实现农业增效、农民增收及社会稳定具有重大而深远的意义（图 181）。

图 181　青铜峡市叶盛镇团湖沟村农田防护林主林带、副林带

● 模式 2　银川平原枣粮间作模式（图 182）

（一）自然地理概况

模式来源于宁夏回族自治区，模式实施区位于银川平原灌区，属于温带干旱半荒漠气候，风大沙多，年均降水量 200mm。灌溉条件好，地下水位浅，肥力中等，土壤为熟化草甸土、灌淤土。光照充足，无霜期 150 天左右。

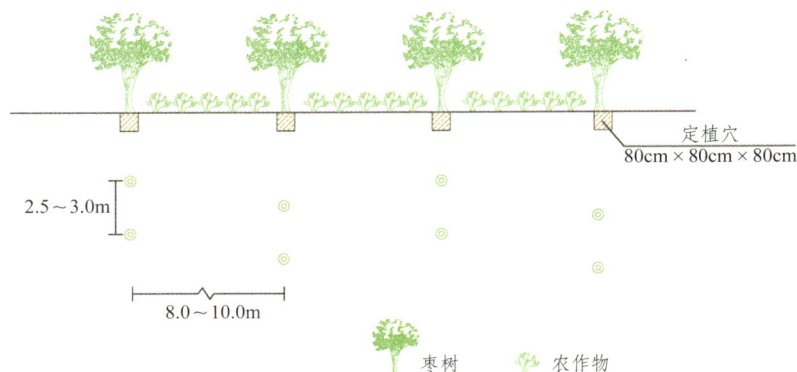

定植穴
80cm × 80cm × 80cm

2.5~3.0m

8.0~10.0m

枣树　　农作物

图 182　银川平原枣粮间作模式

（二）技术要点

枣粮间作是一种高效有序的林农复合立体经营形式，能充分利用光热资源，提高土地生产利用率，改善生态环境，调整产业结构，达到林农双丰收的目的。枣树采用大行距、小株距的方式栽植，在行间种植矮秆农作物。

1．品种选择

扬黄灌区枣树防护林的主选枣树品种有中卫大枣、中宁小枣、灵武长枣、赞皇大枣、金丝小枣、骏枣、大武口枣、临泽小枣、板枣等优良品种。

2．苗木

选壮苗栽大苗。要求苗龄 2 年以上、苗高 1.5m 以上、地径 1.5cm 以上、根系发达完整无损。

3．整地施肥

针对新灌区土层薄、石砾多、土壤贫瘠、有机肥含量低等特点，要求挖定植穴 80cm 见方，每穴施作物秸秆 3kg、羊粪 10kg、尿素 0.15kg 和土壤拌匀填入。

4．造林密度

株距一般为 2.5~3.0m，行距 8.0~10.0m，平均每亩 30 株。

5．栽植

以 4 月下旬至 5 月上旬枣树发芽时栽植为宜，造林前苗木用水泡 12h，根系蘸 ABT 生根粉。栽后要及时灌水。

6．间作套种

留足保护带、选好间作物，保证枣树足够土壤营养面积和充分光照条件，避免耕作机械损伤，是枣粮间作成功的关键。一般定植后 1～2 年内留 0.8～1.0m，3～4 年内留 1.0～1.5m，5 年以后留 2.0～3.0m 宽的保护带。农作物应选择小麦、豆类、薯类、瓜类等低矮作物。

7．水肥管理

按照 50kg 鲜枣需氮 0.75kg、磷 0.5kg、钾 0.65kg 的标准施肥。每隔 2～3 年于秋季落叶后在树冠两侧外缘开挖 50～80cm 深的条状沟或放射沟，株施有机肥 30～40kg，4 月下旬追施尿素 0.5kg，促萌芽、抽枝和形成花蕾。6 月追施坐果肥，株施专用肥 1kg。8 月中旬追施膨大肥，株施 1kg 复合肥。灌水要与施肥有机结合起来，每次灌水后中耕、除草、保墒。

8．整形修剪

修剪的任务主要是迅速增加枝芽量，尽快扩大树冠，培养牢固的骨架和合理的树冠结构，控制高度，稳定树势。疏截结合，以疏为主，保持良好的通风透光条件，培养和更新结果枝组，延长年限，保持稳产高产。应纺锤状整形，要求树高 3.5～4.0m，有直立中心干，干高 70cm 以上，主枝 5～10 个，主枝间距 25～30cm，呈螺旋式排列，均匀分布在主枝四周，主枝角度 70°～80°，主枝不留侧枝，直接着生结果枝组。

9．病虫害防治

病虫害防治是增强树势，提高枣果产量质量和效益的主要措施。主要针对枣尺蠖、枣粘虫、枣瘿蚊、枣红蜘蛛、桃小食心虫等进行及时有效的防治。

（三）适宜推广范围

适宜于在干旱中温带宁夏河套平原造林小区，特别适宜在扬黄灌区推广，在同心县、海原县等地的干旱地区、窖灌区也可推广。

（四）模式成效与评价

模式充分利用土地水分、地力空间，在发挥农田防护林生态、社会效益的前提下，获得了较好的经济效益。

十三、干旱中温带宁夏贺兰山山地造林小区

●宁夏贺兰山山地水源涵养林区封山育林模式

（一）自然地理概况

模式来源于宁夏回族自治区，模式实施区地处贺兰山中部地段，系贺兰山主体，海拔一般在 1400～2600m，年均气温−0.8℃，年降水量 429.6mm。地带性

土壤垂直带谱自上而下主要有山地草甸土、山地灰褐土、山地灰钙土、山地粗骨土。全年干燥少雨，气候变化很大。植被分布属温带落叶阔叶林地带，是我国西北干旱风沙地区典型的温带山地森林生态系统，并以其独特的生态条件孕育了丰富的动植物类群。

（二）技术要点

贺兰山自然保护区处于干旱草原与荒漠的过渡地带，干旱少雨、山高坡陡、土层瘠薄、立地条件较差、森林树种生长十分缓慢、森林人工更新难度较大。应以保护为主，提高森林防风固沙、蓄水保土、涵养水源、净化空气、调节气候的功能。通过封山育林，使该区植被在严格封育管护下得到较快的恢复发展，增加植被类型，提高植被盖度，增强森林涵养水源、蓄水保土、调节气候等生态功能。

1．封育范围

封育区设于贺兰山中部，面积45万亩。

2．立地类型划分

根据海拔、地形部位、坡度、坡向、土壤、植被等环境因子的差异划分为3个立地类型组10个立地类型，见表4。

表4 贺兰山山地立地类型及封山育林类型

组别	编号	立地类型	封山育林类型
Ⅰ．高中山带阴坡立地类型组	1	高山草甸带山地草甸土	封山育灌、育草
	2	高山带阴坡云杉纯林山地灰褐土	在全面封山的基础上，采取野生苗移植等措施扩大成林面积
	3	高中山带阴坡灌草地山地灰褐土	封山育林、育灌
	4	中山带阴坡灌草地山地灰褐土	在封山的同时，结合育林措施，提高成林质量
	5	中山带山间宽谷灌草地山地灰褐土	封山育林、育灌
Ⅱ．高中山带阳坡立地类型组	6	高中山带阳坡灌草地山地粗骨土	封山育灌、育草
	7	高中低山带岩石裸露地立地类型	封山育灌、育草
Ⅲ．低山带立地类型组	8	低山带阴坡灌木林山地灰钙土立地类型	严禁放牧、樵采、封山育灌、育草
	9	低山带阴坡、阳坡灌草地山地粗骨土立地类型	严禁放牧、樵采、封山育灌、育草
	10	低山带沟谷灌草地山地粗骨土立地类型	严禁放牧、樵采、封山育灌、育草

3．封育措施

①按山系固定专人进行封育管护。②实行全面禁牧和牧户搬迁。③对破坏严重的地区设围栏封死。④必要的地方采取人工促进更新措施，尽快恢复植被。

4．封育效果动态监测

设置植物监测样地，对封育区植被覆盖率、野生动物、幼树更新等情况进行全面监测。

（三）适宜推广范围

本模式适宜在干旱中温带宁夏贺兰山山地造林小区及条件类似的周边地区推广。

（四）模式成效与评价

经过封育，宁夏贺兰山地区生态环境逐步得到改善，为银川平原地区经济和社会的进步提供了可靠的生态屏障。

十四、干旱中温带宁夏腾格里沙漠南缘造林小区

●腾格里沙漠"五带一体"治沙模式（图183）

（一）自然地理概况

模式来源于宁夏回族自治区。模式实施区位于腾格里沙漠东南缘，境内流动沙丘密布，以格状沙丘及格状沙丘链为主。黄河水面海拔1200m，沙丘高处的海拔为1500m，相对高差300m。年均降水量186.2mm，年均蒸发量1913.8mm，沙漠腹地的蒸发量高达3206.5mm，年均气温9.6℃，无霜期150～180天，年均风速2.8m/s，冬春盛行西北风。在西北风和东南风的交替作用下，腾格里沙漠由西北向东南以年均3.0～5.0m的速度"之"字形前移，目前已逼临黄河岸沿，高悬于黄河左岸之上。包兰铁路即沿黄河左岸横穿腾格里沙漠东南缘，20世纪50～60年代备受风沙危害之苦。

（二）技术要点

在铁路上风方向远离铁路的地段设置高立式沙障，阻沙、聚沙成堤，阻止沙丘前移；在近铁路两侧营造机械沙障保护下的植物固沙带，全面固沙。以固为主，固、阻、输结合，保护铁路免受风沙危害。

防护体系由固沙防火带、灌溉防护林带、无灌溉防护林带、前沿阻沙带和封沙育草带等5条防护带组成，上风方向300多米，下风方向200多米，总宽500多米，其中，无灌溉防护林带是必备的核心部分。由铁路向外，这5条防护带的营建技术措施如下介绍。

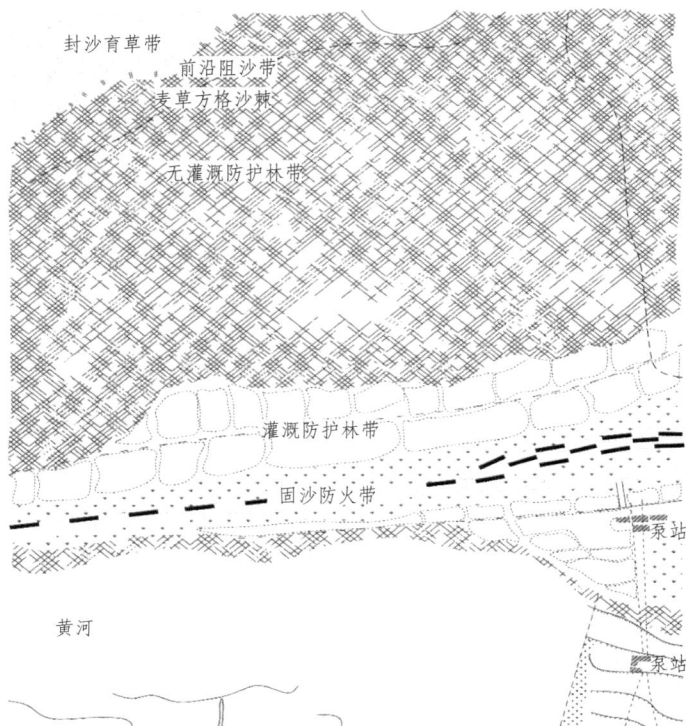

图 183　腾格里沙漠"五带一体"治沙模式

1．设置固沙防火带

在路基上风方向 20m、下风方向 10m 的范围内，清除植物，整平沙丘，铺设 10～15cm 厚的卵石、黄土或炉渣，形成固沙防火带。

2．修筑灌渠和营造防护林带

（1）整修梯田和修筑灌渠

在固沙防火带上风方向外侧 60m、下风方向外侧 40m 的范围内，整修梯田，修筑灌渠，梯田内设置沙障，灌溉造林。

（2）树种

可选的乔灌木树种有二白杨、刺槐、沙枣、樟子松、柠条、花棒、黄柳、沙柳、紫穗槐、小叶锦鸡儿、沙拐枣等。

（3）造林

春季植苗造林，株行距 1m×2m，隔行或片状混交，混交时以灌木为主，建

议采用柠条 × 花棒、柠条 × 油蒿、花棒 × 小叶锦鸡儿等混交类型。

（4）灌溉

乔木半月灌水 1 次，定额 33m³/ 亩；灌木 1 月灌水 1 次，每次 66m³/ 亩。

3．无灌溉防护林带

（1）设置沙障

在灌溉防护林带外侧上风方向 240m 左右、下风方向 160m 左右的范围内，于造林前 1 年的秋季全面扎设 1.0m×1.0m 的半隐蔽式麦草方格沙障。

（2）树种

沙拐枣、小叶锦鸡儿、花棒、柠条、黄柳、油蒿、沙柳等。

（3）造林

垂直主风方向，按 1.0m×1.0m×2.0m 的株行带距营造以头状沙拐枣、乔木状沙拐枣、小叶锦鸡儿、花棒、柠条、黄柳、油蒿等树种为主的灌木林。春秋两季均可造林，秋季为主，多植苗造林，黄柳、沙柳扦插造林，油蒿也可于雨季撒播。株行距 1.0m×1.0m 或 1.0m×2.0m，油蒿株距 0.5m。

4．前沿阻沙带

在无灌溉防护林带外侧上风方向的丘顶或沙丘较高位置，用柽柳笆或枝条建立折线形高立式沙障，沙障地下埋深 30cm，障高 1.0m，阻沙积沙，保护无灌溉防护林带外缘部分的安全。

5．封沙育草带

在前沿阻沙带上风方向百米范围内的局部沙丘迎风坡上，采取设栏封沙、铺设沙障、栽植灌木的方法，减少人畜对自然植被的破坏，促进封育区内植被自然繁殖，抑制风沙运动。

（三）适宜推广范围

适宜在干旱中温带宁夏腾格里沙漠南缘造林小区及其他荒漠、半荒漠有灌溉条件的铁路沙害防护体系建设中推广应用。其他地区道路沙害的防治亦可参考本模式的技术思路。

（四）模式成效与评价

"五带一体"铁路沙害防护体系是科研与生产相结合、生物与工程措施相结合、水路与旱路相结合，因地制宜、就地取材，科学创立的防治铁路沙害的有效模式。模式保障包兰铁路中卫段数十年畅通无阻，固定了流沙，绿化了沙漠，创造了人逼沙退的伟大壮举，成果荣获全国科技进步特等奖，被联合国授予"全球环境保护 500 佳"称号。引起世界各国相关领域专家的极大关注，先后有 60 多个国家的来宾到宁夏参观学习。"五带一体"铁路防风固沙体系若不计灌溉设施投资，每公顷投资只有 4500～6000 元，投资少、成本低，经济、社会及生态效益巨大。为巩固造林成果，每年需不定期进行阻沙栅栏和固定麦草方格沙障检查，对有损坏较多或者严重的进行维护，重新布置阻沙栅栏和扎设草方格（图 184）。

图 184　铁路沙害治理成效

十五、干旱中温带宁夏毛乌素沙地造林小区

● 宁夏白芨滩防沙林场流动沙丘造林模式

（一）自然地理概况

模式来源于宁夏回族自治区白芨滩防沙林场，模式实施区位于毛乌素沙地西南边缘，宁夏灵武市境内引黄灌区东部的荒漠区域。区内南部以沙地丘陵为主，北部以山地荒漠为主，最高海拔 1650m。70% 土地的面积为荒漠化土地，多年来年均降水量为 255mm，蒸发量达 2800mm，植被覆盖率不到 10%，生态环境十分脆弱。

（二）技术要点

1．树种、草种

树种主要为柠条、花棒、沙拐枣，草种为沙蒿。

2．草方格固沙

沙区修建简易林道，扎设 1m 见方麦草方格，增加流沙地表粗糙度，降低风速，为植物创造稳定的生长环境，这是治理干燥型流动沙丘的重要保障，也是治沙的第一步骤。

3．营养袋造林

就地育苗，就地造林，打破造林季节的限制，延长造林时间，什么时候下雨，什么时候栽苗。

4．穴播造林

在草方格扎设后的 8、9 月，准备好灌木种子（柠条、花棒、沙拐枣），在雨前（或雨中、雨后）播种，用锄或铁锹或木棍挖小坑，每坑播种子 15～25 粒，便于群体顶土出苗。四是雨季撒播造林，主要针对高大流动沙丘球顶部位、不适合灌木生长部位，在扎草方格后，下雨时，人工播散草籽（沙蒿为主），效果良好。

5．秋冬造林

根据宁夏近年来秋墒好于春墒的实际情况，在秋末冬初、土壤封冻前进行植苗造林，提倡深栽，成活率好于春季。

以上 5 项措施相互组配，草方格是保障，植苗造林、营养袋造林、穴播造林互为补充、"三保险"措施确保了造林成活率。

6．抚育管理

造林后 3 个月内及时除草，沙拐枣及时摘除侧芽和定干，做好病虫鼠害防治，防治啃咬新芽和树干。造林后每 3～5 年进行一次平茬复壮。造林时可采取地膜保水、树干缠膜等技术措施。

（三）适宜推广范围

适宜于所有沙地类型或可引水灌溉地区。

（四）模式成效与评价

白芨滩运用"五位一体"治沙模式使区域内大片流动沙丘变成人工绿洲，取得了良好的生态效益和经济效益，区域环境质量明显改善。经专家论证，沙丘前移速度明显减弱，输沙量减少到 53%，风速降低 12%，水分蒸发量减少 26%，大气相对湿度提高 9.5%，土壤有机质含量增加了 199%。据调查，林场森林覆盖率已达 40% 以上，特别是在大泉干燥型流动沙区，实现了沙漠后退 20km 的伟大壮举，为我国的治沙事业赢得了国际声誉。"五位一体"模式的推广，实现了治沙与致富同步发展，克服了治沙史上的灾变效应。2008 年，国务院在"关于促进宁夏社会经济发展若干意见"中，提出要推广白芨滩的治理模式和成功经验，加快毛乌素沙地的治理步伐（图 185）。

治理前后对比一

治理前后对比二

治理前后对比三

图 185　白芨滩防沙林场治理前后对比

276

十六、干旱中温带哈密盆地造林小区

●哈密盆地流动、半固定沙丘滴灌造林治沙模式（图186）

（一）自然地理概况

模式来源于新疆维吾尔自治区哈密市。模式实施区位于吐哈盆地，该区气候极端干旱，年均降水量10~66mm，年蒸发量达3500mm，水资源极度匮乏。绿洲与沙漠交错分布，沙丘类型多为流动型和半固定型沙丘，沙丘高度均在2~5m不等，风沙危害频繁。每年的风沙灾害给农林业生产和人民生活造成了严重的经济损失。

（二）技术要点

在流动、半固定沙丘采用滴灌节水不整地和种植沙生灌木相结合的方式营造防沙治沙林，利用沙生灌木抗旱、耐盐碱等特性，在不破坏原有地被地貌情况下发展节水型林业，有效解决在干旱缺水条件下提高苗木成活率，成林后则不用再灌溉，最终达到防沙治沙、改善区域生态环境和提高人居环境质量的目的。

1．树种

选择梭梭、柽柳、沙拐枣等沙生灌木。

2．苗木

选用Ⅰ、Ⅱ级无病虫害苗木，地径0.5cm以上，苗高0.5m以上。根系必须完整，出圃时进行蘸浆处理。

3．造林密度

株行距为2.0m×3.0m或2.0m×4.0m，亩定植222株或168株，一穴两株。三角形定植，紧靠滴灌带滴孔种植。

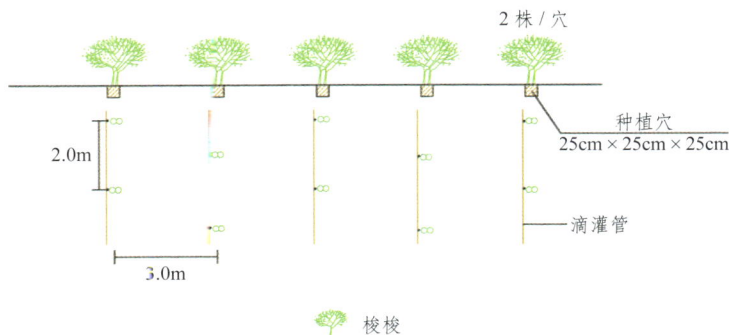

图186　哈密盆地流动、半固定沙丘滴灌造林治沙模式

4．造林

项目区均为流动、半固定沙丘地，不整地。春季采用植苗造林。在流动沙地上种植为方便挖穴需在苗木栽植前灌一次水，按株行距要求，在滴头处用铁锹别开深 25cm，将苗木放入后顺方向踩实，随挖随栽。对于较干旱的区域，也可在种植穴（25cm×25cm×25cm）内施保水剂 15g 左右，与坑底沙土搅拌均匀后再植入苗木。

5．灌溉

苗木定植后应及时灌水，灌溉方式为滴灌。视墒情及地表风速、气温变化，在 20～30 天灌第 2 次水，6 月下旬至 8 月中旬可适当缩短灌溉周期；在地表 3～5cm 以下，沙土能握在手心松开后不散就无需灌水；每轮灌水 9m³/亩（按株行距 2m×3m 计算），全年灌水 4～6 次，36～54m³/（亩·年）；灌溉 1～2 年，按 2 年计算，亩用水量 72～108m³。以后无需灌水。

6．病虫害防治

沙生植物极少发生病虫害。若遇秋季雨雪多，则梭梭叶面易发生白粉病，但对枝干不会造成伤害，冬季落叶后，次年不影响正常生长，可不予防治；对于其他种类大面积发生的且病虫危害较重的，应采取相应措施进行防治。因造林区域干旱多风，成林后树下易堆积枯落枝叶，秋、冬季应做好防火工作。

7．滴灌设施

视造林区域地下水位情况打井，远离用电区域而供电线路成本过高的，可采用发电机为动力灌溉。根据立地情况布设供水主管道，因是临时供水使用（1～2 年），为便于回收仅埋深 30～50cm。滴灌管按株距定做，每孔额定流量 4～8L/h，按行距平行铺设滴灌管。根据本地治沙林灌溉情况，打井配套一眼，可保障 1000～1500 亩林地的灌溉。机电井水泵电源可视动力电情况选择加高压输电线或直接采用可移动式柴油发电机（根据造林区域与成本选择）。

（三）适宜推广范围

本模式可在干旱中温带哈密盆地造林小区及其他类似条件下以井灌为主的绿洲外围造林治沙中广泛应用。

（四）模式成效与评价

滴灌治沙造林，虽一次性投入较高，但具有节水、不用平沙整地、排盐、防盐、造林成活率高、减少灌溉管理用工等优点。同时，后期管理工作量小、投入少，很适合"重造轻管"，只需人工管护、浇水 1～2 年（每年 4～6 次）即可成林，以后可任其自然生长，形成区域性的"人工荒漠林"。

经测算，滴灌造林灌水量不超过 $54m^3/$ 亩·年，而常规造林年灌水量达到 $500m^3$ 以上，治沙造林需水量更大，滴灌节水效果十分明显。抗旱、抗寒、耐盐碱的沙生灌木滴灌造林苗木成活率都达 95% 以上，成活率比常规造林提高了 10% 以上，同时节约了大量的人力和水资源，减少成本 70% 以上，管护成本十分低廉。滴灌设备虽然一次投资大，但可回收重复使用，长期受益。

梭梭、沙拐枣等树种喜光性很强，抗旱力极强，根系发达，在气温高达 43℃ 而地表温度高达 60～70℃ 甚至 80℃ 的情况下，仍能正常生长。对于降水量在 100mm 以上或地下水位在 3～5m 间的则无需灌溉；对于地下水位在 10m 以下的则需要有灌溉设备。在黏质、砾质的丘间低地、无盐渍化或轻中度盐渍化沙地上均可栽植，幼树在固定半固定、土壤含盐量 0.2%～0.3% 的沙丘上生长良好。因滴灌毛管随地形铺设，林地内坡谷落差不宜太大（控制在 3～5m）；如超过此范围，应由水利部门做专项规划设计（图187）。

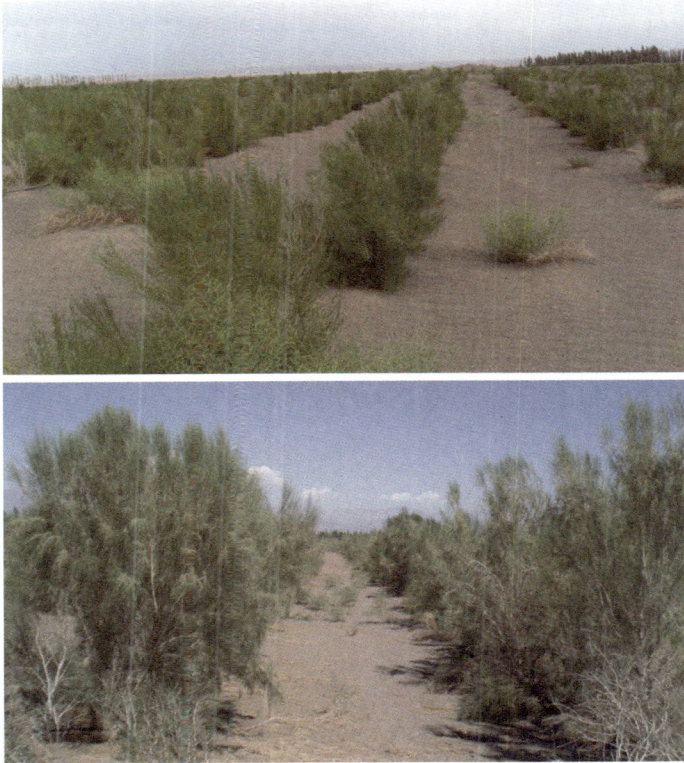

图187　哈密市二堡镇乌拉泉村造林成效

十七、干旱中温带阿尔泰山山地丘陵造林小区

● 阿尔泰山地植被封禁保护模式

（一）自然地理概况

模式来源于新疆维吾尔自治区喀纳斯国家级自然保护区（以下简称"喀纳斯保护区"）。保护区位于新疆阿勒泰地区布尔津县西北部，地理坐标东经86°54′~87°54′，北纬48°35′~49°11′。保护区海拔高度1270~4374m，最低海拔位于保护区小湖站南界喀纳斯河底，海拔约为1270m，最高峰（友谊峰）为4374m。喀纳斯保护区地处欧亚大陆腹地，属温带高寒山区气候。

喀纳斯保护区河流水系发达，喀纳斯河是保护区内的主要河流，境内流程约125km，喀纳斯河是布尔津河的最大支流，而布尔津河又是我国唯一的北冰洋水系河流——额尔齐斯河的最大支流。

保护区内泰加林是我国境内南泰加林唯一集中分布区，极为稀有珍贵。西伯利亚冷杉（新疆冷杉）、西伯利亚云杉（新疆云杉）、西伯利亚落叶松（新疆落叶松）、西伯利亚红松（新疆红松）、欧洲山杨、疣枝桦、西伯利亚花楸、欧洲圆柏等均系泰加林典型的建群种类。喀纳斯（含布尔津、哈巴河）是世界西伯利亚红松林分布的南缘，也是我国西伯利亚红松唯一集中分布区域。保护区内的泰加林也是我国保存最完好的泰加原始森林，生态、生物学价值与科学研究价值均很高。

（二）技术要点

喀纳斯保护区森林均为天然植被，保护措施主要以封禁保护为主。

保护区目前实施的重点林业生态工程主要有野生动植物保护及自然保护区建设工程、天然林资源保护工程、重点公益林工程等3项，通过多年不懈的努力，取得了显著成绩，使喀纳斯的自然资源与生态环境得到有效保护。

1．野生动植物保护及自然保护区建设工程

自1995年开始，先后实施完成了保护区"一期"、"二期"、"三期"工程建设和能力建设工程。累计投资2508.2万元，其中中央投资1732.0万元，地方配套776.2万元。主要用于保护、管理、科研、监测、宣教、基础设施和能力建设。

通过工程实施，使保护区保护管理、科研监测、宣传教育及基础设施得到基本完善，保护管理体系和科研监测体系初步形成，保护管理能力与科研监测水平显著提高，在自然资源与生态保护、森林防火、有害生物防治等方面做出了显著成绩。

2．天然林资源保护工程

保护区自 2001 年开始实施天然林资源保护工程。通过工程实施，工程区森林植被得到良好休养生息，森林质量与数量得到快速增长。为加强保护区森林资源保护和管理，明确管护目标，落实管护责任，喀纳斯国家级自然保护区管理局专门成立天然林保护工程领导小组，下设 5 个管护所，13 个管护站，划分了 95 个管护片区，采取了管理局—管护所—管护站—管护人四级层层签订管护责任，保证了面积到人、责任到人，落实到位。目前天然林资源保护工程二期已启动，工程区覆盖保护区所有林权范围。

3．重点公益林工程

保护区自 2005 年开始实施重点公益林工程。按照《国家级公益林区划界定办法》（林资发 [2009]214 号），喀纳斯国家级自然保护区所有林地均属国家级公益林地，全部为重点公益林地，年补偿资金 143 万元。重点公益林工程的实施，对森林及林地的有效保护起到了重要的促进作用。现已并入天然林资源保护工程二期实施。

（三）适宜推广范围

适宜在半干旱中温带阿尔泰山地丘陵造林小区及新疆、黑龙江等高寒地区试验推广。

（四）模式成效与评价

依托重点林业工程，加强生态保护，是保护喀纳斯保护区天然植被的有效手段。喀纳斯保护区于 1999 年纳入阿尔泰山国有林管理局天然林资源保护工程试运行行列，2001 年正式实施天然林资源保护工程。通过实施天然林资源保护工程，使森林资源得到有效保护，森林资源持续增长。根据最近两期森林资源二类调查成果对比，从 1992 年到 2008 年，保护区林地面积明显增加，森林面积大幅增长。16 年间森林面积增加了 54.80%，森林覆盖率提高了 9.20%。生物多样性明显增加，森林生态功能得到明显恢复，野生动植物种类和数量明显增加。森林涵养水源，保持水土等生态功能增强。山体滑坡、泥石流等自然灾害明显减少，生态环境得到明显改善。通过落实政策和工程项目，增加林区就业，提高职工收入，同时鼓励和扶持各管护所站依托管护所站发展庭院经济，不断增加保护区职工收入，使职工收入和社会保障接近或达到自治区在岗职工平均水平。另外，健全职工和林区居民社会保障体系，职工基本养老等五险全面保障。基层管护所站工作生活条件进一步改善，职工工作积极性全面提高。保护区招聘的管护员基本是禾木喀纳斯乡、铁热克提乡林区居民，对林区社会经济发展及和谐稳定起到重要作用。保护区又是我国著名的景区，近年来旅游业的持续升温推动地方经济快速发展。通过天然林资源保护工程的实施，取得了显著的生态、经济和社会效益，有效地保障了保护区内经济社会的健康持续发展。

十八、干旱中温带准噶尔东缘造林小区

●奇台县退耕还林综合技术模式

（一）自然地理概况

模式来源于新疆维吾尔自治区奇台县，位于天山北麓东段，准噶尔盆地东南缘，地势南北高，腹地低并向西北倾斜。从大的地貌单元来讲可分为天山山地、中部平原、北部沙漠和北塔山区四部分。山区占30%，平原占50%（其中荒漠戈壁平原占34.96%），沙漠占20%。

（二）技术要点

限制该区退耕的主要因子：一是降水量不稳定且分布不均匀，无灌溉条件，对新植苗木成活率影响大；二是水土流失严重，是生态治理重点区。针对该区的地貌类型，采取了以下3种退耕还林模式。

1．天山北坡陡坡地水土保持林

（1）树种

乔木树种以日本落叶松、兴安落叶松、新疆落叶松为主，草种以红豆草为主。

（2）苗木

造林苗木以容器苗为主，外调苗木必须带土球。

（3）整地

秋季9～10月沿等高线进行鱼鳞坑整地，长1m、宽0.8m、深0.3m，下沿筑埂高0.3m，呈半月形、"品"字形排列，坑内再挖0.5m×0.5m×0.4m植树坑。

（4）混交方式

采取乔灌草混交，落叶松、山楂（忍冬）、红豆草混交。采用带状或行间混交，混交比例3：2：5。

（5）造林

以春季（4月中旬至5月中旬）造林为主。栽植方式为行植和三角形配置。株行距为2m×3m。造林后采取的蓄水保墒措施有：鱼鳞坑两侧修筑拦水沟，栽植后灌定根水一次，然后覆盖地膜，每株1m²，便于集水或人工灌溉使用。另外，为提高造林成活率，落叶松裸根栽植前，用"根宝"蘸根，可以提高造林成活率15%。

2．丘陵区水土型经济林

（1）树种

以杏树、黑穗醋栗、草种以苜蓿为主。

（2）苗木

杏树以大田生产的实生苗为主，也可用仁用杏嫁接苗，黑穗醋栗以温棚扦插苗为主。

（3）整地

秋季9～10月沿等高线水平沟整地，沟上口宽1m，底宽0.8m，深0.4m，下沿筑埂，埂高0.3m，沟内挖植树坑，沟内每隔10m修拦水埂。

（4）混交方式

行间混交，杏树、黑穗醋栗、苜蓿混交比例3：3：4。

（5）造林

秋季10月中下旬造林，株行距2m×4m。采取的节水保墒措施：一是修建蓄水池，机动提水灌溉；二是喷灌；三是栽植时对地表20cm的土层混入麦草填坑，增加蓄水保墒能力。为提高成活率，栽植前杏树采用根宝蘸根，黑穗醋栗采用容器苗定植，树苗成活率达到85%～95%。

3．沙漠边缘干旱沙化地防风固沙林

（1）树种与配置

选择梭梭、柽柳、碱蓬、榆树、文冠果、大芸、麻黄、沙蒿等树种，采用带状混交，混交比例为乔、灌、草2：4：4。

（2）苗木

就地建立治沙苗圃，以播种育苗为主，柽柳用扦插育苗。

（3）整地

沙丘、沙地直接挖坑栽植梭梭，其他树种采取开沟挖穴造林，沟上口宽1m，底宽0.6m，深0.4m，树坑40cm×40cm×40cm。

（4）造林

春秋两季造林，行植或三角形栽植。灌木株行距1m×3m，乔木株行距1.5～2m×2～4m。采取的蓄水保墒指施是对沙丘沙化地灌草采用移动式喷灌，5～8月进行补充滴灌。

（三）适宜推广范围

模式可在干旱中温带准噶尔东缘造林小区天山北坡海拔 1400～1600m 处的陡坡、丘陵区和沙漠边缘地区推广。

（四）模式成效与评价

通过退耕还林，逐步恢复植被。一是可发挥森林调节坡面径流、防止水土流失、涵养水源等作用，如在天山北坡水土保持林建设中，每万亩可减少水土流失量 2200t。沙漠边缘干旱沙化地防风固沙林体系控制风沙南移速度，减缓沙尘暴危害，保护沙漠边缘的草场、农田、住宅、道路等，改善当地生产和生活环境。二是有一定的经济效益。如在天山北坡陡坡地水土保持林中，落叶松 30 年后，每公顷产材量按 300m³ 计，每立方米按 400 元计，平均亩效益为 8000 元；红豆草平均每亩效益 680 元，可连续收益 3～5 年。沙漠边缘干旱沙化地可取得亩产值 1960 元的经济效益，可连续收益 6～10 年（图 188）。

图 188　奇台县沙地无灌溉造林前后对比

十九、干旱中温带准噶尔盆地中心造林小区

● 模式 1　准噶尔盆地甘家湖梭梭林封育恢复模式

（一）自然地理概况

模式来源于新疆维吾尔自治区的精河县与乌苏市交界处的甘家湖梭梭自然保护区。模式实施区年降水量 140mm，土壤含水量 3%～8%，接近河岸的林灌草甸土地下水位超过 3m，分布于其上的梭梭、铃铛刺、柽柳呈混生状态。在远离河道处，梭梭由与柽柳混生的状态逐步过渡到纯林，呈镶嵌状分布。土壤以风沙土、灰漠土为主。

（二）技术要点

1．封育地段选择

在统一规划的基础上，划出封育区、人工更新区、放牧区、打柴区。封育区一般选择有梭梭种源分布且具有植物生长的水分条件（如地下水、地表水的补给）、远离村庄、人畜活动较少的地段，在沙丘高大的流沙区和重度风蚀的风沙口，不宜进行封育，封育面积应取决于需要与可能。

2．保护及管理

封育区和人工更新区采取死封的方式，在封育区边缘设置围栏，建立醒目标志，深入宣传，提高群众认识，建立护林组织，设专人常年管护。放牧区和打柴区可有条件开放。放牧区需规定载畜量，如果林地内蒿类发生衰退，应立即禁止放牧。打柴区内采取伐死留活，汰弱留强的方式经营，确保采伐量小于生长量。大片梭梭纯林，其林分生态稳定性较差，必须加强病虫害的监测，保护天敌，对病虫害及时防治以及移密补稀、补播等。

3．封育时间

视植被的恢复程度而定，梭梭的封育时间以 5～8 年全封为宜。

（三）适宜推广范围

本模式适宜在干旱中温带准噶尔盆地小区及其他类似有植被生长基本条件的地段推广。

（四）模式成效与评价

梭梭为超旱生小乔木，它的主根发达，沙地萎蔫系数为 1.5%，可适应砾土质戈壁、黏土戈壁和沙二荒漠等多种立地条件。利用梭梭这种很宽的生态幅度，在生态脆弱区域有梭梭生长基本条件的地段实行封育，使梭梭林能够得以在短时

间内自然恢复和繁殖更新，保护和扩大天然荒漠植被，改变荒漠景观和生态环境，控制风沙活动，遏制荒漠化的发生和发展。

● **模式2 新疆奇台县沙地无灌溉梭梭造林模式**（图189）

（一）自然地理概况

模式来源于新疆维吾尔自治区奇台县。模式实施区紧邻古尔班通古特沙漠边缘。属中温带大陆干旱气候，年均气温5～8℃，降水量少，北部沙漠戈壁区100～140mm，年蒸发量达2400mm。新中国成立前30年，由于人为不当经济活动，导致以梭梭为建群种的荒漠植被向沙漠腹地退缩。20世纪末治理前，沙漠前沿3～5km范围植被退化，沙丘活化，在大气环流影响下，不断南移，吞噬农田掩埋村庄，对绿洲社会、经济的可持续发展造成严重威胁。

（二）技术要点

1. 造林地选择

可选择流动或半固定沙丘、沙垄，沙丘高度一般低于30m，丘间低地、弃耕地不宜做造林地，一般造林地多在绿洲边缘基干防护林的外侧。

2. 设置草方格

在风蚀活动强烈、植被盖度低于0.1的造林区域最好铺设草方格，材料可为芦苇、作物秸秆，规格2m×3m。

3. 苗木

采用1年生梭梭壮苗，地径0.3～0.5cm，苗高30～60cm，主根长30～35cm，须根完好。

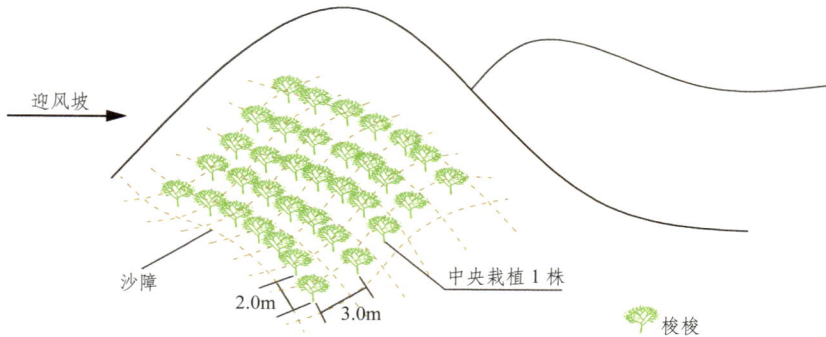

图189　新疆奇台县沙地无灌溉梭梭造林模式

4．造林配置

一般采用 1.5m×3.0m 或 2.0m×3.0m 株行距营造梭梭纯林，也可与乔木状沙拐枣隔行混交，初植密度 148～220 株。

5．造林

造林时间春秋季皆可，关键是抢墒造林，春季宜早不宜迟，秋季 11 月中旬的雨（雪）后造林为佳。栽植时，用铁锹垂直沙面嵌入土中，深度大于 35cm，水平摆动铁锹把形成缝隙，将梭梭苗插入缝隙中，苗根际部位应深入 10cm 以上深栽踏实。通常在造林的次年后补植 2～3 次，直到保存密度 ≥ 70% 的初植密度时，可结束造林工作。

技术要点如下。

（1）深栽

风蚀造成苗木根系裸露而死亡，是造林失败重要原因之一，故利用梭梭耐沙埋的特点深栽 10cm，对确保造林成效尤显重要。

（2）抢墒造林

秋季雨后、春季融雪土壤解冻后抢墒造林，有利于苗木的根系恢复和生长，在近地表土层土壤水分风干殆尽前根系可深入土壤深层湿润层，这样即便没有降水补充苗木也可基本保证成活。

（3）补植

干旱区沙区无灌溉造林，补植为常态性工作，在初次造林施工中即使各项技术措施均准确到位，也不能保证造林一次成功，主要原因为干旱高温、大风等灾害性气象严重影响造林成效。

6．抚育管理

栽植后应及时有效地采取封禁措施，如设置围栏、设立警示牌、加强人工巡护等，封禁期 3～5 年。有害生物防治以鼠害防治为重点，设置鸟巢、招鹰栖架，防治大沙鼠。

（三）适宜推广范围

适宜在干旱中温带准噶尔盆地小区推广，适宜的立地条件为：①半固定、流动沙丘或沙垄、或平缓的疏松沙地，丘间低地不易造林；②土壤质地为沙土或沙壤土，无盐渍化或轻度盐渍化；③年降水量 100～200mm，且冬季有较稳定积雪；极端干旱荒漠区不能采用此项技术。灌溉过量的情况下，梭梭易感染白粉病、锈病，甚至烂根死亡，故降水量过大的区域也不宜采用本技术。④梭梭天然分布区，植被盖度＜0.3。

（四）模式成效与评价

梭梭无灌溉造林技术的推广应用，可使流动、半固定沙区2～3年后趋于固定，有效遏制流沙蚕食绿洲。据奇台县林业技术推广站调查，1985—2000年15年间奇台县西北湾乡牧业村沙漠向南移动了47m，最大移动距离276m，平均年均移动3.2m。2005—2010年的调查表明：沙漠没有南移，沙进人退的局面全面遏制。由于无需人工水资源投入，适宜造林的区域广阔，奇台大规模无灌溉造林，对县域森林覆盖率的迅速提升发挥了关键作用，大面积的植被恢复有效降低周边区域沙尘灾害性天气的发生。

另外，在树势健壮的区域，可人工接种荒漠肉苁蓉，是实现富民、治沙、环保三结合的一条有效途径。

2000年以来，奇台县大力推广梭梭无灌溉造林技术，截止2010年奇台县已完成人工固沙造林2.67万hm²，成林面积达2.0万hm²，在横贯县境65km的古尔班通古特沙漠南缘初步建成了一道宽3～5km的绿色屏障，保护了县域平原绿洲的生态环境，有力地促进了农牧业的发展，对县域社会经济发展起到了良好的推动作用。2005年人工治沙造林基地，被奇台县县委确定为党员先进性教育基地，2006年6月被自治区确定为首批"自治区环境教育基地"。2007年奇台县被评为全国防沙治沙先进县。针对本模式的技术特点，集成相关研究成果，形成了新疆地方标准——"准噶尔盆地沙区梭梭无灌溉植苗造林技术规程"（DB/T3002—2009）。

模式有如下特点：①节约资源。干旱区绿洲生态建设、农业生产灌溉不可或缺，本技术模式可谓罕见的特例，节约弥足珍贵的水资源，避免了农、林、牧的生产用水矛盾。②造林投资少、固沙效益佳、维护费用低廉。梭梭育苗成本低廉，一般0.1元/株，苗木费≤750元/hm²；造林每个劳动力日可造林0.33～0.66hm²，造林人工费≤450元/hm²。造林3～5年就可有效遏制流沙移动。由于无需灌溉，节省了水费、灌溉系统维护费、灌溉用工费等费用，仅需少量看护成本，具有较强的自维持能力。

梭梭无灌溉造林的目的在于固沙，固沙的效果与植被盖度直接相关，梭梭无灌溉造林的成效与降水、地下水位、土壤质地的因素有关，除水土条件特别优越的区域，如降水量150～200mm，或地下水位2～3m，加之土壤条件适宜，无灌溉造林可保持较高的保存率的同时，生物量亦十分可观，造林3～4年，盖度可达 60% 以上，可完全阻绝流沙移动。通常情况下，在梭梭无灌溉造林区与绿洲边缘基干防护林带之间配置 5 行左右的梭梭补充灌溉林带，固沙成效将会更加完善。

●模式 3　风沙前沿区林草结合造林模式

（一）自然地理概况

模式来源于新疆生产建设兵团农 10 师 181 团。模式实施区位于塔克拉玛干沙漠、古尔班通古特两大沙漠边缘约沙化土地上，气候属典型的大陆性气候，极端干旱少雨，年均降水量多在 100mm 以下，植被稀疏，风大沙多，干旱、风沙等自然灾害频繁发生。

（二）技术要点

1．总体布局

采取乔、灌、草复合生态防护林方式，对退耕地采用网格方式配置，网格四周为防护林，中间林草结合。在农区条田内，林网则营造 3～5m 宽的防护林。株行距为 1m×5m，带状整地，春季造林为主，进行植苗造林。在风沙前言地带及外围，营造 10～30m 宽大型防风固沙林。

2．造林

选择耐干旱、耐风沙的树种，采取杨树和榆树、沙枣、胡杨、柠条等混交的方式造林，混交比例为 7：3。草和为紫花苜蓿，采用人工播种方式种植。统一苗木供应，确保造林顺利进行。

3．节水灌溉

在退耕还林区安装喷滴灌节水二程，有效提高水的利用率。

4．管护

采取统一规划、统一管理、统一定植、统一投入的管理办法，在播种及定植后交承包户统一管理，并积极落实政策，调动了职工的积极性。

（三）适宜推广范围

适宜于在干旱中温带准噶尔盆地中心造林小区及降雨量少、风沙危害严重、地处塔克拉玛干沙漠和古尔巴通古特沙漠边缘的沙区团场推广。

（四）模式成效与评价

自 2000 年以来，181 团在 2 年退耕还林试点中，共完成退耕 2500 亩，退耕地全部实行了人工造林种草，同时，以放养为主的畜牧业通过改变传统饲养方式，实行舍饲养畜，促进人工种草的发展，更大调动广大职工退耕还林的积极性，过去几十亩地才勉强放养一只羊，现在种一亩牧草就可养1.5只羊甚至更多，经济效益十分显著，这种林草相结合的方式，种草养羊亩产量达1500kg，收入达600元以上，也使广大职工看到了增收致富的希望。

● 模式4 盐碱地胡杨—沙枣混交模式（图190）

（一）自然地理概况

模式来源于新疆建设兵团农8师150团。位于天山北麓、准噶尔盆地古尔班通古特沙漠南缘，莫索湾垦区北端，东西北三面环沙，素有"沙海半岛"之称。海拔346～359m。地形由东南向西北倾斜，平均坡降为0.74%。

该团场年均气温6.1℃，无霜期155天，降水量117mm，蒸发量1942mm，日照2745h，≥10℃积温3661℃。该地多风，8级以上大风年均4.9次。干旱少雨、蒸发大、光照充足，呈典型的大陆性气候。

（二）技术要点

1．树种

选择抗逆性强的优良乡土树种胡杨、沙枣。

2．混交配置

（1）基干林带

配置在绿洲风沙前沿，视风沙危害程度带宽可为30～60m，沙枣在外侧，胡杨在内侧，带状混交，沙枣与胡杨的比例为1：2，株行距1.5m×2.0m。

（2）主、副林带

主林带通常配置2行沙枣、4行胡杨，副林带通常配置1行沙枣、2行胡杨，株行距1.5m×2.0m。

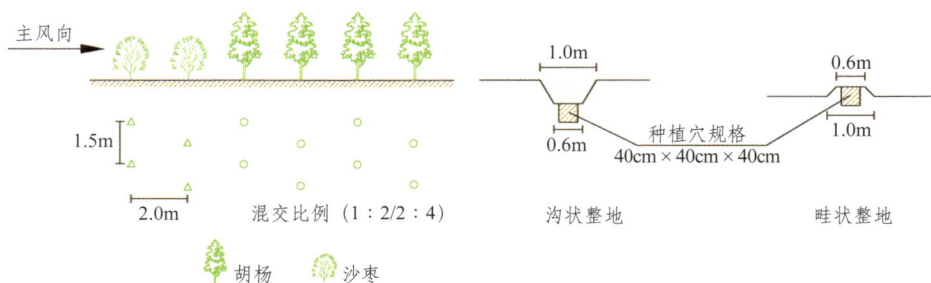

图190 盐碱地胡杨—沙枣混交模式

3．整地

一般采用沟状、或畦状整地，沟状整地沟底宽 0.6m，沟口宽 1.2m，沟深 0.5m；畦状整地在林床四周筑梯形埂，埂下底 1m，上底 0.6m。

4．栽植

栽植时间春秋皆宜，种植穴规格 40cm×40cm×40cm，采用"三埋两踩一提苗"方法栽植。

5．灌溉

采用滴灌或低压管道灌溉。

6．间作

林下可种植紫花苜蓿。滴灌造林 2 年或 3 年前，利用系统的富余水量可间作西瓜、打瓜。

（三）适宜推广范围

本模式普遍适宜在干旱区、极干旱区的风沙危害前沿应用。

（四）模式成效与评价

截至目前 150 团已完成 4 级生态防护体系。第 1 道防线是荒漠防风固沙林，主要作用是提高沙漠植被郁闭度，固定沙源，阻止流沙移动，从源头上减少沙尘暴发生。第 2 道防线是防风阻沙基干林，主要作用是阻止流沙，降低风速，减轻风沙的危害程度。150 团在沙漠与绿洲接合部建起了宽 30～60m、长 85km 的大型防风阻沙基干林。第 3 道防线是农田防护林，主要作用是进一步降低风速、减少风的含沙量，有效保护农作物，调节局部环境气候。第 4 道防线是人居绿化防护林，主要作用是改善居民生活环境，降低风速，减少风沙，增加收入。在 4 级生态防护体系建设中，胡杨—沙枣混交耐旱—抗盐碱造林模式，发挥了关键作用。20 世纪80 年代末，开始陆续引入胡杨用于基干林带建设，初期由于采用野生苗造林，成活率极低，主要原因是野生苗主根损失严重且须根不发达。此后应用人工直播育苗后，再进行一次移床定植培育的胡杨壮苗，相当于进行了一次断根处理，胡杨苗木根系的完成性大为提高，这种人工培育的胡杨苗木极大地提高了造林成活率。自 21 世纪初以来，该团在灌溉困难、盐碱重等困难立地条件进行了胡杨、沙枣混交造林试验，依托国家科技支撑计划课题"准噶尔盆地南缘绿洲防护林建设技术集成研究"（2007BAC17B05），进一步优化了模式的栽培抚育技术，进而在全团推广示范 200hm²，并大规模在农 8 师相关团场辐射推广应用，发挥了应有的生态效益。

本造林模式在土壤总盐 0.5% 以下的中度盐碱地上，适度灌溉的情况下，造林成活率可达 90% 以上，保存率达 85% 以上；在土壤总盐 0.3% 以下的轻度盐碱地上，在灌溉不足的情况下，造林成活率较俄罗斯杨林带提高 30% 以上；较俄罗斯杨林带年灌溉定额可减少 20% 左右。

本模式的特点为：①通过胡杨、沙枣 2 种抗旱、耐盐碱性状优良的乡土树种混交，解决了新疆农田防护林混交模式中普遍存在的树种搭配不合理的问题；②解决了干旱区造林普遍存在的由于无法保证适时适量灌溉而导致的造林成活率低的问题；③胡杨耐土壤总盐 1.0%，沙枣耐土壤总盐 0.6%，二者耐盐碱能力比较强，提高了盐碱地造林成活率；④在水土条件相对良好的地块，通过强化胡杨的修枝整形、嫁接大沙枣，其潜在的经济效益十分可观。⑤沙枣具根瘤菌可固 N，提高土壤肥力；⑥胡杨、沙枣混交林墙结构易于调控，在绿洲内部便于形成防风效果佳的疏透结构；在绿洲外围形成紧密结构的林带效率高，可减少造林行数，从而降低造林费用（图 191）。

图 191 胡杨—沙枣混交整地及治理后成效

● 模式 5 准噶尔盆地南缘 3 区—2 带—1 网模式（图 192）

（一）自然地理概况

模式来源于新疆维吾尔自治区准噶尔盆地南缘，位于阿尔泰山与天山之间，西起准噶尔盆地西部界山，东到北塔山，南起天山北麓山前带，北至古尔班通古特沙漠边缘，呈长条形分布。

盆地南缘地形由南东向北西缓倾，总地势南高北低，东高西低，平均海拔450m。盆地南缘地处欧亚大陆腹地，属于典型的干旱、半干旱型气候。盆地南缘降水在南部山区年均降水量 700～1000mm，低山丘陵区 300～400mm，山前倾斜平原 160～220mm；沙漠区 100～150mm。夏季蒸发强烈，山区年蒸发量1500～1800mm；平原区 2000～2100mm，为降水的 12～13 倍；沙漠区年蒸发量 2200～2300mm。海拔 2500m 以上山区，年均气温低于 0℃，年均日照时间2400～2700h。

（二）技术要点

就准噶尔盆地南缘而言，高效农田防护林应具备防护效益好、经济价值高、抗逆性强、节水等特征。由沙漠至绿洲防护林体系建设的格局为：一般封育区→重点封育区→无灌溉造林区→防沙阻沙带→基干防护林带→农田防护林网，即：

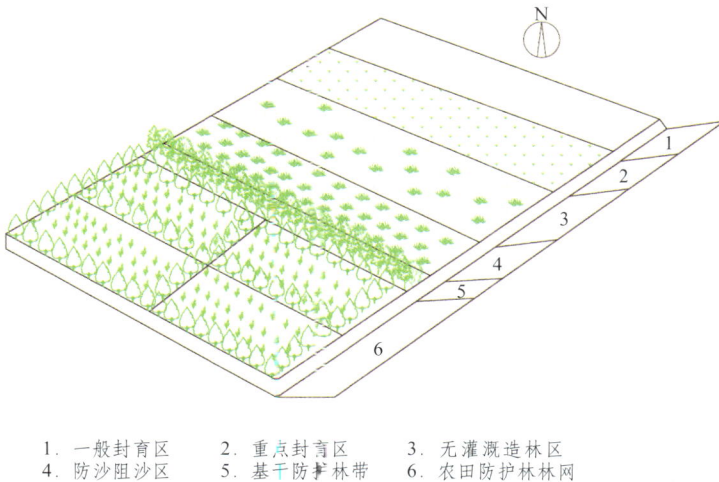

1. 一般封育区   2. 重点封育区   3. 无灌溉造林区
4. 防沙阻沙区   5. 基干防护林带   6. 农田防护林林网

图 192 准噶尔盆地南缘 3 区—2 带—1 网模式

3 区—2 带—1 网模式。3 区的功能为固定活化沙丘，控制沙源，为三道阻沙屏障，互为依托、不可或缺，固沙效果逐递升；防沙阻沙带有效阻止流沙前移蚕食绿洲，基干防护林带大幅度降低风速；农田防护林网保障农田风速始终显著低于旷野风速。

1．一般封育区

一般封育区，在准噶尔盆地南缘均为灌木林地，主要建群种为梭梭，林种为防风固沙林，采用围栏封育保护措施，一般封育区可纵深至沙漠腹地。

2．重点封育区

在围栏保护的基础上，应因地制宜加大人为干预力度，以加速植被恢复的进程。

可采用飞播播种（人工播种）造林（种草），飞播造林种草的植物种可为梭梭、白梭梭、沙拐枣、三芒草、驼绒藜等。在准噶尔盆地南缘荒漠 100mm 多年降水条件下，即便是所有技术措施均到位也无法保证飞播一次成功。飞播造林成功与否的关键因素是：①积雪厚度小于 10cm 时不宜实施飞播；② 3～4 月均温高可提高梭梭幼苗保苗率，减少倒春寒导致的闪芽；春季大风多将对梭梭幼苗造成灭顶之灾；③ 4～6 月间形成大于 8mm 以上的有效降水，可确保梭梭幼苗的根系扎入深层的土壤湿润层，有利于越夏；④ 6～8 月均温高，将导致土壤水分散失严重不利于幼苗的安全越夏。研究表明：准噶尔盆地梭梭飞播成功的概率约在 30% 左右，气候不利时播区很难发现保存的幼苗；在飞播投资固定的情况下，播匀、不漏播不如提升飞机航高和播幅宽度，以便为多次补播、复播省下经费。

此外，局部土壤水分条件较好的地段，可采用无灌溉植苗造林，在具备引洪条件的丘间低地，可通过引洪加速植被恢复。重点封育区南北纵深 10km 左右为宜。

3．无灌溉造林区

（1）树种

梭梭、柽柳、沙拐枣。

（2）造林

无灌溉造林株行距为 1m×3m，在植被盖度低于 0.2 时为减轻风蚀裸根影响造林成活率，应铺设匍匐式沙障，规格为 2m×3m。深栽是提高造林成活率的关键技术措施。

无灌溉造林区南北纵深 1～2km 左右为宜。

4．防沙阻沙带

（1）树种

梭梭、柽柳、沙拐枣。

（2）造林

带状混交或梭梭纯林，株行距均为 1m×2m，带宽 50～100m 为宜，梭梭可接种大芸；在该带优先考虑滴灌，以降低整地费用、水资源消耗并提高灌溉均匀度和造林成活率。无法实施滴灌造林时，造林配置模式可采用窄带多带式，二行树一带，带间距 10m 左右。

5．基干防护林带

带宽为 30～50m，营造胡杨（银 × 新[①]、斯大林杨）、沙枣带状混交林，胡杨带与沙枣带宽比以 2：1 为宜，株行距均为 1.5m×2m，该带优先考虑滴灌措施。

6．农田防护林林网营建

（1）林网规格

宜采用低度通风结构，林带平均高度 15m 的林网主林带间距不宜超过360m，林带平均高度 20m 的林网主林带间距不宜超过480m，而副林带间距在 1000m 左右，机械效率可达 95.7%。准噶尔盆地南缘绿洲内部林网规格不宜≥50hm²，绿洲边缘的林网规格，应视风沙危害程度应进一步缩小。

（2）树种选择

本着"乡土树种和引进树种相结合"原则，选用一些抗逆性强、经济价值高的优良用材树种，以提高农田防护林的经济效益。

在绿洲边缘和盐碱较重的地段，应以胡杨、沙枣为主，在立地条件较好的广大绿洲内部，则应以夏橡、水曲柳、黑核桃和银 × 新等优质用材树种为主。

（3）林带配置

绿洲边缘，风沙危害严重，寒暑温度巨变，远离水源，生境严酷。主林带6～8 行，胡杨与沙枣行间混交，行距 1.5～2m，株距 1.5m，迎风面配置 1 行沙枣；副林带 4 行，胡杨纯林或与沙枣行间混交。绿洲内部：风沙危害较轻，水土条件较好。主林带 6 行，夏橡、水曲柳与银 × 新、斯大林杨选用两个树种行间混交，行距 2m，株距 1.5～2m，副林带 4 行。

（三）适宜推广范围

本模式适宜在干旱中温带准噶尔盆地中心造林小区推广应用。

[①] 银 × 新是新疆林业科学院通过对银白杨和新疆杨采用人工杂交育种方法获得的优良推广无性系。

（四）模式成效与评价

模式成效主要表现为：①一般封育区大面积的植被恢复有助于减少沙尘灾害性天气的发生。②重点封育区由于采用了飞播（直播）辅助手段，加速了该区的植被恢复进程，固定了活化沙丘，封育期内植被盖度可叫对照增加 0.05 左右。③营造 3 条由梭梭（沙拐枣、柽柳）构成的人工阻沙固沙带，就可阻截近地表 30cm 高程内 95% 以上的风沙流，阻沙带完全控制流沙前移。④模式在有效遏制风沙、干热风等自然灾害的同时，可护田增产，较非推广区（籽棉单产 216.6～263.2kg/ 亩）亩产量增加到 265.8～351.7kg/ 亩，护田增产效益达 22.7%～33.6%；此外，年均减少复播一次，亩均减少生产成本 48 元。

本模式特点为：①根据区域生态治理的总目标，顶层规划、分区施策，"封、飞、造"结合，在一定程度上解决了温带干旱荒漠区绿洲防护林体系生态功能不稳定、建设成本高、防护林经济效益差的问题；②模式建设中倡导节水技术的应用，尽可能地减少生态建设工程中的水资源再分配与调入（图 193）。

一般封育区：围栏封育，恢复植被，固定活化沙丘，减少区域沙尘天气发生。

重点封育区：围栏封育基础上，辅以飞机（人工）播种，加速植被恢复进程。

无灌源造林区：人工植苗造林，植物空间结构合理，固沙效益显著。

防沙阻沙带：梭梭、柽柳、沙拐枣带状混交或梭梭纯林，株行距均为 1m×2m，带宽 50m～100m 为宜，梭梭可接种大芸，有效遏制流沙蚕食绿洲，优先采用滴灌。

基干防护林带：带宽 30m～50m，配置模式为胡杨（银×新、斯大林杨）、沙枣带状混交，株行距为 1.5m×2m，大幅度降低风速，削弱荒漠气候对绿洲的影响，优先采用滴灌。

农田防护林网：主林带 4～6行、带间距 200～300m，2个以上树种组成；副林带 2～4行，带间距 400～600m，选用生态经济树种，庇护农田，有效防止、降低农作物风沙灾害。

图 193　3 区—2 带—1 网防护林体系建设成效

二十、干旱中温带准噶尔盆地西缘山地丘陵造林小区

● 新疆阿尔泰半干旱山区水源涵养林建设模式

（一）自然地理概况

模式来源于新疆维吾尔自治区吉木乃县，模式实施区位于海拔 1200～2600m 的山地阴坡、半阴坡，森林与草甸、草原相间。林下土壤以灰褐色森林土为主。主要针叶树种为新疆落叶松，另有新疆五针松、新疆冷杉、新疆云杉等，森林带下部和河谷则分布有疣枝桦、山杨等次生林。林下灌木有忍冬、山柳、蔷薇等。

（二）技术要点

本模式旨在通过封山育林、天然更新和人工造林相结合的办法，在保护现有森林资源的同时，培育针叶乔木、落叶乔木、灌木混交的异龄复层林，及时更新迹地，扩大地表植被，实现天然植被的定向恢复，提高水源涵养林的水源涵养、水土保持、改善水质等功能。

1．封山育林育草

对具有天然下种或萌蘖能力的疏林、灌丛、有植被恢复条件的采伐迹地以及牲畜危害严重而难以成林的造林地，采取封育措施，恢复天然植被。在牲畜活动频繁地区，设置刺丝等机械或生物围栏进行围封。在主要山口、沟口、河流交叉点及交通要道设卡，派专职护林员看管，并设立警示标志牌等。

2．人工造林

（1）树种及配置

以新疆落叶松、新疆云杉、新疆冷杉等为主栽树种，配置耐瘠薄、根系萌生能力强的山杨、桦木等为伴生树种，合理混交。混交方式可采用株间混交、行间混交、片状混交。在海拔较高、落叶乔木不宜生长的地方可用灌木作为混交树种。在海拔较低的森林带的下缘，可营造不同种类灌木配置的灌木混交林。

（2）苗木

选用Ⅰ、Ⅱ级苗木。

（3）造林密度

乔木混交林，株行距一般为 2.0m×2.0m 或 2.0m×3.0m。灌木混交林，株行距一般为 1.0m×1.0m 或 1.0m×1.5m。新疆冷杉的更新造林密度为每亩 290～400 株，新疆落叶松为每亩 160～330 株。主要阔叶树种的更新造林标准密度为每亩 167～222 株。灌木、小乔木的更新造林标准密度为每亩 222 株。

（4）整地、造林

在造林前 1 年的秋季或造林当年春季进行。平地、缓坡地采用穴状整地，陡坡地采用鱼鳞坑整地。植苗造林。

（5）抚育管理

造林后要松土除草，当年成活率差的地块应在秋季及时补植，同时加大对病、虫、鼠害的防治，严防人畜危害，防止森林火灾。

（三）适宜推广范围

本模式适宜在干旱中温带准噶尔盆地西缘山地丘陵造林小区及干旱半干旱地区以水源涵养为主要功能的山地森林地区推广。

（四）模式成效与评价

通过封育和人工造林，进一步扩大了当地水源涵养林面积，天然纯林的生态功能得到补充和加强，土壤流失量减少，洪枯流量比减少，缓洪能力提高，水源涵养林持续稳定发挥作用。

干旱高原温带造林亚区

一、干旱高原温带狮泉河班公错造林小区

● **模式1　藏北高原城镇周边防风固沙造林模式**（图194）

（一）自然地理概况

模式来源于西藏自治区阿里地区的狮泉河镇。狮泉河镇地处阿里高原的西南部，平均海拔 4500m 以上，是西藏自治区海拔最高、最干冷的地区，有"世界屋脊的屋脊"之称。受地理位置和海拔影响，当地气候寒冷且极为干旱，年降水量为 68mm，集中在 6～9 月，降水与蒸发比高达 1:34，年均气温 0℃ 以下。地形复杂，气候干冷，风力强劲频繁，寒冷季节、干旱和大风季节基本同步，植被稀疏低矮，土壤瘠薄、沙砾含量高，自然生产力低下，抗灾能力差，风沙活动强烈。近年来，由于人口增加，过度放牧和樵采，大片植被受到严重破坏，再加上极端恶劣的自然条件，致使土地沙化严重、沙丘前移、草场退化、交通堵塞、水利设施沙埋，严重危及当地人民的生产生活，制约当地社会经济的可持续发展。

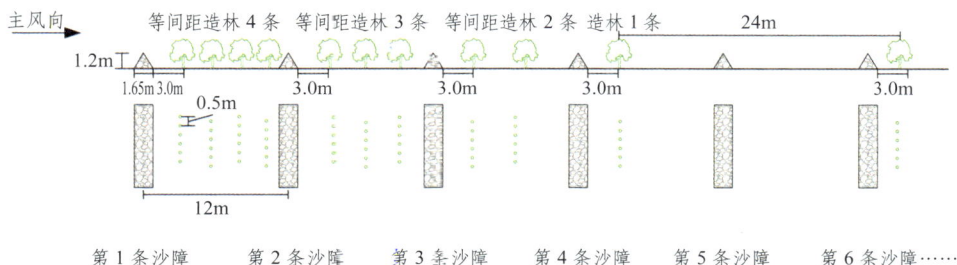

图194　藏北高原城镇周边防风固沙造林模式

（二）技术要点

1．机械沙障

利用当地块石、砾石设置机械沙障。垂直主风方向修建高 1.2m、底宽 1.65m 的砾石沙障，等腰三角形横断面，沙障间距 12m。砾石就近、就地收集。在施工过程中将沙障间的砾石筛选出来，在拟设置沙障的位置堆砌好。在砾石沙障间，建立乔灌草结合的条带状人工植被，固定沙地并阻止流沙蔓延和风沙活动，使沙地生态环境逐步进入良性循环。

2．防护林带

（1）树种

选用当地适宜树种班公柳。

（2）林带设计

林带采用多带疏透结构，每条单行，株间距 0.5m。林带走向与砾石沙障平行。成林后的班公柳林带高度为 2～3m，有效防护距离不低于 30m。为了与砾石沙障配合，林带间距设计为 24m，即每隔 2 条沙障营造 1 条林带。林带配置于就近沙障的下风向 3m 处。由于工程区前沿（西端）风力最强，林带加密营造，沙障—林带配置为：前沿第 1、2 条沙障间等间距造林 4 条，第 2、3 条沙障间等间距造林 3 条，第 3、4 条沙障间等间距造林 2 条，第 4 条沙障后 3m 处造林 1 条，之后按 24m 间距造林。

（3）造林

开挖深 0.5m、宽 0.7m 的沟槽，衬膜后回填沙土，拣去其中的砾石，将直径 1cm 以上、长度为 60cm 的班公柳枝条插入地下 50cm，地上部分留 10m，用脚踩实并饱灌，之后每 3 天饱灌一次。

（4）抚育管理

为有效保护本期治沙工程的各种措施和设施，特别是保障生物措施免遭牲畜践踏破坏，在工程区西段周围设置全长 1350m 的网围栏。

3．人工草地建设

人工草地建设于沙障与林带之间。由于工程区内土地肥力低下，直接种植优质牧草需要进行土壤改良并要大量施肥，目前在狮泉河盆地进行这样的工作尚存在一定困难，因此工程初期采用耐瘠薄的披碱草、藏沙蒿等作为先驱植物种，对土地进行初步改造，土地肥力逐渐提高后用优质牧草替代。草种有披碱草等。

配套包括一级引水干渠及其配套设施、二级灌溉干渠及其配套设施、人工湖等。

（三）适宜推广范围

适宜于在干旱高原温带狮泉河班公错造林小区、干旱高原温带象泉河孔雀河造林小区、半干旱高原亚寒带北羌塘造林小区、半干旱高原亚寒带南羌塘大湖造林小区、干旱高原亚寒带北羌塘造林小区、干旱高原亚寒带藏北昆仑高山造林小区、干旱高原亚寒带南羌塘大湖造林小区等高寒干旱且受风沙危害的城镇周围推广。

（四）模式成效与评价

通过生物、工程和其他措施相结合，应用砾石沙障＋防护林带＋人工草地＋灌溉系统"四位一体"防沙治沙技术模式进行综合治理，大大降低了当地土壤风蚀，减缓了戈壁风沙流的运动，减轻了粉尘吹扬和沙尘暴的危害，提高了城镇植被的覆盖度，对净化空气、增加空气湿度起到了明显的作用，为高寒干旱地区城镇防风治沙提供了成功的经验。

● 模式2　西藏羌塘国家级自然保护区封禁保护模式

羌塘高原是青藏高原的组成部分，亦为高原最大的内流区，世界海拔最高的内陆湖区。羌塘国家级自然保护区位于西藏西北部，昆仑山、可可西里山以南，冈底斯山以北。羌塘自然保护区是高原荒漠生态系统的代表地区，这里不仅有星罗棋布的湖泊，空旷无边的草场以及皑皑的雪山和冰川，而且有众多的濒危野生动植物。宜采取封禁措施进行保护，适宜在半干旱高原亚寒带北羌塘造林小区、半干旱高原亚寒带南羌塘大湖造林小区、干旱高原温带象泉河孔雀河造林小区、干旱高原亚寒带北羌塘造林小区、干旱高原亚寒带藏北昆仑高山造林小区、干旱高原亚寒带南羌塘大湖造林小区、干旱高原温带狮泉河班公错造林小区等区域推广。

二、干旱高原温带甘肃祁连山西段荒漠造林小区

● 祁连山西部退化草场治理模式（图195）

（一）自然地理概况

肃北地处甘肃省河西走廊的西段南北两侧。绝大多数地方属高寒荒漠和戈壁干旱边区，自然条件严酷。境内海拔一般在3000m以上，戈壁、河谷、高山、湿地、冰川等地形地貌均有，野生动植物资源丰富。发源于肃北县南山盐池湾区域的疏勒河、党河、榆林河、石油河等四条河流，是肃北的生命河。气候寒冷，年平均气温3.9℃，干旱少雨，年降水量150～300mm。植被低矮稀疏，以旱生、超旱生植物为主，种类有针茅、鹅观草、披碱草等。肃北风沙大、干旱、沙尘

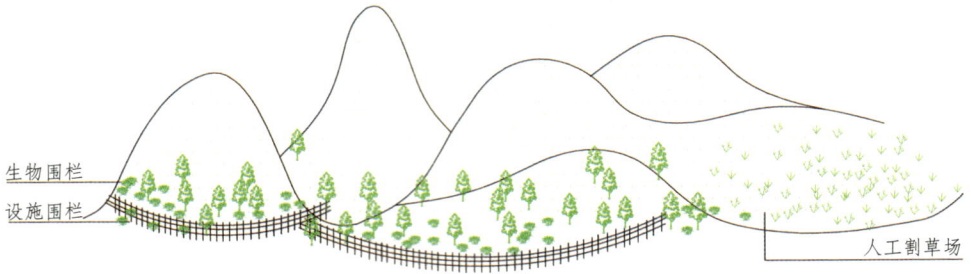

生物围栏
设施围栏
人工割草场

图 195　祁连山西部退化草场治理模式

暴、暴风雪、病虫、鼠害等自然灾害频发，生态环境脆弱。水土流失、草原"三化"及地质灾害等问题比较突出。

（二）技术要点

1．围栏封育

根据当地的具体情况和生产发展方向，划定灌草型和草本植物型植被封育区。在有条件的地区营造生物围栏，树种以沙棘为主。面积根据地形开阔程度和当地群众的草场承包面积而定。围封区内严禁放牧和乱采、滥挖。严格按草场使用责任制承包管护，或统一组织管护。

2．发展人工牧草

在一些条件较好的地区建立人工割草场，发展圈养、舍饲畜牧业。以老芒麦、披碱草、中华羊茅等为主要牧草的人工种草。穴状或带状整地，点播或条播牧草。大力推广秸秆、枝叶的氨化、膨化等处理技术，增加饲料资源，提高饲料的适口性和转化率。通过人工种草，改善草场结构，铲除毒草，培育优质牧草，提高产草量。

3．轮封轮牧

在植被条件相对较好的地区进行轮封轮牧。一般在春季牧草返青初期进行全封。以后，根据草场质量，以草定畜，逐步实行轮封、轮牧。在雨季人工喷播优质牧草，促进草场的更新复壮。

4．配套措施

大力推广以牧民定居点、草场网围栏、暖棚养畜和人畜饮水工程建设为主的牧区"四配套"建设措施。通过网围栏建设实行轮封轮牧，保护草场；发展暖棚、温棚养畜，加快周转，发展高效畜牧业；通过建立定居点，解决人畜饮水；发展风力发电、太阳能发电等配套措施. 改游牧为定居，保护和恢复边远地区生态条件恶化的草场；采取药物防治、人工捕杀和保护天敌、生物防治相结合的办法，消灭鼠害，治理退化草场；推广牲畜良种，发展效益型畜牧业。

（三）适宜推广范围

本模式适宜在干旱高原温带甘肃祁连山西段荒漠造林小区阿尔金山、祁连山山地退化草场推广，其他相似区域也可借鉴参考。

（四）模式成效与评价

本模式通过各种草原建设措施，有效地保护、恢复了草场植被，使局部地区的退化草场得到了恢复和发展，同时也促进了牧业的发展，提高了牧民的生活水平。

模式适宜在大面积干旱沙漠草原区域实施封沙（山）育林（草）。局限在于点播草面积较零星，费时费力。推广时需要广大牧民群众的理解和支持，需要政府在政策上给予支持。后期保障中加强管护，该禁牧的区域要禁牧。

三、干旱高原温带柴达木盆地中部风沙造林小区

● 柴达木盆地高寒干旱沙地杨树深栽造林模式（图 196）

（一）自然地理概况

模式来源于青海省都兰县。模式实施区地处青藏高原柴达木盆地东南边缘，平均海拔 3100m，属高原高寒大陆性气候，年均降水量 183mm，干旱少雨，多风沙。模式实施区分布有半固定沙丘和流动沙丘，治理前植被稀少，以青藏高原高寒植被和温带荒漠植被为主，植被稀疏，结构简单，组成种类和群落种类少。沙化蔓延，对农田和草场构成严重威胁。

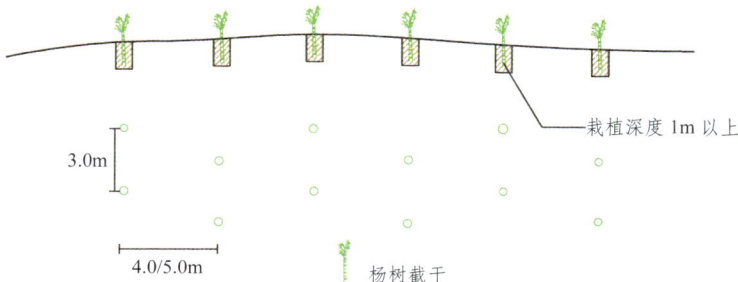

图 196　柴达木盆地高寒干旱沙地杨树深栽造林模式

（二）技术要点

1．林种

模式针对流沙及丘间地土层保水状况较好、土壤水分大的特点，营造防风固沙林。

2．树种

选择耐干旱、生长快、萌蘖固沙能力强的杨柳科树种。

3．插干制作

挑选小头直径 2cm 以上，生长健壮通直的青杨枝干，剪去枝梢，制成长度 1.6～2m 长的插干。造林前，将插干打捆，下端浸泡在流水中，春季 20～30 天，秋季 15～20 天，肉眼观察到插干下端出现白色泡状根原基时，可造林。

4．造林

选择好造林地块，在春季土壤解冻后挖坑，随挖随栽。春季 4 月中旬到 5 月初，秋季 10 月下旬至 11 月上旬进行栽植，栽植深度 1.0m 以上。以稀植为主，栽植密度以 3m×4m 或 3m×5m 为宜，团状或带状分布，行距拉大，株距稍密，垂直主风方向。

高干深栽，踩实压紧。经 1～2 月生长，从地表至栽桩底部萌生水平侧根，呈层状分布，多达十几层，当年生最长侧根达 2.8m 以上，使插干能够有效吸收水分和养分成活。

（三）适宜推广范围

适宜在干旱高原温带柴达木盆地中部风沙造林小区降水量 200mm 以下的干旱沙地，具有较好保水蓄水土层的丘间地，而且干沙层下 20cm 的湿沙可捏成团状地区推广，也可在流动沙丘、半固定沙地、固定沙地等多种地类上推广应用。其他立地条件类似区域可参考。

（四）模式成效与评价

为了有效防治荒漠化，从根本上摆脱水资源短缺对治沙造林的制约，都兰县林业部门在流动沙地、半固定沙地上摸索乔木树种深栽旱作造林，在 3 年多的时间里采用多树种、多密度、多地类进行试验，于 1997 年成功探索出乔木树种深栽旱作造林技术模式。截至 2014 年该造林技术模式已在都兰推广 4 万余亩。并已辐射到青海省海南藏族自治州等立地条件相似的县区。

该技术模式具有投资少、生长快、郁闭早、易于操作的特点，为高海拔干旱沙地探索出了无灌溉造林的新途径。

深栽造林成效与树种选择、插干制作、流水浸泡以及栽植的深度和深埋踩实关系密切。模式树种以萌蘖固沙能力强的杨柳科树种为主，包括青杨、青甘杨、新疆杨、白柳等。

深栽造林模式，可有效阻止整个沙丘迎风坡的沙粒挪移，防风固沙的作用明显，能有效防治农田沙漠化，使农田增产，同时改善当地的生态环境，改变小气候，同时吸收劳动力，直接增加当地农民经济收入（图197）。

图 197　都兰县夏日哈镇河北村造林前后对比

四、干旱高原温带昆仑山西段造林小区

● 乌恰县天然草原退牧还草模式

（一）自然地理概况

模式来源于新疆维吾尔自治区乌恰县。乌恰县属典型山地地形，地处南天山山脉西端、昆仑山北麓，位于喀什三角洲以西地段的楔型地带，地貌以侵蚀断块山地出现。气候属温带干旱气候区。年均气温 7.3℃。年均日照时数 2797.2h，≥ 10℃

的积温 2529.3℃，无霜期 135 天。年均降水量 172mm，年均蒸发量 2564.9mm。自然条件恶劣，气候干燥，地震、洪水、雪灾、沙尘暴等自然灾害频繁。地处强震地带，从 1905 年至今，发生主震 6.0 级以上有记载的地震有 63 次。

（二）技术要点与成效评价

乌恰县从 2008 年开始实施退牧还草工程，从 2011 年开始，乌恰县利用国家草原生态保护补助奖励政策，通过对牧户家庭禁牧、草畜平衡、牧草良种、生产资料等进行综合补贴，实施了禁牧下山、草畜平衡等草原保护性工程，在玛依喀克、城东戈壁产业园、阿克林果业基地，通过围栏喷灌、恢复植被、生长牧草等方法发展戈壁草料业，达到了种植一片草地、养殖一群牛羊、致富一方牧民的目标，不仅保护了山区脆弱的生态环境，还使昔日"风吹石头跑、氧气吃不饱"的戈壁变成了如今的"风吹草缭绕、牛羊满地跑"的"小江南"。

截至 2012 年，乌恰县共有 31903 人承包草原面积 1443 万亩，养殖各类牲畜数量 56.26 万只；禁牧面积 320 万亩，禁牧补助资金 1760 万元；草畜平衡面积 1123 万亩，草畜平衡奖励 1684.5 万元；种草面积 95773.9 亩，种草补贴金额 95.77 万元；生产资料补贴 245.7 万元。

随着近几年国家、自治区牧民定居、退牧还草、边民住房建设等政策的出台，结合县情，乌恰县提出了实施"四个万名牧民"工程，即：万名牧民守边放牧从事畜牧产业、万名富余牧民劳务输出、万名牧民产业转移就业创业、万名牧民中的老人养老学生上学。"四个一万"有力促牧民转型定居致富增收思路，着力科学发展，改善民生。

（三）适宜推广范围

适宜在干旱高原温带昆仑山西段造林小区推广。

干旱高原亚寒带造林亚区

一、干旱高原亚寒带青海昆仑山造林小区

●青藏铁路格尔木—昆仑山口段沿线植被保护与恢复模式

（一）自然地理概况

模式来源于青海省青藏铁路格尔木—昆仑山口段。格尔木—昆仑山口段从格尔木向西南的柴达木盆地荒漠草原区，和由盆地向上，到昆仑山山口的山地荒漠以及山地草原。公路通过该区段距离173km，海拔2700～4800m，年均降水量40～100mm。主要草地类型为平原荒漠、山地荒漠及高寒荒漠、局部有高寒草原。植物以超旱生灌木、半灌木为主，植被盖度5%～20%。代表性植物主要有梭梭、多花柽柳、长毛白刺、红沙、驼绒藜及各种蒿类。这一区段，植被恢复的限制因子主要是气候干旱、水源缺乏，加之有不少路段位于石质山地，缺少土壤，植被恢复或建植的难度很大。

（二）技术要点

1. 加强弃取土配平

在工程设计和施工中，充分的利用挖方作为路基填土，使得隧道出渣、路堑挖方得以充分利用；通过合理分配，较少取弃土场的数量的设置，站点的设置主要集中在居民区附近和公路旁，尽量减少破坏地表植被；路基边坡设计为低缓坡，使得路基边坡的植被恢复得以加速进行。

2. 优化取、弃土场

取土场一般设置在植被稀疏的山包、融区和河滩地带，在植被发育地带严禁设置取土场。将取土场表层的熟土进行集中堆放，在取土完毕后重新覆盖平铺，使得土壤的生产力和种子库能够尽快恢复。弃土、弃渣场设置在远离线路、植被稀疏、无地表径流的低洼地带，并设置挡土、渣墙。

307

3．优化施工便道

通过合理规划设计施工便道，严禁机械车辆随意下道，从而保证周围植被免遭破坏。工程竣工后，拆除施工便道、生产场地和生活营地的硬化地面，从而为植被恢复创造有利条件。

4．草皮移植和人工植被恢复

为了保护青藏高原的原始高寒植被，根据环境影响报告书及批复意见的要求，在现状调查的基础上，进行表土保存和草皮移植设计。对于工程挖方段、取弃土场段生长良好的草甸植被，通过分割划块，结进行异地培育和移植。在植被破坏地段，通过选择与原有植被相适宜的植物种类进行人工种植。然而受自然环境条件约束，该段植被恢复或建植的难度很大。因此，该区段在植被恢复与重建中，应首先严格保护现有植被，确能提供灌水条件的地段，可种植一些耐旱植物，而多数地段应采用水泥网格、石块网格等非生物措施为主保护路基。

5．以桥代路工程

植被生长良好和水系发达的地段，可采取以桥带路的方式加强对植被的保护。

（三）适宜推广范围

适宜于干旱高原亚寒带青海昆仑山造林小区工程施工中植被恢复应用。

（四）模式成效与评价

青藏铁路格尔木—昆山口段因为气候严酷，地理条件相对较差，植被的恢复相对困难，各取弃土场以及施工营地和便道等的植被恢复主要以自然恢复为主。由于该段人类活动稀少，进一步破坏的可能比较小，通过多年的植被演化和入侵，可自然恢复到原植被的状况。但是在这么严酷的自然条件下，其自然恢复时期或许要 10 年左右或更长的时间，这种恢复虽然缓慢，但对于恢复其原有的植被状况将比通过人为的播种等促进恢复会更加有利，因此，在该段采取植被的自然恢复是确实可行的，也是比较合理的选择。另外，对原有草皮回植是该地区植被恢复比较快捷的方法，效果明显。高寒草原区由于草皮层较为松软，草皮不易成块，土壤结构容易破坏，移植所需代价较大，且前期需要浇水等管护措施，但一旦移植成功，松软的草皮层与下垫面结合紧密，其恢复效果良好。

由于青藏高原特殊的地理环境，形成了青藏高原独特的高寒植被生态系统，青藏高原植被存活、生长都非常困难，因此在青藏铁路建设中要认真研究其生长规律，并加以保护。坚持"以预防为主、保护优先"、"不破坏就是最大保护"指导原则，采取积极的植被保护措施，尽量减少工程占地，严格控制施工营地、施工便道及行车路线，最大限度地减少工程建设对植被的扰动；对工程挖方段和取土场的草甸植被进行移植或回铺；在有条件地段进行人工路基边坡植草试验和取弃土场植被恢复试验，尽最大努力恢复地表植被，把铁路建设对青藏高原植被生态系统的影响降到最低限度。

二、干旱高原亚寒带昆仑山南麓高平原造林小区

● 若羌县沙区枣栽培模式（图198）

（一）自然地理概况

模式来源于新疆维吾尔自治区若羌县，模式实施区位于塔克拉玛干大沙漠南缘绿洲内及外围风沙严重、水资源可及的耕地内，土壤主要是沙壤土和棕漠土。年均降水量 28.5mm，年均气温 10.7～11.5℃，年均日照时数 3000～3100h，无霜期 189～193 天，若羌县冬季寒冷，夏季酷热少雨，风大尘多，日温差悬殊，属典型大陆温带干旱、半干旱气候区。

（二）技术要点

1.园地选择

枣树建园要选择在盐碱度较低的耕地内。要求地下水位在 5m 以下，土壤总含盐量不高于 0.3%，pH 值 8.0 以下，地表水或地下水稳定，无霜期在 170 天以

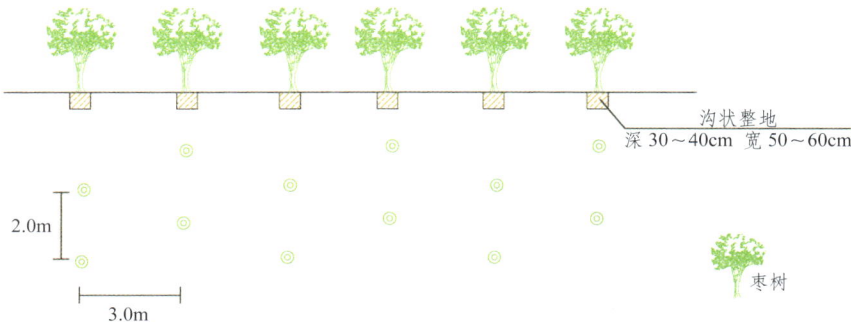

图198　若羌县沙区枣栽培模式

上，绝对最低温不低于-23℃的区域内。

2．苗木

苗木选用生长健壮、无病虫害的一、二级枣根蘗归圃苗或嫁接苗。苗木起苗后剪截枣头和二次枝，最宜随起随栽，如不能及时栽植，应及时进行假植。

3．栽植密度

枣园株行距以2.0m×3.0m为宜。枣间作，必须在枣两侧各留适当的隔离带，株行距以1m×4m、1.5m×4m、2m×4m为宜。

4．栽植

栽植前开沟，沟深30～40cm，宽50～60cm。沟间距为设计行距，开沟以南北走向为好，利于枣树采光及节水。栽植前，应将主干上的二次枝全部剪除，同时将苗木主干顶端剪除2～3cm。然后进行修根、蘸泥浆处理。枣树主要在春季栽植，栽植的最佳时间为4月5～20日为宜。苗木放入栽植坑后，均匀填土，填至根颈后轻轻上提，使根系舒展，然后踏实，深度应比苗木原深度深2～3cm，栽后应及时灌水。

5．土壤管理

（1）松土锄草

做到里浅外深，不伤害苗木根系，深度以6～10cm为宜。秋季在定植带或树体周围1～3m范围内，结合秋施基肥深翻土壤，可增厚活土层，改良土壤，消灭地下越冬害虫。

（2）施肥

每年在10月底以前，即枣树落叶后至土壤上冻前施一次基肥。1年生枣树株施农家肥5kg，二铵50g，硫酸钾20g；2年生枣树株施农家肥7kg，二铵70g，硫酸钾30g；3～4年生枣树在树冠外围挖深宽各40cm的环状沟，株施农家肥10～20kg，二铵100g，硫酸钾50g。夏季追肥宜采用叶面喷肥，常用的叶面肥有磷酸二氢钾、硼酸等；喷施时间为枣树盛花期和果实膨大期。沙区枣树施肥应高度重视补钾肥和微量元素肥料（如锌、硼肥等），以保证枣树所需营养均衡供应。

（3）灌水

枣树一年内必须浇"五水"。①催芽水，早春萌芽前；②花前水，在枣树的初花期（时间约为5月中下旬）；③保果水，6月中旬至7月下旬为幼果发育期；④促果水，7月下旬至8月；⑤封冻水，在土壤上冻之前，封冻水不能灌的过晚，

11 月 5 日以前必须灌完，防止新栽枣树发生冻害。

6. 整形修剪

冬季整形修剪从落叶至第 2 年萌芽前均可进行。常见的几种树形：自由纺锤形、小冠疏层形、开心形、主干疏层形。枣树夏季修剪以 5～7 月进行为好，枣树夏季修剪可抑制枣头过旺生长，减少营养消耗，提高坐果率，提高枣果的产量和品质。对于刚萌发无利用价值的枣芽，应及早从基部抹除，以节约营养。萌芽展叶后到 6 月，对枣头一次枝、二次枝、枣吊进行摘心，阻止其加长生长，有利于当年结果和培养健壮的结果枝组。对于枣头一次枝，摘心程度依枣头所处的空间大小和长势而定，一般弱枝重摘心，壮枝轻摘心。摘心程度要适度，过强时虽当年结果很多，但影响结果面积增大，往往翌年二次枝上大量萌发枣头；过轻时，坐果率降低，品质差，结果枝组偏弱。摘心一般在 5～7 月进行，这时枝条分布匀称，冠内通风透光良好。

7. 提高坐果率技术

主要采取措施是摘心，花期喷肥、开甲、疏花疏果等。花期喷肥一般在 6 月上旬，枣树盛花初期进行（有 40% 的花朵开放就可进行喷肥）。一般用 0.3% 的尿素或 0.3% 磷酸二氢钾进行叶面喷洒，能显著提高坐果率，可增产 20% 以上。整个花期喷肥一般进行 3 次，每次间隔 5～7 天。在枣树花期喷洒硼酸水溶液，能够促进花粉萌发和花粉管伸长，促进枣花授粉受精。疏花疏果一般一个枣吊留 2～4 个枣果，木质化枣吊留 10～15 个枣果，将多余的枣花和畸形的幼果全部疏除。开甲方法：初次开甲在距地面 20～30cm 处的树干上进行，以后开甲部位逐年上移；开甲时用利刃绕树干环切两道，深达木质部，将切口间的韧皮部剥掉，甲口宽 0.3～0.5cm。

（三）适宜推广范围

适宜在干旱高原亚寒带昆仑山南麓高平原造林小区推广。

（四）模式成效与评价

模式采用开沟滴灌节水灌溉措施，选择抗旱、耐盐碱、经济效益好的枣进行种植，将生态效益与经济效益有机结合。大力发展枣产业，在加快推进农业产业升级，优化产业结构，增加农民收入的同时，降低农业生产对稀缺自然资源的消耗，实现生态保护与经济发展相互促进，从根本上扭转生态环境总体恶化的局面。枣按平均每亩 160 株计算，当年定植后第 2 年嫁接、第 3 年挂果，从第 4 年可产枣。一般从第 4 年起每株 2～3kg，每亩可产 320～480kg，每千克枣按 20 元计算，亩产值可达 6400~9600 元。

沙区枣栽培模式适用于荒漠、严重缺水地区，是实施退耕还林工程建设的较好模式之一，可满足当地生态工程建设的需要，改善生态环境，还能产生较好的经济效益，增加退耕农户收入，加快农业产业结构调整，加快退耕还林工程区广大农民脱贫致富步伐。模式可在南疆沙化较严重的大部分地区推广。

第三章

极干旱造林区

极干旱暖温带造林亚区

一、极干旱暖温带河西走廊北山造林小区

● 河西走廊北山荒漠植被封禁保护模式

（一）自然地理概况

模式来源于甘肃省瓜州县。位于河西走廊西端安敦盆地内，地形南北高，逐渐向盆地中央疏勒河谷地倾斜，有山区、戈壁、走廊冲洪积平原三种基本地貌形态。瓜州县属大陆性气候，年均降水量 45.3mm，蒸发量 3140.6mm，年均气温 8.8℃。

（二）技术要点

该区域沙化严重，生态环境脆弱，短期内不具备治理条件。为防止环境继续恶化，划建沙化土地封禁保护区，保护恢复当地荒漠原生植被。在沙化土地封禁保护区范围内，禁止一切破坏植被的活动。禁止在沙化土地封禁保护区内安置移民。对沙化土地封禁保护区范围内的农牧民，县级以上地方人民政府应当有计划地组织迁出，并妥善安置。沙化土地封禁保护区范围内尚未迁出的农牧民的生产生活，由沙化土地封禁保护区主管部门妥善安排。未经国务院或者国务院指定的部门同意，不得在沙化土地封禁保护区范围内进行修建铁路、公路等建设活动。

（三）适宜推广范围

模式适用于甘肃省极干旱区所有类型小区。可在极干旱暖温带疏勒河下游荒漠造林小区、极干旱暖温带河西走廊北山造林小区、极干旱中温带河西走廊北山造林小区、极干旱高原温带阿克塞西部荒漠造林小区等区域推广，也可在新疆极干旱中温带东疆淖毛湖造林小区参考推广。

（四）模式成效与评价

模式的推广对于减少区域内风沙危害、保障区域性生态安全、加快区域生

态文明建设、促进科学化防沙治沙具有非常重要的现实意义。建立沙化土地封禁保护区将使保护区土地沙化的势头得到有效控制，区域内生态环境得到明显改善，为区域经济社会的全面、协调、可持续发展提供重要的生态保障。同时实行封禁保护可有效制止各种人为破坏，遏制沙化土地的扩展，促进生态系统的自我修复。

二、极干旱暖温带吐哈盆地造林小区

● 模式 1　吐鲁番梭梭沟植沟灌防风固沙林模式（图 199）

（一）自然地理概况

模式来源于新疆维吾尔自治区吐鲁番市。模式实施区位于新疆中部，属典型的大陆性暖温带荒漠气候，日照充足，热量丰富但又极端干燥，降雨稀少且大风频繁。全年平均气温 13.9℃，高于 35℃ 的炎热日在 100 天以上。夏季极端高气温为 49.6℃，冬季极端最低气温−28.7℃。日温差和年温差均大，全年 ≥ 10℃有效积温 ≥ 5300℃，无霜期长期达 210 天左右。年均降水量仅有 16.4mm，而蒸发量则高达 3000mm 以上。

（二）技术要点

1．树种

选用抗逆性强的超旱生树种梭梭。

2．苗木

苗高 40～60cm，根长 30cm 以上的 I 级苗木。

3．整地

推土机大致整平，拖拉机牵引大型开沟器开挖栽植沟，沟距 6m，沟口宽 1m，沟底宽 0.5m，深 0.6m，秋季完成整地。

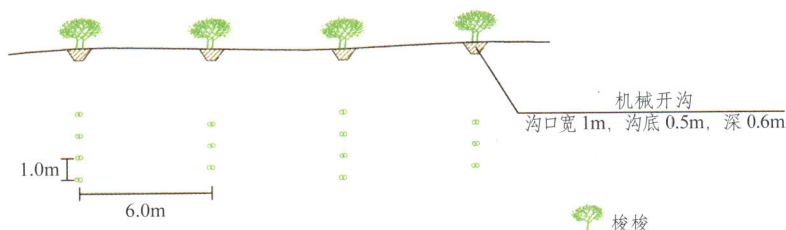

图 199　吐鲁番梭梭沟植沟灌防风固沙林模式

4．冬灌

整地后利用冬闲水进行沟灌，灌溉渗润深度≥1m。

5．栽植

翌年春天土壤解冻后，抢墒造林。在沟底挖穴种植，种植穴规格30cm×30cm×30cm，间距1m，每穴定植2～3株梭梭苗，栽后及时灌溉定根水。

（三）适宜推广范围

本模式适宜在极干旱暖温带吐哈盆地造林小区冬闲水相对充裕的戈壁、沙区推广应用。

（四）模式成效与评价

该模式来源于吐鲁番市中韩合作造林固沙生态工程。该工程自2003年开始，2005年结束，累计造林1200hm^2。项目区在治沙站以西强烈风蚀地，造林主要采用吐鲁番科技成果"干旱沙地抗旱节水造林技术"。模式采用沟植沟灌营造梭梭林，取得了良好成效。造林成活率可达95%，保存率达90%以上。造林5年后，梭梭林平均树高达3m，冠幅达3.5m，林木枝叶茂密，生长旺盛；冬灌措施同时促进了骆驼刺、花花柴、鹿角草、三芒草、碱蓬等原生植被的恢复，林草覆盖度达到40%～60%，固定流沙、减轻土壤风蚀、改善小气候等生态效益日益显现。经济效益主要体现在农作物防灾、减灾增收方面。通过全民参与植树造林，建设美好家园，提高了公民爱林、护林意识，形成了生态优先的良好氛围。

本模式的特点为：①采用沟植沟灌节水整地方式造林，沟灌属于局部灌溉，由于仅湿润局部土体，故比漫灌节水10%～15%，同时树苗植于沟底，沟沿挡风，防止幼苗遭受风蚀、沙割。②利用冬闲水，秋整地、冬灌、春植，避免了生态水、农用水矛盾；冬灌后，水分很快凝结，减少了无效蒸发；造林环节分期实施，不会出现用工紧张的问题（图200）。

图200　吐鲁番梭梭沟植冬灌造林成效

● 模式 2　吐鲁番窄带多带式防风固沙林模式（图 201）

（一）自然地理概况

模式来源于新疆维吾尔自治区鄯善县。模式实施区属暖温带大陆性干旱气候，年降水量仅 3.9～25.2mm，而年蒸发量高达 2879～3821mm，年均气温 14℃，≥10℃年积温 4500～5500℃。无霜期 268～304 天。8 级以上大风 31～72 天，对农业威胁很大。河流主要依赖天山冰雪融水、雨水和地下水补给，除阿拉沟、白杨河、葡萄沟等常年有水外，其余河流均为季节性河流，地下水资源较丰富。

（二）技术要点

在沙漠化严重的干旱地区，根据风沙运动规律，采用窄带多带式防护体系，可有效防止流沙危害。

1．树种

选择怪柳、沙拐枣、柠条、花棒等抗逆性强的沙生灌木。

2．林带配置

在地形起伏不平或绿洲边缘营造由 3～4 条林带组成、带宽 4～8m 的多带式防沙林带，带间距 15～20m，林带走向与主风方向垂直，采用紧密型林带结构，可有效地将流沙阻截在林带的迎风面。

3．造林

沟植沟灌或滴灌造林，造林密度为 1.5m×3.0m。

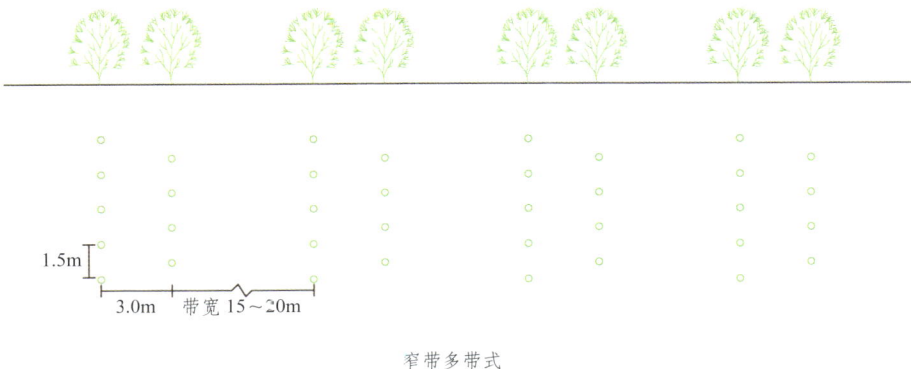

窄带多带式

图 201　吐鲁番窄带多带式防风固沙林模式

（三）适宜推广范围

本模式适宜在极干旱暖温带吐哈盆地造林小区、极干旱暖温带塔里木盆地南部沙漠绿洲造林小区推广，南疆风沙危害严重的其他区域可参考应用。

（四）模式成效与评价

紧密结构林带构成的窄带多带式防沙林体系，上风方向的第 1 条林带，可阻截外来沙源来沙量的 80% 左右，第 2 条林带为 10%～15%，第 3 条林带为 5%～10%，第 3 条带以后就没有任何积沙。同时由于带间距在带高的 5 倍以内，带间距较小，带间很难产生沙风。这样，窄带多带式防沙林体系，便可获得与同样宽度（54～69m）的宽林带相同的防、固沙效果，不仅省水，还可节省造林投资 85% 左右。

三、极干旱暖温带塔里木盆地南部沙漠绿洲造林小区

● 模式 1　塔里木盆地南部沙源地林果复合模式（图 202）

（一）自然地理概况

模式来源于新疆维吾尔自治区尉犁县。模式实施区位于新疆东南部，天山南麓，塔里木盆地东北缘。该区属暖温带大陆性荒漠气候，冷热差异悬殊，温度的年月变化大，最热月与最冷月的平均气温温差达 36℃ 左右，冬季干冷，夏季炎热，春季升温迅速而不稳定，秋季降温剧烈。全年热量丰富但不稳定，空气干燥，蒸发强劲，降水稀少，且年际变化大，光照充足，全年平均日照 2975h。全年平均气温 10.1℃，气温的年较差为 36.8℃。年无霜期为 144～212 天。年均降水量为 43mm，年均蒸发量为 2700mm。8 级以上大风年平均为 15 天，风沙日数 23.1 天，浮尘天数 24.2 天。

（二）技术要点

1. 防护林网

营造"窄林带、小网格"的防护林网。林带网格为 200～300m×400～600m。根据实地情况适度增加林网密度，每个小网格最小控制面积 2hm^2。

①树种：新疆杨。

②配置：主林带与主风向垂直，株行距 2.0m×1.5m，栽植 5 行。副林带与主林带垂直，株行距 1.5m×1.0m，栽植 3 行。

③整地：穴状整地，规格 60cm×60cm×60cm。

④造林：植苗造林，植苗后及时灌溉一次。

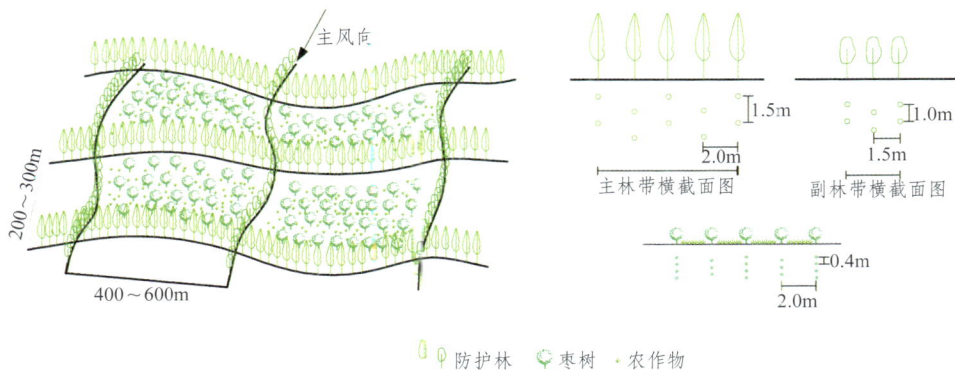

主风向

200~300m

400~600m

1.5m

2.0m

主林带横截面图

1.0m

1.5m

副林带横截面图

0.4m

2.0m

🌿 防护林　🌳 枣树　·农作物

图 202　塔里木盆地南部沙源地林果复合模式

2．网内营建枣林

在建成的林带网格内，营建枣树经济林。

①树种：选择酸枣进行直播，然后嫁接枣树。

②配置：种植行与主风向垂直，株行距 0.4m×2.0m。行间套种农作物。

③整地：全面整地。

④造林：直播造林，一般 4 月中旬为宜。在事先铺好的地膜上，按造林株距确定点播穴，深度 2～3cm，每穴播种子 2～3 粒，覆湿土压实。播种量 1500～2250g/hm²。

⑤嫁接：造林次年 4～5 月．采用优良枣接穗对酸枣实生苗进行嫁接。

3．间作

1～3 年幼树期间，可实施林瓜间作，间作品种可为西瓜、打瓜等。

（三）适宜推广范围

本模式适宜在极干旱暖温带塔里木盆地南部沙漠绿洲造林小区及绿洲—荒漠过渡带推广应用。

（四）模式成效与评价

蔚北生态防护林基地自 2007 年规划至今，已建成防护林 498.3hm²、经济林 2307hm²，合计 2805.3hm²，有效遏制了尉犁县北部的沙丘南移，减轻了风沙对尉犁县农田的危害，已成为护卫尉犁县农林生产的重要绿色屏障。

模式典型实例位于尉犁县尉北生态经济防护林基地柔然金枣生态园区。该园区营造林果复合经济型防护林 220hm²，采用"矮、密、早、丰"的栽培模式，种植名优枣 100hm²。园区"窄林带、小网格"的防护林体系，与高效节水灌溉技术相结合，已显示出良好的生态效益与经济效益，已成为是低耗高效、辐射示范作用的基地，带动周边农户将 2.5 万亩沙荒地营造为林果复合经济型防护林。

本模式着眼巩固绿洲内部造林成果，保护绿洲外部生态策略，优化水土资源配置，改善生态环境总体恶化的局面，将生态效益与经济效益有机结合，采用开沟滴灌节水灌溉措施，选择抗旱、耐盐碱、经济效益好的枣进行种植，大力发展枣产业，加快推进农业产业化升级，优化产业结构，在增加农民收入的同时，降低农业生产对稀缺自然资源消耗，实现生态保护与经济发展相互促进，从根本上扭转生态环境总体恶化的局面。本模式采用滴管节水造林技术，经济效益佳，但造林及管护投入高（图 203）。

图 203　沙源地林果复合造林成效

● **模式 2　于田沙漠绿洲柽柳大芸栽培模式**（图 204）

（一）自然地理概况

该模式来源于新疆维吾尔自治区于田县。于田县属暖温带内陆干旱荒漠气候。南部山区为半温润气候区；中部平原为暖温干旱气候区；北部荒漠为极端干旱沙漠气候区。多年平均气温为 11.6℃，多年平均降水量 47.7mm，蒸发量 2432.1mm，北部沙漠地带降水量仅为 12mm，多年平均相对湿度 42%，≥ 10℃ 积温 4208.1℃，年日照总数为 2769.5h，日照率为 62%，平原区年总辐射量为 598.31kJ/cm²，是辐射高值区，大部分灌区多年平均无霜期为 213 天。平原绿洲年平均风速 1.8m/s。

（二）技术要点

1．造林地选择

选择质地疏松、通气性、渗水性良好的轻度盐碱或无盐碱土壤造林，地下水埋深≥3m。

2．苗木

选择多花柽柳、多枝柽柳造林．苗木必须达到Ⅰ、Ⅱ级苗木标准。

3．整地

造林前将沙丘平整，如采用滴灌可粗平，栽植穴规格 30cm×30cm×30cm。

4．造林时间

春秋皆可造林，通常在春季的 3～4 月定植柽柳为宜，秋季 10～11 月接种大芸。

5．造林

①宽窄行造林：窄行造林株行距 1m×1m 或 0.5m×1m，带宽 3m，平均 330 株／亩。

②常规造林：株行距 1.0m×2.0m 或 1.0m×3.0m，150～330 株／亩。

6．接种大芸（管花苁蓉）

可随栽随接种，也可先人工定植柽柳，等到柽柳成活后或长到树势旺盛时，再进行人工接种。

（1）柽柳大芸种子纸接种法

接种柽柳植株单侧接种，接种位置距柽柳基部 50cm，深度为 50cm。种子纸放在外侧坑底部，种子纸正面（有孕生纸那面）朝上，呈 45°斜躺（下面垫些土壤），然后回填土埋实即可。在种子纸充足的情况下，接种沟可挖得长一些，或者全开沟，多摆几张种子纸，这样接种率高，今后产量也将进一步增加。

（2）播撒种子接种法

柽柳定植方法和接种坑的标准同种子纸接种法一致，所不同是播撒种子接种

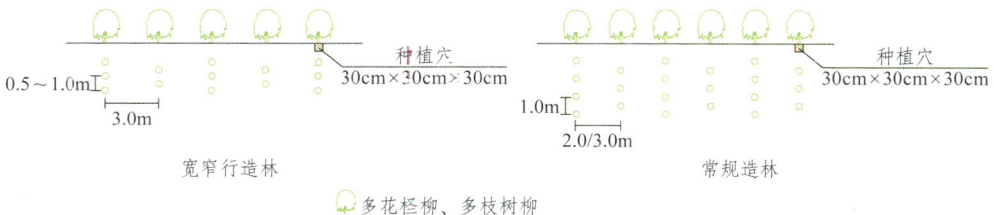

宽窄行造林　　　　　　常规造林

多花柽柳、多枝树柳

图 204　于田沙漠绿洲柽柳造林模式

法是在坑底播撒大芸种子，每坑播撒 2g，有条件的可全开沟播撒种子。

7. 灌溉

接种完毕后，要立刻灌水，并要灌透。从 3 月中旬～9 月中旬 6 个月内最好一个月左右浇一次水。到 8 月再浇一次。

8. 整形修剪

3 年以上的柽柳应进行修剪。修剪时，只留 1～2 个主干。从基部到 1m 之间的侧枝全部剪除。1m 以上侧枝控制在 5 个左右，要通风透光，高度控制在 4m 以下，冠幅 2.5m 以内。

9. 病虫害防治

注意预防柽柳根腐病和条叶甲。

（三）适宜推广范围

本模式适宜在极干旱暖温带塔里木盆地南部沙漠绿洲造林小区绿洲边缘或内部沙化土地上推广，极干旱暖温带塔里木盆地北部沙漠绿洲小区、极干旱暖温带吐哈盆地造林小区可参考应用。

（四）模式成效与评价

依托"人工繁育柽柳大芸技术"，以柽柳大芸产品为基础，综合开发中药材、保健品、饮料类产品，推动新疆沙产业发展。于田县奥依托格拉克乡通过"典型示范、以点带面"，大力推广柽柳大芸标准化种植技术，农牧民种植柽柳大芸的单产由原先的 35kg/ 亩提高到目前的 120kg/ 亩，经济收入 1200 元 / 亩，柽柳大芸产业真正成为促进该县农牧民增收致富的重要渠道。

本模式把防沙治沙与沙产业有机结合起来，生态、经济、社会效益显著，更为可贵的是模式经营过程中水资源消耗低，减缓了绿洲的生态压力（图 205）。

图 205　于田县奥依托平拉克乡吾斯塘村治理前后对比

● **模式3 和田荒漠绿洲农田防护林更新改造模式**（图206）

（一）自然地理概况

模式来源于新疆维吾尔自治区和田地区的和田县、和田市和洛浦县。模式实施区地处昆仑山北麓，暖温带荒漠绿洲，气候温和，年降水量仅有34.8mm，年蒸发量高达2564mm。干旱、大风、沙尘暴等自然灾害频繁。

（二）技术要点

结合农田防护林带的更新改造，栽植一些当地的名优经济树种，形成生态经济型防护林带，既能发挥良好的防护效益，同时又具有较大的经济产出。

1．副林带改造

为不影响农田防护林的防护效益，伐去渠、路两侧副林带向阳面一侧的林带，栽植核桃、杏、巴旦杏、枣等经济树种。一般栽植2行，"品"字形配置，行距1.5～2.0m，株距6.0～8.0m。为增加林带的早期效益，可在2株主栽树种之间，加植1株桃树。

2．副林带更新

杨树副林带采伐后，渠、路两侧各栽植1行树体高大的经济树种，如核桃、杏树等，株距8.0～10.0m。

3．主林带改造

在主林带向阳侧距主林带3.0～4.0m处，加植1行核桃、杏或枣等，株距6.0～10.0m，以增加主林带的经济效益。

4．造林

一般采用嫁接后的良种壮苗造林。实生苗造林时，须在栽植后的1～2年内

图206 和田荒漠绿洲农田防护林更新改造模式

用优良品种的接穗进行嫁接换头。核桃的优良品种有扎343、新早丰、温185和179等；优良的制干杏品种有胡安那、赛买提、黑叶杏等；枣有哈密大枣、赞皇大枣、辉枣等。

5．抚育管理

栽植1～2年后定干整形，加强水肥管理和病虫害防治。进入丰产期后，要增施有机肥，以利稳产。

（三）适宜推广范围

本模式适宜在极干旱暖温带塔里木盆地南部沙漠绿洲造林小区及干旱中温带河西走廊绿洲造林小区推广应用。

（四）模式成效与评价

在保证林带生态防护效益的基础上，提高了林带的经济效益，增强了防护林持续发展的后劲。以杏树为例，盛果期平均株产鲜杏150～175kg，5kg鲜杏可制杏干1kg，单株产值60～70元。一条500m长的林带，产值3750～4375元，扣除胁地范围内作物减产的损失后，可净增收1553～2178元。

极干旱中温带造林亚区

一、极干旱中温带阿拉善高原西部荒漠造林小区

● 模式 1　退化梭梭林围栏封育模式

（一）自然地理概况

模式来源于内蒙古自治区阿拉善右旗。模式实施区位于塔木素天然梭梭林分布区，面积 322 万亩，占全旗梭梭林总面积的 92%。气候属典型的干旱大陆性气候，年均气温 9.6℃，无霜期 211 天，年均降水量 84mm，年均蒸发量 3225.7mm，年均日照时数 263h。原有天然梭梭因过牧及樵采导致严重退化，更新困难。

（二）技术要点

确定围栏封育地点、四至界限。对拟定补播区进行外业调查、数据内业整理，并完成收购、贮备补播用种进行净种处理。5 月，架设网围栏，协调气象部门做好播前气象服务工作和车辆调用、人员安排工作。5 月底至 6 月上旬，组织实施人工补播作业。

选择固沙能力强的梭梭、白刺进行人工补播和人工撒播造林。实施严格的封育保护，封育管护期限 5 年。及时防治林业有害生物，防治梭梭白粉病及大沙鼠危害，避免牲畜危害补播幼苗，确保封育成效。

加强管护，保障网围栏设施完整。

（三）适宜推广范围

适宜于极干旱中温带阿拉善高原西部荒漠造林小区，在条件相似的荒漠植被退化区域可推广。

（四）模式成效与评价

通过围栏封育，切断人畜破坏途径，使天然梭梭林得到休养生息的机会。采

用补播，促进梭梭更新，提高植被盖度，有效促进农牧业发展。局限在于人工补播受降水影响较大（图207）。

图207　退化梭梭围栏封育前后对比

● 模式2　额济纳旗荒漠化封禁保护模式

（一）自然地理概况

模式来源于内蒙古自治区西部的额济纳旗。模式实施区戈壁、石质残丘较多，主要植被为红沙、霸王，覆盖稀疏，自然生长极慢。区域植被是在极端气候条件下自然选择的结果，极为脆弱，极难进行人工更新。

（二）技术要点

1．移民

逐步将封禁区内的牧民全部移出，建立比较完整的沙化土地封禁保护区。

2．架设围栏网

封禁保护区重点地段架设围栏网，防止牲畜入内。

3．设置管护站

在交通路口、人员活动频繁处设置管护站，安排专人管护。

4．确定范围

设置界桩、界碑、标牌，主要路口设立指示性标牌，明确封禁区范围。

5．社区共管

加强与周边苏木镇政府的协调，搞好社区共管，加强巡护、检查，做好联防工作。

6．人工补播

在植被盖度较低的地方，通过人工补播等方式促进植被的恢复与更新。

7．监测

在封禁区设立多个固定监测点，定期对封禁保护区内沙丘移动、植被盖度、种类、人工促进更新状况进行监测，每年监测 1 次，及时了解、掌握封禁保护效果及保护区内植被的消长变化情况。

（三）适宜推广范围

适宜在极干旱中温带阿拉善高原西部荒漠造林小区推广。

（四）模式成效与评价

该区域生态环境极为脆弱，极难进行人工更新。通过进行生态移民，建立"生态无人区"，进行封禁保护，禁止放牧等一切人为活动，通过长期的休养生息使自然环境得到自然恢复，遏制生态环境继续恶化。

2014 年，额济纳旗巴丹吉林北缘沙化土地封禁保护区被纳入封禁保护补助试点范围。开展封禁保护补助试点是深入实施《中华人民共和国防沙治沙法》、全面启动封禁保护区建设的重要基础，是贯彻落实中央有关要求的重要举措，是落实全国防沙治沙规划任务的重要内容，是保护沙区生态、改善沙区民生的迫切需要。实施沙化土地封禁保护补助试点，填补了我国防沙治沙措施的一项空白，是一项开创性的工作，具有里程碑式的意义。

二、极干旱中温带弱水流域额济纳绿洲造林小区

● 额济纳绿洲胡杨天然残次林更新复壮模式（图 208）

（一）自然地理概况

模式来源于内蒙古自治区额济纳旗。模式实施区位于额济纳旗居延三角洲地区，属中温带半干旱大陆性季风气候，干旱少雨，多年平均气温 8.3℃，无霜期 145 天，降雨稀少，蒸发强烈，多年平均降水量 38.2mm，蒸发量 3653.0mm，大于 10℃积温 3694℃。干燥度为 11.0～13.7。海拔 900～1600m。由于黑河水下泄量减少造成居延绿洲严重萎缩，胡杨林生长退化，更新困难，面积萎缩，森林衰退，急需保护和更新复壮。

（二）技术要点

针对额济纳绿洲胡杨天然残次林，采取围栏封育、引水灌溉、开沟断根、间苗定株、修枝抚育等技术措施进行更新复壮。

1．围封

首先采用 7 层钢丝加 1 层刺丝网围栏进行全面围封，修闸筑埝，搞好渠系配

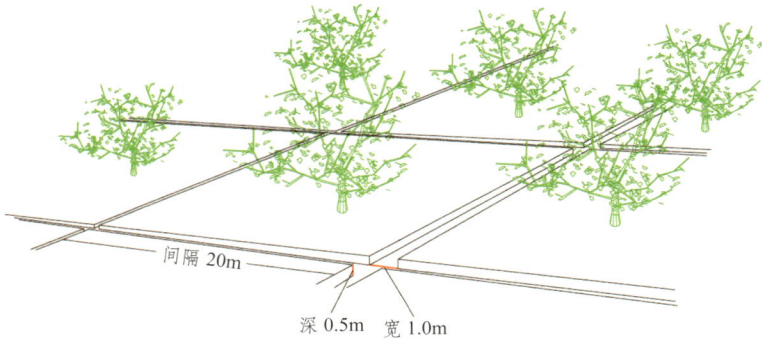

图 208　额济纳绿洲胡杨天然残次林更新复壮模式

套，1～3 月利用河道来水引水灌溉。

2．开沟断根

封育 1～2 年后，围绕主干 10～15m 处（或每间隔 20m）用开沟犁进行开沟断根，开沟深 50cm，宽 1.0m，切断水平根，促进胡杨根蘖繁殖。

3．定株

苗木萌生后及时定株，其余的除去，密度为 200 株／亩。

4．抚育管理

3 个月内抹芽修枝，每株根蘖苗只保留 3 个侧枝，剪除其余枝条，改善光照，调节苗木生长。

（三）适宜推广范围

适宜于极干旱中温带弱水流域额济纳绿洲造林小区河谷胡杨天然残次林更新复壮，推广的前提条件是有可利用水源，如洪水、季节性河道水和引水灌溉等。

（四）模式成效与评价

模式以围栏保护为核心，以引水灌溉为前提条件，利用和发挥胡杨根蘖萌芽能力强的特点，进行无性繁殖更新，达到残林复壮的目的。

通过残次林复壮技术，使退化严重的胡杨残林得到有效恢复。封育 3 年后林草覆盖率由封前的 10% 提高到 60% 以上；已经郁闭成林的胡杨林，有幼树105～355 株／亩；郁闭度 0.7；形成乔灌草 3 层结构。这项技术研究曾获国家"七五"科技攻关重大成果荣誉奖，为胡杨残林的复壮更新，拯救荒漠绿洲植被探索出了一条有效途径。

三、极干旱中温带黑河下游荒漠造林小区

● 河西走廊北部戈壁、流动沙丘地带生物治沙节水滴灌造林模式

（一）自然地理概况

模式来源于甘肃省金塔县。模式实施区地处甘肃河西走廊中段北部，蒙新荒漠和巴丹吉林沙漠边缘，平均海拔 1200m，年均气温 8℃，年均降水量 64mm，年均蒸发量 2567mm，年均相对湿度 49%，日照时数 3193.2h，≥ 10℃积温3249.1℃，土壤多为风沙土、潮土。境内降雨稀少，且多集中在 6～8 月，为典型的温带大陆性干旱气候。严酷的自然条件，是限制植物生存和生长的主要因素。鸳鸯池和解放村这两个大水库，是金塔 10 万人赖以生存和社会经济发展的命脉，长期以来，沙带流沙在风力作用下长驱直入，侵袭并沉积水库，严重威胁着水库蓄水功能的发挥和城市的生态环境。

（二）技术要点

1．树种

选择耐干旱的红柳、花棒、梭梭、毛条、胡杨等。

2．管网设施布置

干管 50mm，支管 40/32/25/20mm 四种，毛管 15/10mm 两种，微管 1mm，为双排对称式滴灌带。干管间距 260m，支管间距 160m，带内毛管间距 3～4m，滴灌间距 30cm。试验区布设机井 3 眼，分别布设在林带由北向南 550m、1600m、2750m 处，每眼井安装配套水泵、离心式过滤网和网状过滤器一套。

3．造林

林带总长 3300m+2580m，宽 260m，大带隔离区间距 50m，带内造林；采用单树种以行定植、带内混交，即 5 行 1 带，或 4 行 1 带，带间距 10m，株行距2m×3m，密度 990 穴 /hm²，每穴 3～4 株。

造林时间多在清明前后，即每年的 4 月 1～10 日，造林方式为穴植。穴坑规格 40cm×40cm×40cm 或 40cm×40cm×50cm。

（三）适宜推广范围

适宜在极干旱中温带黑河下游荒漠造林小区、干旱中温带河西走廊北部荒漠造林小区、极干旱中温带弱水流域额济纳绿洲造林小区等推广。

（四）模式成效与评价

在戈壁、沙丘、平沙地区营造防风固沙灌木林，推行滴灌技术，节水效果

显著，较地面满灌节水 78%，苗木成活率达 96%。成林阶段每年可适当减少年灌溉轮次和灌水量，仍能保持其正常生长发育。同时，随苗木栽植年限的增长，根据根系深扎土层的情况，适当加大一次灌水量，并延长灌溉周期，仍可保持成林。

灌溉节水型生物治沙不受地形限制，在荒漠地区戈壁、平沙地、沙丘、坡地、小山区均可实施。尽管滴灌设施比较昂贵，每公顷网管费用 2100 美元，一次性投资大，但可使用多年，问题是管网老化，需要到期更换。同时由于处在防沙带前缘，植树穴遭受积沙埋压，长远供水问题，需要在设计中加以考虑。根据西北地区，尤其是河西走廊水资源紧缺的实际，开采地下水，应维持采补动态平衡。尽可能节约用水，在近水源处取水，不采或少采地下水。

自工程实施以来，每年可减少进库沙量 20 万 m^3，整个林带阻沙量达 120 万 m^3，相应增加水库蓄水量 100 万 m^3，年创经济效益 20 万元，年创间接经济效益 100 多万元。同时发挥了明显的防风固沙、降低风速、增加库区植被覆盖率、改善库区环境的生态效益和保护水库安全调蓄度汛和灌区灌溉，推动生态旅游发展，保障人民安居乐业的经济效益。

这项工程已成为金塔县节水灌溉、防沙治沙及生态环境建设的新亮点。2002年 6 月，滴灌节水生物治沙技术被酒泉地区科技处评为"科技进步一等奖"。同年 8 月 31 日，时任国务院副总理温家宝视察后，给予了高度评价和充分的肯定。

极干旱高原温带造林亚区

一、极干旱高原温带柴达木盆地西北风沙造林小区

● 柴达木盆地西部干旱盐碱地区城镇绿化模式

（一）自然地理概况

模式来源于青海省海西蒙古族藏族自治州冷湖、大柴旦地区。模式实施区位于柴达木盆地。柴达木盆地地处青藏高原东北部，平均海拔3000m，是一个封闭的内陆干旱荒漠盆地，气候干旱、风多雨少、蒸发量大，土壤盐渍化广布，林草植被稀疏，生态环境脆弱。尤其是柴达木盆地西部地区，多为干旱贫瘠盐碱地，缺林少绿，人们饱受风沙的危害。随着城市化水平的提高，人们对生产和生活环境质量的要求越来越高，城镇绿化质量也已成为居民精神生活中不可缺少的一部分。

（二）技术要点

1．树种

胡杨、青杨、新疆杨、旱柳、柽柳、枸杞和白刺等。

2．苗木

尽量采用当地或周边的良种壮苗，选用较小规格的苗木，经过处理，其受盐碱危害程度大为减轻。

3．整地换土

在造林前一年秋季，对造林绿化地进行全面机械平整，将盐碱富集的表层土清除，厚度0.2～0.5m。根据地形及当地主风方向按2～3m的距离挖0.7m（深）×1.0m（宽）的水平沟，再将挖出的土在水平沟间做成1.0m（宽）×0.7m（高）的埂坎，灌溉后使盐碱向埂坎集聚，减轻盐碱对苗木的危害。然后将别处运来熟土填充在沟内，深度以填满为宜。在造林地一侧开挖深度在1.0m以的下排盐沟，可降低地下水，使盐分不能上升，同时结合灌溉洗盐碱，达到排盐碱的

目的。重盐碱地需要进行铺设盐碱隔离层，与周边的盐碱土进行隔离，然后回填客土。

4. 滴灌铺设

滴灌管布设在回填客土后的水平沟内。根据当地气象条件和土壤条件（各树种的成活、生长的最适宜土壤湿度为田间最大持水量的60%～80%），选择压力补偿内镶式滴灌管，管径16mm，滴头流量3.75L/h，滴头间距1.0m，设计湿润深度0.8m，设计湿润比30%，设计灌水定额18.8mm，1次延续灌溉时间8～10h，灌溉周期3天。

5. 造林

绿化宜适当密植，乔木株距≤2m，灌木株距≤1m，并在2株乔木之间种1株灌木，尽快形成林分小环境，促进植物群落的生长发育。浅栽以不裸露地径为准，减轻盐碱对根系的危害，有利其生存。

6. 抚育管理

（1）灌水

滴灌过程中，在滴头处放一块直径10cm左右的片石，可增大渗漏面积，防止滴水直线渗漏，冲蚀土壤。为抗御干热风危害，遇强干热风时，及时进行灌溉，以加大灌溉强度。

（2）防止盐害

造林地土壤普遍含盐碱，降雨后会造成盐分重新淋溶到树木根系，造成盐害。一是雨后需及时加大灌量，洗盐排盐；二是随时整修捞坎，平整土地，使雨水分隔贮存，淋洗盐碱，降低盐分；三是定期对林地内行间盐分聚集形成的结壳进行清理，防止雨水重新淋溶盐分，保证苗木正常生长；四是在春旱、降雨和灌水后都应及时除草和松土，切断毛细管，减少水分蒸发，抑制盐分上升。

（3）追肥

6月底至8月初随滴灌追施可溶性化肥，施肥周期为7天，施肥量10g/株，自8月中旬前停止使用化肥，控水控肥，促进新生枝条木质化。

（4）管护

一是加强水肥管理，增强树势，提高树体抗病虫害的能力，发现病虫害及时进行防治；二是建立滴灌管理办法，制定岗位责任制和岗位操作规程，做到责任到人，保证滴灌的正常运营；三是加大巡护力度，避免边治理边破坏的恶性循环事件的发生。

（5）苗木成活率调查

8月底进行成活率调查，树种安其生长情况分级普查，作为今后管理的依据。统计各阶段各树种的成活率情况和需补苗木量，为翌年苗木补植做准备。

（三）适宜推广范围

适宜在极干旱高原温带柴达木盆地西北风沙造林小区城镇绿化造林中推广。

（四）模式成效与评价

在多年的生态治理过程中，海西蒙古族藏族自治州林业部门，根据柴达木盆地西部的特点，在西部特别是气候恶劣、土地盐碱化严重、树木成活率极低的茫崖、冷湖、大柴旦地区，采取换二消碱办法种树种草是最有效的治理方法。另外，从2007年开始，海西蒙古族藏族自治州从以色列引进滴灌技术，滴灌技术的应用在确保节水节能的同时，还了以在一定程度上稀释土壤中的盐碱，解决了盆地林业发展的最大困难。采用滴灌技术植树造林，用水量仅为大水漫灌用水量的十分之一，节水效果非常明显，而且树木的成活率非常高，隔年成活率在85%以上。

通过该造林模式，过去因寸草不生而被人们称为"月球地貌"的柴达木西部地区，如今已改变了"年年种树不见树"的局面，目前，大柴旦已建成万亩生态园区，茫崖花土沟镇绿化面积达4万亩。

二、极干旱高原温带昆仑山阿尔金山造林小区

● 新疆阿尔金山封禁保护模式

（一）自然地理概况

模式来源于新疆维吾尔自治区阿尔金山国家级自然保护区。保护区位于新疆若羌县南部阿尔金山以南，东至新疆、青海省界，南至新疆、西藏间的昆仑山，西至且末县东南角，北沿祁漫塔格山脊向东向西延伸。全区地处高山环绕的封闭性高山盆地内。保护区气候寒冷，干旱多风，蒸发强烈，全年没有无霜期，没有四季之分，仅有冷暖之别，暖季短且暖湿同期，冷季漫长干冷。年降水量300mm左右，年均气温0℃以下。区内空气纯净、日照强烈、天气多变，令人难以琢磨。

（二）技术要点

1．管护站建设

保护区四周被高山环抱，地理位置特殊，不同于一般平原类型的保护区。多年的管护实践表明，在保护区主要进出口通过设置固定和流动检查站，可有效控

制、监督、管理进入保护区各类人为活动。保护区规划拟设 14 个检查站，截至目前，保护区内共建有 1 个中心站、5 个固定检查站和 2 个流动检查站，初步形成了保护区管护体系。

2．警示、宣传设施

在保护区设置宣传、警示牌、安装了界桩等保护管护和科普教育设施，保护区管护工作基础设施落后的面貌得以有效改观，管护、宣教设施得到了提升。

3．加大巡护频次、加大执法力度

工作人员每年深入保护区开展正常巡护和科研调查工作都多达 200 天以上，在保护区设立了 5 个检查站，加强对采矿、采金、旅游和探险等的管理，制订了《新疆阿尔金山国家级自然保护区区内作业证》、《新疆阿尔金山国家级自然保护区区内通行证》，对没有通行证的，一律不许进入保护区活动。

4．多方争取资金，加强巡护能力建设

筹集资金 300 余万元，为保护区购置了办公桌椅、电脑、照相机、摄像机、越野大车、小车，并在保护区内修建了 4 个检查站，安装了太阳能发电设备和卫星接收设备，安装了卫星电话，极大地改善了工作和生活条件。

5．聘请当地牧民担任义务巡护员

牧民们常年生活在保护区范围内，对保护区内的情况非常熟悉，聘请这些贫困牧民担任义务巡护员，每月为他们发放一定的生活补助。牧民们发挥他们自身的优势，及时将保护区第一手的信息报告管理处，便于工作开展。

6．协调好各方关系，充分动员和依靠各级、各部门的力量共同做好保护区的工作

阿尔金山地处巴州若羌县境内，与且末县及青海省和西藏自治区相毗邻。为协调好各方关系，充分动员和依靠各级、各部门的力量共同做好保护区的工作，保护区与当地的党委、政府领导进行座谈，共商保护区发展、社区共管、旅游开发与经济发展的长久之计。

7．加强横向联合，积极开展科学研究

阿尔金山自然保护区管理处同国际爱护动物基金会、野生动植物保护国际、香港中国抢险协会、浙江大学生命科学院、新疆环境保护科学研究院等科研单位建立了良好的关系。每年都组织管理处业务人员同这些单位进行藏羚羊、野牦牛的基础调查和保护对策、高原水生物基础调查、藏羚羊栖息地保护巡护等研究。

（三）适宜推广范围

适宜在极干旱高原温带昆仑山阿尔金山造林小区推广，其他类似保护区可参考借鉴。

（四）模式成效与评价

经过保护区管理处工作人员大量的工作，自然环境、野生动物得到有效的保护，破坏环境、猎杀野生动物的违法行为得到了有效遏制，保护区内环境更加优美，野生动物种群、数量明显增多。目前保护区内有野生动物 360 余种，其中国家一类保护动物藏羚羊、野牦牛、藏野驴、黑颈鹤等就有 12 种，仅藏羚羊、野牦牛、藏野驴种群数量就达 10 万余头。

参考文献

安云 . 毛乌素沙地 4 种典型植被恢复模式生态效益分析 . 北京林业大学 , 2013. 硕士论文 .

白开霞 , 查小春 , 黄春长 , 等 . 渭河下游沙苑地区全新世环境演变 . 陕西师范大学学报 , 2012, 40(5).

白玉玲 , 王永安 . 乔灌草相结合建设植被——内蒙古兴安盟科右前旗芒罕小流域乔灌草水保治理模式 . 内蒙古水利 , 2011, (6).

曹心静 , 米文宝 , 张媛 . 宁夏南部山区退耕还林后草畜产业发展探讨——以海原县为例 . 干旱区资源与环境 , 2007, 21(7).

程昊 . 青藏铁路格 (尔木) 唐 (古拉山) 段建设生态保护及植被恢复技术研究 . 合肥工业大学 , 硕士学位论文 , 2009.

程业森 . 腾格里沙漠飞播种子大粒化技术 . 内蒙古林业 , 2007.

董全民 , 马玉寿 , 许长军 , 等 . 三江源区黑土滩退化草地分类分级体系及分类恢复研究 . 草地学报 , 2015, 23(3).

杜军锋 . 土石山区枣树、紫穗槐和苜蓿栽植模式 . 国土绿化 , 2002.

杜敏 , 闫德仁 , 王玉华 , 等 . 直播生物沙障固沙成效研究 . 内蒙古林业科技 , 2009, 35(2).

冯建森 , 邹佳辉 , 张玉良 . 甘肃马鬃山地区梭梭林分布特征及植被恢复技术初探 . 林业实用技术 , 2013(9).

冯志英 , 张计斌 . 林业立体高效种养新模式探讨 . 林业科技 , 2015, 32(6).

高利 . 两行一带模式受推崇国家在我区九盟市试点推广 . 内蒙古林业 , 2005.

高敏芳 . 韩城花椒产业化及效益评析 . 渭南师范学院学报 , 2001, 16(6).

高其富 . 桧柏营养袋培育大苗技术 . 林业科技开发 , 2003, 17(6).

高锡林 , 滕晓光 , 田栢 , 等 . 内蒙古林业生态建设技术与模式 . 北京 : 中国林业出版社 , 2008.

谷景和 , 阿尔太 , 曹定贵 , 等 . 新疆阿尔泰山两河源综合科学考察 . 新疆 : 新疆科学技术出版社 , 2004.

郭建英 . 吴起县退耕还林工程效益的监测与评价研究 . 北京林业大学 , 博士论文 .

郝才元.集二线铁路沿线沙害防治.铁道劳动安全卫生与环保,2008,35(3).

郝向春.四翅滨藜在黄土丘陵区的覆膜造林试验.山西林业科技,2006,(1).

何财松.青藏铁路格拉段运营初期植被恢复效果评价研究.中国铁道科学研究院硕士学位论文,2013.

胡尔查,王晓江,张文军,等.不同治理模式下沙质草原区风蚀破口植被恢复效果研究.内蒙古林业科技,2011,37(4).

胡芝芳."16542"造林整地模式.林业实用技术,2003.

黄西莹,陈刚.柠条直播造林调查报告.内蒙古林业调查设计,1999,s1.

黄志霖,郑红建,李大明,等.翼式鱼鳞坑整地方法研究.河南林业科技,1999,19(4).

贾鲜艳,吴宏宇,李霞,等.河套灌区盐碱地植物种类组成研究.内蒙古农业大学学报,2006,27(4).

江泽慧,张永利,刘拓,等.中国干旱地区土地退化防治最佳实践.北京:中国林业出版社,2014.

蒋定生,等.黄土高原水土流失与治理模式.北京:中国水利水电出版社,1997.

焦慧芬,焦慧亮,张广柱.沙区抗旱造林系列技术.现代农业科技,2015(7).

景国臣,李英杰,庞立铁,等.松嫩沙地治理技术及效益分析.水土保持应用技术,2013(5).

雷加富,赵良平,等.西部地区林业生态建设与治理模式.北京:中国林业出版社,2000.

雷学武.西吉县退耕还林工程不同类型区造林技术.防护林科技,2005,(6).

雷永华,田小武.干旱山地容器育苗造林技术研究——以海原县为例.宁夏农林科技,2011,52(9).

李爱霞.民勤县生态环境治理对策的总结与回顾.甘肃水利水电技术,2015,51(7).

李怀甫.论太行山小流域综合治理的优化模式.中国水土保持,1990.8.

李怀甫.水土保持小流域治理的理论与实践.中国生态经济学会第五届会员代表大会暨全国生态建设研讨会论文集,2000.

李金宝.封飞造结合昔日沙海泛绿洲——内蒙古东乌珠穆沁旗胡日其格沙地综合治理经验总结.硅谷,12015.

李少华.晋北干旱丘陵山区造林模式.山西林业科技,2006(3).

李绍延,郑继林.万全县治理白垩纪侵蚀劣地的实践.中国水土保持,2005(4).

李万善，祁永池. 万全县治理白垩纪侵蚀劣地的做法及有关问题的探讨. 中国水土保持，1998(7).

李育才，张鸿文，等. 退耕还林技术模式. 北京：中国林业出版社，2001.

梁永飞. 娄烦县侧柏造林试验. 山西林业，2006(6).

刘春权，高建和，马广生，等. 对"两行一带"造林模式配置形式的探讨. 内蒙古林业，2005.

刘金有，郑红，闫淑英，等. 斗式覆膜抗旱造林技术应用效益研究. 绿色科技，2012(1).

刘黎明，蒋平，翟世明. 冀西北黄土丘陵区小流域综合治理和土地利用模式研究. 自然资源，1993.

刘钮华，张纯. 新疆防沙林带优化模式的研究. 干旱区研究，1992, 9(2).

吕嘉. 干旱地区盐渍地客土造林技术. 黑龙江农业科学，2011(9).

马立鹏，罗万银，王瑜林. 甘肃省沙漠化土地封禁保护区建设研究. 中国沙漠，2005, 25(4).

马占斌. 化隆县草地植被类型及其利用. 青海草业，2010, 19(1).

穆天民，初国君，刘庭跃. 预防樟子松生理干旱造林技术的研究. 林业科学，1990, 26(4).

牛进原，李韬. 林州市侧柏造林模式初探. 农民致富之友，2015(4).

牛兰兰. 毛乌素沙地植被恢复模式及生态功能评价. 北京林业大学，2007. 硕士论文.

牛西午. 广植柠条，恢复植被——关于在我国西北地区大力发展柠条林的建议. 科技导报，1999, 2.

庞然，柳晓东，方晓东. 荆条树种"功能性"调查. 防护林科技，2007(z1).

彭炳兰，靳春平. 湟水中上游封山育林效果研究. 陕西林业科技，2015(3).

乔新河，武卫疆，李丕军. 极端干旱区银 × 新杨新品种硬枝扦插育苗技术. 农林科技，2013(9), 68.

任连功. 吕梁市"三北"防护林混交造林模式. 林业科技，2007(1).

任余艳，刘坤，聂琴，等. 干旱地区覆膜造林的抗旱效果研究. 防护林科技，2015, (3).

史先锋，耿利. 樟子松栗钙土造林效果初探. 吉林林业科技，2014, 43(6).

孙拖焕，郭学斌，等. 山西主要造林绿化模式. 北京：中国林业出版社，2007.

孙治中，马占军. 漏斗式覆膜抗旱造林系列技术的研究与推广. 科技信息，2012.

陶学倡. 新疆阿图什市盐碱地现状与改良措施. 河北农业科学，2010, 14(6).

天山网 http://news.ts.cn

田国启，邝立刚，朱世忠，等．山西森林立地分类与造林模式．北京：中国林业出版社，2010．

田永祯，张斌武，程业森．贺兰山自然保护区西坡退牧封育效果分析．干旱区资源与环境，2007，21(7)．

王百田，贺康宁，史常青，等．节水亢旱造林．北京：中国林业出版社，2004．

王淮亮，高永，姜海荣，等．防沙治沙技术与模式回顾．内蒙古林业科技，2012，38(1)．

王建军，李永生．太行山北段困难立地造林综合配套技术．山西林业科技，2012，41(3)．

王俊峰，薛顺康，高峰．裸露砒沙岩地区沙棘治理成效、经验及发展战略问题．沙棘，2002，15(1)．

王俊清，梁青槐．浅谈集二铁路沙害治理．内蒙古科技与经济，2008(10)．

王来田，李军，丁爱军，等．戈壁、流动沙丘地带生物治沙滴灌节水试验分析．中国沙漠，2004，24(6)．

王绍芳．大同市太行山土石山区植被恢复的探讨．山西林业科技，2009，38(3)．

王文田，董哲，葛根巴图．吴起县不同退耕还林模式生态效益研究．林业调查规划，2010，35(6)．

王玉娟．预防樟子松生理干旱造林技术．农村科技，2009(6)．

王愿昌，永红，闵德安，等．砒沙岩区水土流失治理措施调研．国际沙棘研究与开发，2007，5(1)．

王治霞．宁南黄土丘陵区集流整地造林效果研究．现代农业科技，2011，21．

吴键．吐鲁番市强烈风蚀地防风固沙林营造技术．新疆林业，2004(4)．

吴晓旭，邹学勇，张艺磊．半干旱区城镇周边防沙——以内蒙古乌审旗达布察克镇为例．中国沙漠，2013，33(1)．

武建林，张良谱，刘随存．晋中农田防护林建设现状及其效益评述．山西林业科技，2001，(3)．

夏静芳，王玉杰，殷丽强，等．榆林市风沙区水土保持植物配置模式初探．中国水土保持科学，2011，9(4)．

夏志立，姚显明，刘宝树，等．DJS造林法效益分析．东北林业大学学报，2004，32(5)．

新疆喀纳斯国家级自然保护区森林资源二类补充调查报告 (2014 年). 国家林业局西北林业调查规划设计院 .

徐保国, 马姝红, 马彦琳, 等 . 安阳西部山区综合抗旱造林技术 . 林业科技开发, 2005, 19(2).

杨维西 . 中国防沙治沙 60 年 . 中国水土保持科学, 2009, 7(5).

姚国庆, 龙景芳, 郭秀艳 . 漏斗式覆膜抗旱造林技术 . 内蒙古林业调查设计, 2003, 26(s1).

姚建成, 陈文庆, 杨文斌 . 毛乌素沙地综合治理试验示范区综合治沙技术的研究与推广 . 内蒙古林业科技, 2002(4).

姚丽杰 . 荒山植苗造林设置灌草隔离层抵御旱害的研究 . 辽宁林业科技, 2012(6).

姚乃忱, 刘贵鹏 . 半干旱地区坡地退耕还林中的 DJS 造林法研究 . 防护林科技, 2009, (2).

姚显明, 夏志立, 刘宝树, 等 . 半干旱地区 DJS 造林技术 . 东北林业大学学报, 2004, 32(5).

冶发良 . 柠条造林技术 . 中国林业, 2015, 5B.

殷爱萍, 冯玉龙 . 干旱半干旱地区林业生态治理模式探讨———以固原市原州区为例 . 现代农业科技, 2014(17).

詹朝宁, 周政贤, 王国祥, 等 . 中国森林立地分类 . 北京: 中国林业出版社, 1989.

张宝珠, 贺其叶乐图, 陈范华, 等 . 鄂温克旗"两行一带"造林模式分析 . 内蒙古林业科技, 2014, 40(1).

张春来, 邹学勇, 靳鹤龄, 等 . 狮泉河盆地第二期风沙灾害整治研究 . 中国沙漠, 2001, 21(2).

张登山, 高尚玉, 石蒙沂, 等 . 青海高原土地沙漠化及其防治 . 北京: 科学出版社, 2009.

张复兴, 相昭, 杨艳平 . 水袋滴渗抗旱造林技术研究 . 山西林业科技, 2013, 42(1).

张桂梅, 孙国臣, 杜敏, 等 . 防止樟子松生理干旱造林技术的研究 . 内蒙古林业科技, 2000(3).

张国珍, 刘士和, 宋智多, 等 . 浑善达克、科尔沁沙地结合部风沙源治理模式试验示范 . 内蒙古林业, 2006.

张华堂, 李晓兵, 赵华 . 甘肃盐池湾国家级自然保护区社区经济发展模式初探 . 甘肃林业科技, 2007, 32(3).

张惠远，王金南，饶胜，等．青藏高原区域生态环境保护战略研究．北京：中国环境出版社，2012.

张璐，孙向阳，尚成海，等．天津滨海地区盐碱地改良现状及展望．中国农学通报，2010, 26(18).

张天勇，任宏斌，李培贵．流动沙丘迎风坡沙柳深栽造林技术研究．宁夏农林科技，2006(6).

张晓星，曹振兴．万全县工程造林取得显著成效．河北林业，2013.

张占全，张锐，牛新年．砒沙岩区沙棘生态建设成效显著．中国水土保持，2000(5).

张自和．青藏铁路建设沿线的草地植被恢复与重建．草地学报，2003, 11(3).

赵建洲．干旱阳坡抗旱造林技术．现代农业科技，2011(16)

赵惊奇，余海燕，高启平，等．完善海原县退耕还林工程的对策与建议——海原县退耕还林工程调研报告．宁夏林业通讯，2009.

赵廷宁，丁国栋，王秀茹，等．中国防沙治沙主要模式．水土保持研究，2002, 9(3).

赵学军，王翠兰．加快呼和浩特市大青山山前冲积扇果树经济林的建设步伐．内蒙古科技与经济，2000.

赵玉山，孙萍，周兴强，等，封山育林对贺兰山生态环境的作用．内蒙古林业调查设计，2004, 27(4).

钟祥浩，张永泽，等．西藏生态安全屏障保护与建设规划(2008—2030年)．西藏自治区人民政府，2009.

周鸿升，敖安强，等．退耕还林工程典型技术模式．北京：中国林业出版社，2014.

祝列克，魏殿生，赵良平，等．全国林业生态建设与治理模式．北京：中国林业出版社，2003.

中国环保网 http://www.chinaenvironment.com

中华人民共和国国家标准，主要造林树种苗木质量分级，GB6000-1999.

中华人民共和国民政部．http://xzqh.mca.gov.cn/map.

附 表

旱区造林类型小区（共计 125 个）区划一览表

序号	类型区(3)	类型亚区(11)	类型小区(125)	所属省(自治区、直辖市)	代码	涉及县(区、市)
1	半干旱造林区(Ⅲ)	半干旱暖温带造林亚区(a)	半干旱暖温带京西北平原造林小区	北京	Ⅲ-a-1	延庆区、海淀区、昌平区
2			半干旱暖温带京西北山地造林小区	北京	Ⅲ-a-2	延庆区、海淀区、门头沟区、昌平区
3			半干旱暖温带天津滨海平原造林小区	天津	Ⅲ-a-3	和平区、河西区、南开区、河北区、滨海新区、东丽区、西青区、津南区、静海区、武清区、宁河区、北辰区、红桥区
4			半干旱暖温带冀东滨海平原造林小区	河北	Ⅲ-a-4	曹妃甸区、沧县、青县、盐山县、孟村回族自治县、丰南区、海兴县、黄骅市
5			半干旱暖温带冀北山地造林小区	河北	Ⅲ-a-5	下花园区、宣化区、怀来县、崇礼区、赤城县
6			半干旱暖温带冀西北黄土沟壑造林小区	河北	Ⅲ-a-6	桥东区、桥西区、宣化区、阳原县、下花园区、怀安县、万全区、怀来县、崇礼区、蔚县、涿鹿县
7			半干旱暖温带冀西山地造林小区	河北	Ⅲ-a-7	井陉矿区、赞皇区、鹿泉区、武安市、永年县、磁县、峰峰矿区、内丘县、沙河市、井陉县、高邑县、临城县、丛台区
8			半干旱暖温带冀中南低平原造林小区	河北	Ⅲ-a-8	长安区、复兴区、平乡县、藁城区、栾城区、华北区、邢台县、徐水区、高邑县、强寨区、平乡县、肃宁县、雄县、正定区、内丘县、容城县、新乐市、新华区、大城县、东光县、永清县、安平县、大名县、宁晋县、饶阳县、曲阳县、晋州市、深泽县、肥乡区、柏乡县、南和县、安国市、河间市、涞州市、阜城县、元氏县、清河县、望都县、晋州市、广平县、广宗县、南宫市、吴桥县、景县、临漳县、磁县、霸州市、安次区、广阳区、固安县、邯山区、曲周县、宁晋县、巨鹿县、博野县、安国市、深州市、冀州市、魏县、馆陶县、涉县、孟村回族自治县、高碑店市、孟村市、故城县、无极县、成安县、隆尧县、新河县、鸡泽县、雄州市、桃城区、清苑区、满城区、运河区、莲池区、新华区、栾城区、固安县、从台区、裕西区、武强县、桥东区、桥西区、任丘县、安新县、深州市、盐山县、邱县、任县

342

（续）

序号	类型区（3）	类型亚区（11）	类型小区（125）	所属省（自治区、直辖市）	代码	涉及县（区、市）
9	半干旱造林区（Ⅲ）	半干旱暖温带造林亚区（a）	半干旱暖温带晋南盆地造林小区	山西	Ⅲ-a-9	盐湖区、闻喜县、临猗县、夏县、河津市、汾西县、侯马市、灵县、洪石县、万荣县、新绛县、芮城县、永济市、尧都区、襄汾县、洞县、平陆县、霍州市、临汾市
10			半干旱暖温带晋西黄土丘陵沟壑造林小区	山西	Ⅲ-a-10	永和县、大宁县、离石区、柳林县、中阳县、方山县、兴县、临县、石楼县
11			半干旱暖温带吕梁山南部山地造林小区	山西	Ⅲ-a-11	吉县、汾西县、尧都区、交口县、洪洞县、乡宁县、隰县、石楼县
12			半干旱暖温带太行山北段造林小区	山西	Ⅲ-a-12	阳高县、广灵县、大同县、应县、怀仁县、灵丘县、代县、繁峙县
13			半干旱暖温带乡吉黄土沟壑造林小区	山西	Ⅲ-a-13	稷山县、河津市、新绛县、襄汾县、乡宁县
14			半干旱暖温带忻太盆地造林小区	山西	Ⅲ-a-14	小店区、迎泽区、尖草坪区、万柏林区、晋源区、清徐县、阳曲县、定襄县、文水县、交城县、孝义市、汾阳市、杏花岭区、榆次区、太谷县、祁县、平遥县、灵石县、介休市、忻府区、代县、原平市、岚县
15			半干旱暖温带中条山土石山造林小区	山西	Ⅲ-a-15	夏县、平陆县、芮城县
16			半干旱暖温带晋东土石山造林小区	山西	Ⅲ-a-16	榆社县、沁源县、寿阳县、小店区、阳曲县、迎泽区、杏花岭区、榆次区、太谷县、祁县、灵石县、介休市
17			半干旱暖温带晋西侧黄土丘陵造林小区	山西	Ⅲ-a-17	尖草坪区、万柏林区、清徐县、阳曲县、娄烦县、古交市、汾西县、文水县、交城县、灵石县、孝义市、汾阳市、尧都区、洪洞县、蒲县
18			半干旱暖温带管涔山关帝山地造林小区	山西	Ⅲ-a-18	娄烦县、古交市、神池县、五寨县、岢岚县、离石区、文水县、交城县、方山县、中阳县、交口县、孝义市、汾阳市、忻府区、代县、宁武县、静乐县、原平市、兴县、临县、石楼县、岚县
19			半干旱暖温带鲁北滨海盐碱土造林小区	山东	Ⅲ-a-19	利津县、垦利区、河口区、滨城区、德城区、无棣县、阳信县、沾化区、东营区、博兴县、惠民县、庆云县、临邑县、乐陵市、武城县
20			半干旱暖温带鲁北平原造林小区	山东	Ⅲ-a-20	平原县、商河县、德城区、宁津县、临邑县、乐陵市、禹城市、夏津县、武城县、高唐县、临清市、阳谷县

343

（续）

序号	类型区（3）	类型亚区（11）	类型小区（125）	所属省（自治区、直辖市）	代码	涉及县（区、市）
21	半干旱造林区（Ⅲ）	半干旱暖温带造林亚区（a）	半干旱暖温带鲁中低山丘陵造林小区	山东	Ⅲ-a-21	昌乐县、青州市
22			半干旱暖温带豫北平原造林小区	河南	Ⅲ-a-22	北关区、文峰区、安阳县、内黄县、清丰县、南乐县
23			半干旱暖温带豫北太行山造林小区	河南	Ⅲ-a-23	北关区、安阳县
24			半干旱暖温带渭北黄土高原沟壑造林小区	陕西	Ⅲ-a-24	白水县、合阳县、澄城县、韩城市、耀州区、三原县、蒲城县、富平县
25			半干旱暖温带陕北黄土丘陵沟壑造林小区	陕西	Ⅲ-a-25	米脂县、榆阳区、神木县、府谷县、横山区、佳县、堡县、安塞区、吴起县、靖边县、定边县、绥德县、清涧县、吴
26			半干旱暖温带渭河平原造林小区	陕西	Ⅲ-a-26	临渭区、大荔县、蒲城县、富平县
27			半干旱暖温带陇东黄土丘陵沟壑造林小区	甘肃	Ⅲ-a-27	环县、华池县、镇原县
28			半干旱暖温带陇中黄土丘陵沟壑造林小区	甘肃	Ⅲ-a-28	城关区、七里河区、西固区、安宁区、靖远县、红古区、永登县、景泰县、古浪县、天祝藏族自治县、白银区、皋兰县、会宁县、安定区、临洮县、东乡族自治县、榆中县、撒拉族自治区、积石山保安族东乡族
29			半干旱暖温带青海黄河谷地造林小区	青海	Ⅲ-a-29	民和回族土族自治县
30			半干旱暖温带同海山间丘陵平原造林小区	宁夏	Ⅲ-a-30	灵武市、红寺堡区、利通区、盐池县、同心县、青铜峡市、沙坡头区、中宁县、海原县
31			半干旱暖温带宁南黄土丘陵造林小区	宁夏	Ⅲ-a-31	原州区、彭阳县、海原县、西吉县
32			半干旱暖温带六盘山土石山地造林小区	宁夏	Ⅲ-a-32	原州区
33		半干旱中温带造林亚区（b）	半干旱中温带冀北山地造林小区	河北	Ⅲ-b-1	围场满族蒙古族自治县

344

（续）

序号	类型区（3）	类型亚区（11）	类型小区（125）	所属省（自治区、直辖市）	代码	涉及县（区、市）
34	半干旱造林区（Ⅲ）		半干旱中温带冀西北黄土沟壑造林小区	河北	Ⅲ-b-2	尚义县、怀安县、万全区
35			半干旱中温带冀北坝上高原造林小区	河北	Ⅲ-b-3	康保县、尚义县、张北县、沽源县、崇礼区、丰宁满族自治县、围场满族蒙古族自治县
36			半干旱中温带晋北盆地丘陵造林小区	山西	Ⅲ-b-4	南郊区、新荣区、阳高县、天镇县、左云县、大同县、朔城区、平鲁区、保山阴县、应县、右玉县、怀仁县、五寨县、神池县、岢岚县、河曲县、德县、偏关县、宁武县、浑源县
37			半干旱中温带大兴安岭东南部低山丘陵造林小区	内蒙古	Ⅲ-b-5	乌兰浩特市、科尔沁右翼前旗、科尔沁右翼中旗、扎赉特旗
38			半干旱中温带大兴安岭南部山地丘陵造林小区	内蒙古	Ⅲ-b-6	霍林郭勒市、阿鲁科尔沁旗、巴林左旗、林西县、克什克腾旗、扎鲁特旗、科尔沁右翼中旗、锡林浩特市、西乌珠穆沁旗、东乌珠穆沁旗
39	半干旱中温带造林亚区（b）		半干旱中温带阴山东段山地造林小区	内蒙古	Ⅲ-b-7	新城区、回民区、土默特左旗、卓资县、武川县、石拐区、土默特右旗、察哈尔右翼中旗、固阳县、乌拉特前旗、乌拉特中旗
40			半干旱中温带呼伦贝尔高平原造林小区	内蒙古	Ⅲ-b-8	海拉尔区、鄂温克族自治旗、陈巴尔虎旗、新巴尔虎左旗、满洲里市、额尔古纳市、扎兰屯市
41			半干旱中温带黄河上中游黄土丘陵造林小区	内蒙古	Ⅲ-b-9	和林格尔县、清水河县、东胜区、康巴什区、准格尔旗、达拉特旗、伊金霍洛旗、凉城县、察哈尔右翼前旗、丰镇市
42			半干旱中温带浑善达克沙地造林小区	内蒙古	Ⅲ-b-10	克什克腾旗、锡林浩特市、阿巴嘎旗、苏尼特左旗、西乌珠穆沁旗、镶黄旗、正镶白旗、正蓝旗、多伦县
43			半干旱中温带科尔沁沙地造林小区	内蒙古	Ⅲ-b-11	科尔沁区、开鲁县、阿鲁科尔沁旗、巴林左旗、林西县、克什克腾旗、翁牛特旗、敖汉旗、科尔沁左翼中旗、库伦旗、奈曼旗、扎鲁特旗、科尔沁左翼后旗
44			半干旱中温带内蒙古毛乌素沙地造林小区	内蒙古	Ⅲ-b-12	鄂托克前旗、鄂托克旗、杭锦旗、乌审旗、伊金霍洛旗
45			半干旱中温带土默特平原造林小区	内蒙古	Ⅲ-b-13	东河区、昆都仑区、青山区、玉泉区、九原区、土默特左旗、乌拉特前旗、赛罕区、土默特右旗、托克托县
46			半干旱中温带锡林郭勒高平原造林小区	内蒙古	Ⅲ-b-14	阿巴嘎旗、西乌珠穆沁旗、东乌珠穆沁旗、锡林浩特市

（续）

序号	类型区(3)	类型亚区(11)	类型小区(125)	所属省（自治区、直辖市）	代码	涉及县（区、市）
47	半干旱造林区（Ⅲ）	半干旱中温带造林亚区（b）	半干旱中温带阴山北麓丘陵造林小区	内蒙古	Ⅲ-b-15	集宁区、白云矿区、达尔罕茂明安联合旗、化德县、商都县、兴和县、察哈尔右翼前旗、察哈尔右翼中旗、察哈尔右翼后旗、四子王旗、丰镇市、苏尼特右旗、太仆寺旗、正蓝旗、正镶白旗
48			半干旱中温带燕山北麓山地黄土丘陵造林小区	内蒙古	Ⅲ-b-16	红山区、元宝山区、克什克腾旗、翁牛特旗、库伦旗、奈曼旗、松山区、喀喇沁旗、敖汉旗、宁城县
49			半干旱中温带辽西北沙地造林小区	辽宁	Ⅲ-b-17	康平县、法库县、阜新蒙古族自治县、彰武县
50			半干旱中温带辽西北低山造林小区	辽宁	Ⅲ-b-18	龙城区（2）、朝阳县、建平县、喀喇沁左翼蒙古族自治县、北票市、凌源市
51			半干旱中温带辽西北丘陵造林小区	辽宁	Ⅲ-b-19	双塔区、朝阳县、太平区、龙城区、海州区、北票市、喀喇沁左翼蒙古族自治县
52			半干旱中温带松辽风沙土造林小区	吉林	Ⅲ-b-20	公主岭市、宁江区、扶余市、洮北区、镇赉县、双辽市、前郭尔罗斯蒙古族自治县、长岭县
53			半干旱中温带松辽栗钙土造林小区	吉林	Ⅲ-b-21	镇赉县、洮南市、洮北区
54			半干旱中温带松辽盐碱土造林小区	吉林	Ⅲ-b-22	农安县、乾安县、通榆县、大安市、前郭尔罗斯蒙古族自治县、自治县、长岭县
55			半干旱中温带洮南半山造林小区	吉林	Ⅲ-b-23	洮南市
56			半干旱中温带嫩平原风沙造林小区	黑龙江	Ⅲ-b-24	龙沙区、建华区、昂昂溪区、富拉尔基区、铁锋区、梅里斯达斡尔族区、泰来县、甘南县、富裕县、杜尔伯特蒙古族自治县、龙江县、肇源县
57			半干旱中温带松嫩平原盐碱土造林小区	黑龙江	Ⅲ-b-25	萨尔图区、龙凤区、红岗区、让胡路区、大同区、林甸县、安达市、肇东市、肇州县
58			半干旱中温带陕北毛乌素沙地造林小区	陕西	Ⅲ-b-26	榆阳区、神木县、府谷县、横山县、定边县、吴起县、靖边县
59			半干旱中温带宁夏毛乌素沙地造林小区	宁夏	Ⅲ-b-27	灵武市、红寺堡区、盐池县、同心县、利通区

（续）

序号	类型区（3）	类型亚区（11）	类型小区（125）	所属省（自治区、直辖市）	代码	涉及县（区、市）
60		半干旱中温带造林亚区（b）	半干旱中温带阿尔泰山地丘陵造林小区	新疆	III-b-28	阿勒泰市，布尔津县，富蕴县，福海县，哈巴河县，青河县
61			半干旱中温带塔城盆地造林小区	新疆	III-b-29	塔城市，额敏县，托里县，裕民县
62			半干旱中温带准噶尔盆地西缘造林小区	新疆	III-b-30	哈巴河河县，吉木乃县
63			半干旱中温带西天山造林小区	新疆	III-b-31	伊宁市，伊宁县，巩留县，新源县，特克斯县，尼勒克县，博乐市，精河县，县，温泉县，察布查尔锡伯自治县，昭苏县，霍城县，可克达拉市，霍尔果斯市
64			半干旱中温带中天山造林小区	新疆	III-b-32	沙依巴克区，新市区，水磨沟区，头屯河区，台河子市，天山区，达坂城区，米东区，玛纳斯县，乌鲁木齐县，狐山子县，托克逊县，拜城县，呼图壁市，沙湾县，富蕴县，五家渠市，和静县，温宿县，兮尔，乌兮县，玛纳斯县，奇台县
65	半干旱造林区（III）	半干旱高原温带造林亚区（c）	半干旱高原温带横断山川滇西藏河谷造林小区	四川，云南	III-c-1	巴塘县，乡城县，得荣县；香格里拉市，德钦县，宾川县
66			半干旱高原温带藏南高原湖盆造林小区	西藏	III-c-2	措美县，乃东区，扎囊县，贡嘎县，琼结县，曲松县，江孜县，萨迦县，白朗县，定结县，萨迦县，朗县，岗巴县，洛扎县，隆子县，错那县，浪卡子县，定日县，康马县，亚东县，聂拉木县，吉隆县
67			半干旱高原温带雅鲁藏布江上游造林小区	西藏	III-c-3	仲巴县，萨嘎县，措勤县，吉隆县
68			半干旱高原温带雅鲁藏布江中游造林小区	西藏	III-c-4	城关区，墨竹工卡区，林周县，当雄县，尼木县，堆龙德庆区，达孜县，曲水县，仁布县，乃东区，扎囊县，贡嘎县，桑日县，定结县，加查县，南木林县，江孜县，萨迦县，拉孜县，白朗县，曲松县，萨嘎县，岗巴县，措勤县，朗县，隆子县，浪卡子县，定日县，昂仁县，聂拉木县，吉隆县，桑珠孜区，白朗县
69			半干旱高原温带祁连山南坡造林小区	甘肃	III-c-5	甘肃中牧山丹马场，红古区，永登县，古浪县，肃南裕固族自治县，民乐县，高台县，肃州区，天祝藏族自治县
70			半干旱高原温带柴达木盆地东部风沙造林小区	青海	III-c-6	德令哈市，乌兰县，都兰县，兴海县，玛多县

（续）

序号	类型区(3)	类型亚区(11)	类型小区(125)	所属省(自治区、直辖市)	代码	涉及县(区、市)
71	半干旱造林区(Ⅲ)	半干旱高原温温带造林亚区(c)	半干旱高原温带共和盆地风沙造林小区	青海	Ⅲ-c-7	共和县、兴海县、贵南县
72			半干旱高原温带黄河流域造林小区	青海	Ⅲ-c-8	兴海县、玛多县、化隆回族自治县、尖扎县、贵德县、循化撒拉族自治县、同仁县
73			半干旱高原温带湟水流域造林小区	青海	Ⅲ-c-9	城东区、城中区、城西区、城北区、大通回族土族自治县、湟中县、平安县、民和回族土族自治县、乐都区、互助土族自治县、海晏县、青海省海南藏族自治州共和县飞地
74			半干旱高原温带青藏高原东北边缘造林小区	青海	Ⅲ-c-10	互助土族自治县、门源回族自治县、祁连县、刚察县、天峻县
75			半干旱高原温带青海湖周边造林小区	青海	Ⅲ-c-11	海晏县、刚察县、天峻县、共和县
76		半干旱高原亚寒带造林亚区(d)	半干旱高原亚寒带北羌塘造林小区	西藏	Ⅲ-d-1	申扎县、安多县、尼玛县
77			半干旱高原亚寒带南羌塘造林小区	西藏	Ⅲ-d-2	措勤县、申扎县、尼玛县、仲巴县、当雄县、班戈县、昂仁县
78			半干旱高原亚寒带雅鲁藏布江中游造林小区	西藏	Ⅲ-d-3	当雄县、尼木县、措勤县、南木林县、谢通门县、桑珠孜区、昂仁县、班戈县
79			半干旱高原亚寒带青海江河源造林小区	青海	Ⅲ-d-4	都兰县、杂多县、玛多县、称多县、曲麻莱县、治多县
80	干旱造林区(Ⅱ)	干旱暖温带造林亚区(a)	干旱暖温带塔里木盆地沙漠绿洲造林小区	新疆	Ⅱ-a-1	喀什市、疏勒县、岳普湖县、图木舒克市、库尔勒市、疏附县、英吉沙县、轮台县、泽普县、莎车县、拜城县、尉犁县、阿克苏市、温宿县、沙雅县、柯坪县、且末县、阿图什市、库车县、乌恰县、阿瓦提县、皮山县、洛浦县、策勒县、叶城县、伽师县、墨玉县、于田县、民丰县、阿拉尔市、阿克陶县、铁门关市、昆玉市

（续）

序号	类型区(3)	类型亚区(11)	类型小区(125)	所属省(自治区、直辖市)	代码	涉及县(区、市)
81	干旱造林区(Ⅱ)	干旱暖温带造林亚区(a)	干旱暖温带天山南坡山地丘陵造林小区	新疆	Ⅱ-a-2	焉耆回族自治县、博湖县、和静县、和硕县、温宿县、库车县、轮台县、托克逊县、什市市、阿合奇县、伽师县、乌恰县、巴楚县、鄯善县、高昌区、库尔勒市、拜城县、轮台县、柯坪区、阿图什市、木垒哈萨克自治县
82		干旱中温带造林亚区(b)	干旱中温带乌兰察布高平原造林小区	内蒙古	Ⅱ-b-1	白云矿区、阿巴嘎旗、达尔罕茂明安联合旗、乌拉特中旗、四子王旗、二连浩特市
83			干旱中温带内蒙河套平原造林小区	内蒙古	Ⅱ-b-2	临河区、五原县、乌拉特前旗、乌拉特中旗、乌拉特后旗、杭锦后旗
84			干旱中温带阴山西段山地造林小区	内蒙古	Ⅱ-b-3	乌拉特前旗、乌拉特中旗、乌拉特前旗
85			干旱中温带鄂尔多斯高原造林小区	内蒙古	Ⅱ-b-4	海勃湾区、乌达区、鄂托克前旗、鄂托克旗、杭锦旗
86			干旱中温带乌兰布和沙漠造林小区	内蒙古	Ⅱ-b-5	磴口县、杭锦后旗、阿拉善左旗
87			干旱中温带贺兰山西麓山地造林小区	内蒙古	Ⅱ-b-6	阿拉善左旗
88			干旱中温带阿拉善高原东部荒漠造林小区	内蒙古	Ⅱ-b-7	乌拉特中旗、乌拉特后旗、阿拉善左旗、额济纳旗
89			干旱中温带额济纳西部荒漠造林小区	内蒙古	Ⅱ-b-8	额济纳旗
90			干旱中温带河西走廊绿洲造林小区	甘肃	Ⅱ-b-9	甘肃中牧山丹马场、市辖区、永昌县、凉州区、民勤县、古浪县、天祝藏族自治县、甘州区、肃南裕固族自治县、民乐县、临泽县、高台县、山丹县、肃州区、瓜州区、玉门市
91			干旱中温带敦煌绿洲造林小区	甘肃	Ⅱ-b-10	瓜州县、肃北蒙古族自治县、阿克塞哈萨克族自治县、玉门市、敦煌市
92			干旱中温带河西走廊北部荒漠造林小区	甘肃	Ⅱ-b-11	金川区、景泰县、民勤县、古浪县、高台县、山丹县、金塔县、瓜州区、玉门市、临泽县、甘州区

（续）

序号	类型区(3)	类型亚区(11)	类型小区(125)	所属省(自治区、直辖市)	代码	涉及县（区、市）
93	干旱造林区（II）	干旱中温带温带造林亚区（b）	干旱中温带宁夏河套平原造林小区	宁夏	II-b-12	金凤区、兴庆区、西夏区、利通区、平罗县、永宁县、贺兰县、青铜峡市、灵武市、大武口区、惠农区、沙坡头区、中宁县
94			干旱中温带宁夏贺兰山山地造林小区	宁夏	II-b-13	西夏区、利通区、永宁县、贺兰县、平罗县、大武口区、惠农区、青铜峡市、中宁县
95			干旱中温带宁夏腾格里沙漠南缘造林小区	宁夏	II-b-14	沙坡头区
96			干旱中温带宁夏毛乌素沙地造林小区	宁夏	II-b-15	兴庆区、灵武市、红寺堡区、盐池县、同心县、惠农区、平罗县、利通区
97			干旱中温带东天山东段山地盆地造林小区	新疆	II-b-16	哈密市、巴里坤哈萨克自治县、伊吾县
98			干旱中温带阿尔泰山山地丘陵造林小区	新疆	II-b-17	阿勒泰市、布尔津县、哈巴河县
99			干旱中温带准噶尔东缘造林小区	新疆	II-b-18	达坂城区、托克逊县、福海县、富蕴县、青河县、巴里坤哈萨克自治县、伊吾县、鄯善县、高昌区、木垒哈萨克自治县、吉木萨尔县、奇台县
100			干旱中温带准噶尔盆地中心造林小区	新疆	II-b-19	米东区、独山子区、克拉玛依区、白碱滩区、乌尔禾区、昌吉市、奎屯市、呼图壁县、玛纳斯县、吉木萨尔县、乌苏市、阜康市、沙湾县、和布克赛尔蒙古自治县、精河县、博乐市、额敏县、福海县、托里县、布尔津县、富蕴县、阿勒泰市、五家渠市、双河市、北屯市
101			干旱中温带准噶尔盆地西缘山地丘陵造林小区	新疆	II-b-20	白碱滩区、乌尔禾区、吉木乃县、和布克赛尔蒙古自治县、托里县、裕民县、额敏县、福海县
102		干旱高原温带造林亚区（c）	干旱高原温带狮泉河班公措造林小区	西藏	II-c-1	普兰县、札达县、噶尔县、日土县、革吉县
103			干旱高原温带象泉河孔雀河造林小区	西藏	II-c-2	普兰县、札达县、噶尔县
104			干旱高原温带雅鲁藏布江上游造林小区	西藏	II-c-3	仲巴县、革吉县、普兰县

（续）

序号	类型区（3）	类型亚区（11）	类型小区（125）	所属省（自治区、直辖市）	代码	涉及县（区、市）
105	干旱造林区（Ⅱ）	干旱高原温带造林亚区（c）	干旱高原温带甘肃祁连山西段荒漠造林小区	甘肃	Ⅱ-c-4	肃北蒙古族自治县、肃南裕固族自治县、玉门市、阿克塞哈萨克族自治县、瓜州县、肃州区、高台县
106			干旱高原温带柴达木盆地中部风沙造林小区	青海	Ⅱ-c-5	乌兰县、天峻县、冷湖行政委员会、格尔木市、都兰县、德令哈市、大柴旦行政委员会、
107			干旱高原温带昆仑山西段造林小区	新疆	Ⅱ-c-6	乌恰县、莎车县、叶城县、皮山县、阿克陶县、塔什库尔干塔吉克自治县
108		干旱高原亚寒带造林亚区（d）	干旱高原亚寒带北羌塘造林小区	西藏	Ⅱ-d-1	日土县、革吉县、改则县、尼玛县、格尔木市、噶尔县、安多县、双湖县
109			干旱高原亚寒带藏北昆仑高山造林小区	西藏	Ⅱ-d-2	日土县、革吉县、改则县、尼玛县、安多县
110			干旱高原亚寒带南羌塘大湖造林小区	西藏	Ⅱ-d-3	仲巴县、措勤县、革吉县、普兰县、改则县、尼玛县
111			干旱高原亚寒带青海昆仑山造林小区	青海	Ⅱ-d-4	格尔木市、都兰县、曲麻莱县、治多县
112			干旱高原亚寒带昆仑山南麓高平原造林小区	新疆	Ⅱ-d-5	若羌县、且末县、叶城县、和田县、皮山县、策勒县、于田县、民丰县、塔什库尔干塔吉克自治县
113			干旱高原亚寒带库木库里盆地造林小区	新疆	Ⅱ-d-6	若羌县
114	极干旱造林区（Ⅰ）	极干旱暖温带造林亚区（a）	极干旱暖温带疏勒河下游荒漠造林小区	甘肃	Ⅰ-a-1	瓜州县、阿克塞哈萨克族自治县、敦煌市
115			极干旱暖温带河西走廊北山造林小区	甘肃	Ⅰ-a-2	瓜州县、肃北蒙古族自治县
116			极干旱暖温带吐哈盆地造林小区	新疆	Ⅰ-a-3	托克逊县、伊州区、巴里坤哈萨克自治县、尉犁县、若羌县、和硕县、鄯善县、高昌区
117			极干旱暖温带塔里木盆地南部沙漠绿洲造林小区	新疆	Ⅰ-a-4	和田市、伊州区、尉犁县、若羌县、且末县、和田县、墨玉县、皮山县、洛浦县、策勒县、于田县、民丰县、鄯善县

（续）

序号	类型区(3)	类型亚区(11)	类型小区(125)	所属省（自治区、直辖市）	代码	涉及县（区、市）
118	极干旱造林区（I）	极干旱中温带造林亚区（b）	极干旱中温带阿拉善高原西部荒漠造林小区	内蒙古	I-b-1	阿拉善左旗、阿拉善右旗、额济纳旗
119			极干旱中温带弱水流域额济纳绿洲造林小区	内蒙古	I-b-2	额济纳旗
120			极干旱中温带黑河下游荒漠造林小区	甘肃	I-b-3	金塔县
121			极干旱中温带河西走廊北山造林小区	甘肃	I-b-4	肃北蒙古族自治县
122			极干旱中温带东疆淖毛湖造林小区	新疆	I-b-5	伊州区、巴里坤哈萨克自治县、伊吾县
123		极干旱高原温带造林亚区（c）	极干旱高原温带阿尔金西部荒漠造林小区	甘肃	I-c-1	阿克塞哈萨克族自治县
124			极干旱高原温带柴达木盆地西北风沙造林小区	青海	I-c-2	茫崖行政委员会、大柴旦行政委员会、冷湖行政委员会、格尔木市、都兰县、民丰县
125			极干旱高原温带昆仑山阿尔金造林小区	新疆	I-c-3	若羌县、且末县、民丰县、于田县、墨玉县、皮山县、洛浦县、策勒县、和田县、叶城县

备注：
1. 天津市塘沽、汉沽、大港合并为滨海新区。
2. 河北省宣化区以原宣化县和宣化区的行政区域（不含沙岭子镇、大仓盖镇、东望乡）为新宣化区行政区域。沙子岭镇、姚家房镇归张家口市桥东区。以原东望乡旧桥西区管辖。
3. 河北省永年区：以原永年县的行政区域（不含南沿村镇、小西堡乡、姚寨乡）为永年区的行政区域。
4. 内蒙古自治区康巴什区：将原鄂尔多斯市东胜区的哈巴格希街道、青春山街道、滨河街道划归康巴什区管辖。
5. 新疆维吾尔自治区哈密市、伊州区哈密市：2016年1月20日，国务院批复同意撤销哈密地区和县级哈密市，设立地级哈密市。哈密市设立伊州区，以原县级哈密市的行政区域为伊州区的行政区域。
6. 新疆维吾尔自治区昆玉市：2016年1月20日，国务院批复同意新疆生产建设兵团第十四师设立县级昆玉市，由自治区直辖。

来源：中华人民共和国民政部—全国行政区划信息查询平台（截至2016年12月底，县级以上行政区划变更情况）